平原地区闸泵工程实例

张志建 祝胜 何朝阳 龚军 编著

浙江大学出版社
·杭州·

图书在版编目(CIP)数据

平原地区闸泵工程实例 / 张志建等编著. -- 杭州：浙江大学出版社, 2024. 12. -- ISBN 978-7-308-25268-3

Ⅰ. TV66；TV675

中国国家版本馆CIP数据核字第20242C7S96号

平原地区闸泵工程实例

张志建　祝　胜　何朝阳　龚　军　编著

责任编辑	赵　静
责任校对	胡　畔
封面设计	林智广告
出版发行	浙江大学出版社
	（杭州市天目山路148号　邮政编码310007）
	（网址：http://www.zjupress.com）
排　　版	杭州林智广告有限公司
印　　刷	广东虎彩云印刷有限公司绍兴分公司
开　　本	787mm×1092mm　1/16
印　　张	19
字　　数	358千
版 印 次	2024年12月第1版　2024年12月第1次印刷
书　　号	ISBN 978-7-308-25268-3
定　　价	98.00元

版权所有　侵权必究　　印装差错　负责调换

浙江大学出版社市场运营中心联系方式：0571-88925591；http://zjdxcbs.tmall.com

前言
FOREWORD

我国幅员辽阔,但人多地少,人均耕地面积仅1.2亩,不足世界人均耕地面积的1/4。国民经济以农业为基础,农田精耕细作,水利是农业以至国民经济的命脉。我国水能资源丰富,但人均水资源缺乏,人均年水资源2700m^3,仅为世界人均水资源的1/4,是世界少数几个严重缺水的国家之一。降水分布不均,6—9月降雨量占年降水量的4/5,南方台风一次暴雨量可占全年降水总量的60%以上;年际变化大,丰枯年降水量可相差3~7倍之多,北方不少河流连枯期大于5年,20世纪末以来黄河常出现断流,甚至一年数次断流。水资源地域分布不均,黄、淮、海及东北诸河流域耕地占全国总耕地的60%,水资源仅为全国总量的1/7。地形复杂,山地、丘陵和崎岖高原占全国陆地面积的3/5,平原不足1/8。自然条件较好、经济发达的地区多沿江(河)滨湖,易生涝灾,随着这些区域城市化、城镇化及部分城市逐步成为国际性大都市的进程,防洪排涝要求愈来愈高。

基于上述国情和建设发展的需要,对我国沿江(河)滨湖的河网地区而言,兴建防洪排涝、提水灌溉和跨流域翻水调水的泵站、水闸工程,是抗御自然灾害、优化水资源配置、改善生态和生活环境、保证农业稳产高产和国民经济可持续发展的主要水利措施之一。

泵站工程是运用泵机组及过流设施传递和转换能量、实现水体输送以兴利避害的水利工程,是提水排涝、翻水调水工程的主体工程。作为我国国民经济建设中的一部分,其在机电排灌、跨区域调水、城市给水排水等农业及水利部门得到广泛的应用,对促进工农业生产的发展和人民生活水平不断提高发挥了重要作用。

水闸工程是调节水位、控制流量的低水头水工建筑物,主要依靠闸门控制水流,具有挡水和泄(引)水的双重功能,在防洪、排涝灌溉、供水、航运、发电等方面应用十分广泛。随着水利事业的蓬勃发展,以防洪、灌溉、排涝、航运以及挡潮为目的,我国在许多省市兴建了较多的大中型水闸,大大加强了平原地区抗旱和排涝能力,促进了工农业生产的不断发展。

我国东南平原地区河网水系发达，水闸、泵站等水利工程数量众多，在防洪排涝、水资源调度、水环境改善和通航等方面发挥着巨大作用。许多工程都采用"闸＋泵"的布置形式，也有闸站或泵站单独设置的形式，一般统称闸泵工程。近年来，闸泵工程建设呈现应用范围扩大、工程规模增大，以及投资效益、安全可靠性、环保节能、自动化水平要求更高的发展趋势，由此对闸泵工程建设和管理领域的科研、设计、施工管理水平提出了更高要求。作者近十余年有幸参加了浙江东部平原河网地区较多闸泵工程建设，参与科研、设计、施工管理等工作。结合实践经验，选取其中较有代表性的余姚"西分"工程瑶街弄调控枢纽工程、姚江二通道（慈江）工程—慈江闸站、余姚城北圩区候青江排涝泵闸工程，较系统地介绍这三个工程的设计、施工、关键技术研究及应用成果，形成《平原地区闸泵工程实例》一书。本书实用性较强，可供水利水电领域从事泵闸设计、科研、施工、管理的科技人员及大专院校相关专业师生参考和借鉴。

在选取的三个代表性工程中，余姚"西分"工程瑶街弄调控枢纽主要功能为防洪、排涝，兼顾杭甬运河通航；采用削峰调控闸、挡洪闸、应急船闸"三闸联建"布置方案，工程等别为Ⅱ等，主要建筑物级别为2级；应急船闸设计最大船舶吨级为1000t级，闸室建筑物级别为2级。

姚江二通道（慈江）工程—慈江闸站的主要功能是防洪、泄洪，兼顾区域水生态环境；其由水闸及泵站组成，水闸与泵站之间由河道中心岛分隔并排布置。慈江闸站工程规模为大（2）型，工程等别为Ⅱ等，主要建筑物级别为2级；泵站设计排涝流量为$100m^3/s$，水闸最大过闸流量$134m^3/s$。

余姚城北圩区候青江排涝泵闸工程以防洪、排涝为主，兼顾生态环境改善。泵闸工程由水闸及泵站组成，联建并排布置。工程等别为Ⅱ等，主要水工建筑物级别为2级；泵站设计排涝流量为$80m^3/s$。

本书分三篇共九章进行阐述。张志建完成第一篇第二章、第二篇第二章、第三篇第二章（共计10.8万字）；祝胜完成第一篇第一章、第三章（共计14.5万字）；何朝阳完成第二篇第一章、第三章（共计5.6万字）；龚军完成第三篇第一章、第三章（共计4.4万字）。庄陆挺完成全书参考文献检索、资料整理等工作。全书由何朝阳和龚军审校，张志建和祝胜统校和定稿。

本书在撰写过程中得到了庄陆挺、董建、施国土等的帮助，在此表示衷心感谢！由于水平有限，书中难免有错谬和不足之处，敬请读者批评指正。

目 录

第一篇

姚江上游余姚"西分"项目

——瑶街弄调控枢纽工程

第一章 工程设计 … 3
 （一）工程背景及建设内容 … 3
 （二）水文 … 4
 （三）工程地质 … 6
 （四）工程建设任务和规模 … 8
 （五）工程布置及主要建筑物 … 9
 （六）机电及金属结构 … 24
 （七）消防设计 … 27
 （八）建设征地与移民安置 … 27
 （九）环境保护设计 … 27
 （十）水土保持设计 … 28
 （十一）节能设计 … 30
 （十二）工程管理设计 … 30
 （十三）工程投资 … 32
 （十四）经济评价 … 34
 （十五）工程特性表 … 34

第二章 工程施工 … 39
 （一）施工条件 … 39
 （二）料场选择与开采 … 40
 （三）施工导流 … 41
 （四）基坑开挖与支护 … 45
 （五）主体工程施工 … 51
 （六）施工交通与施工总布置 … 56
 （七）施工总进度 … 59
 （八）施工劳动力及主要技术供应 … 60

第三章 工程关键技术研究及应用 … 61
 （一）高性能水工混凝土与温控防裂研究与应用 … 61
 （二）大孔口水闸结构方案比选及安全性研究 … 94
 （三）超大跨度桁架平面直升门三维有限元结构研究 … 127

第二篇

姚江二通道（慈江）工程
——慈江闸站

第一章　工程设计 ·· 145
　（一）工程背景及建设内容 ····································· 145
　（二）水文气象 ··· 146
　（三）工程地质 ··· 148
　（四）工程建设任务和规模 ····································· 150
　（五）工程布置及主要建筑物 ································· 153
　（六）机电及金属结构 ··· 158
　（七）消防设计 ··· 163
　（八）建设征地与移民安置 ····································· 166
　（九）环境保护设计 ··· 167
　（十）水土保持设计 ··· 167
　（十一）节能设计 ··· 169
　（十二）工程管理设计 ··· 169
　（十三）工程投资 ··· 171
　（十四）经济评价 ··· 172
　（十五）工程特性表 ··· 174

第二章　工程施工 ·· 176
　（一）施工条件 ··· 176
　（二）料场选择与开采 ··· 178
　（三）施工导流 ··· 179
　（四）基坑开挖与支护 ··· 187
　（五）主体工程施工 ··· 189
　（六）施工交通与施工总布置 ································· 199
　（七）施工总进度 ··· 203
　（八）施工劳动力及主要技术供应 ························· 204

第三章　工程关键技术研究及应用 ·························· 207
　（一）大运河浙东运河宁波段慈江老闸保护 ········· 207
　（二）水闸闸门设计 ··· 213

第三篇 余姚城北圩区候青江排涝泵闸工程

第一章 工程设计 ····················· 223
　（一）工程背景及建设内容 ············ 223
　（二）水文气象 ····················· 224
　（三）工程地质 ····················· 225
　（四）工程建设任务和规模 ············ 227
　（五）工程布置及主要建筑物 ·········· 227
　（六）机电及金属结构 ················ 230
　（七）消防设计 ····················· 232
　（八）建设征地与移民安置 ············ 234
　（九）环境保护设计 ·················· 235
　（十）水土保持设计 ·················· 237
　（十一）劳动安全与工业卫生 ·········· 238
　（十二）节能设计 ···················· 241
　（十三）工程管理设计 ················ 244
　（十四）工程投资 ···················· 245
　（十五）经济评价 ···················· 246
　（十六）工程特性表 ·················· 248

第二章 工程施工 ····················· 251
　（一）施工条件 ····················· 251
　（二）料场选择与开采 ················ 252
　（三）施工导流 ····················· 253
　（四）基坑开挖与支护 ················ 256
　（五）主体工程施工 ·················· 259
　（六）施工交通与施工总布置 ·········· 281
　（七）施工总进度 ···················· 284
　（八）施工资源配置 ·················· 284

第三章 工程关键技术研究及应用——大孔径卧倒式平面钢闸门安装施工工法 ····················· 287

第一篇
姚江上游余姚"西分"项目
——瑶街弄调控枢纽工程

Chapter 1

平原地区闸泵工程实例

第一章 工程设计

（一）工程背景及建设内容

1.工程背景

姚江上游余姚"西分"项目位于浙江省余姚市西南部，工程范围南起姚江干流杭甬高速大桥下游右岸，北至西横河闸，东至斗门闸，西临牟山湖东岸。工程涉及区域为浙江省经济发达地区之一，地理位置优越，水、陆、空交通便利。

姚江平原整体地形呈现"北高南低，西高东低"的特点。余姚城区处于姚江流域的"锅底"位置，南、西、北三方来水汇集城区，在面对大洪水时，依托姚江大闸的过流能力，无法应对超标准洪水、上虞客水加快入境和姚西北来水的防洪压力，特殊的降雨和地理条件致使姚江流域洪水持久不退，易发生严重洪涝灾害。

2013年10月，姚江流域特别是余姚市在"菲特"台风中遭受重创。2015年7月的"灿鸿"台风，又一次拉响了姚江流域防洪排涝形势严峻的警报，根治姚江水患已迫在眉睫、刻不容缓。

2015年7月22日，时任浙江省副省长黄旭明主持召开会议，专题研究姚江流域防洪排涝有关问题，站在全省的高度，明确提出在"加大东泄、扩大北排、增加强排、城区包围"的治理思路下，抓紧统筹实施余姚城区堤防加固工程、余姚市扩大"北排"工程、"东泄"姚江二通道工程、姚江上游"西分"工程、四明湖水库下游河道整治、姚江上游"西排"工程等六大工程。2015年7月28日，时任浙江省委书记夏宝龙赴余姚专题调研姚江流域防洪排涝工作，要求各级各部门特别是姚江流域沿线市县，要把姚江流域防洪排涝工作作为头等大事，尽最大努力加快推进流域防洪体系建设，还两岸百姓一方安宁。

《姚江上游"西分"工程专题报告》于2015年11月30日经省政府同意（浙水函

〔2015〕200号）。《姚江上游余姚"西分"工程项目建议书》于2016年9月6日经宁波市发展和改革委员会正式批复（甬发改审批〔2016〕466号），并列入《浙江省水利发展"十三五"规划》和浙江省"百项千亿工程"，要求2017年开工建设。姚江上游"西分"工程的主要任务是增加流域防洪调度调控手段，增加余姚城区西部入姚西北的洪水量，减少洪水期姚江上游东排入余姚城区的洪水量，减轻下游姚江干流及余姚城区的防洪压力。工程建成后将新增姚江流域洪水出路，实现姚江干流上游来水低水高排，在减轻姚江干流防洪压力的同时，尽量减少对上游区域的防洪排涝影响，实现上、下游双赢，有效减少上、下游水事矛盾。

2. 工程建设内容

姚江上游余姚"西分"工程是浙江省委、省政府和宁波市委、市政府决策部署的姚江流域防洪排涝"6+1"工程之一。工程通过在姚江上游瑶街弄兴建调控工程，新开姚江至"北排"的通道，将上游部分洪水向西导入"北排"，减少姚江上游洪水东排水量，减轻余姚城区及姚江干流的防洪压力。姚江上游余姚"西分"工程主要由瑶街弄调控枢纽、姚江至"北排"排涝通道、乐安湖泵站、西横河泵闸、斗门闸、贺墅江节制工程、跨河桥梁及沿途泵闸桥等组成。

（二）水文

1. 水文气象

工程区位于余姚市境内，属亚热带季风气候区，四季分明，气候温暖湿润，降雨丰沛。姚江流域每年4月15日至10月15日为汛期，汛期降水占全年降水的70%以上。据余姚雨量站实测降雨资料统计，余姚站年均降雨量1411.7mm，实测最大年降雨量2007.4mm（2015年），最小年降雨量879.4mm（1967年）；单站最大24h降雨量362.5mm（2013年10月），最大3d降雨量554mm（1962年9月）；多年平均气温16.3℃，最高月平均气温28.3℃（7月），最低月平均气温4.2℃（11月），极端最高、最低气温分别为41℃和-9.8℃；年平均相对湿度为80%。

2. 水文资料

考虑到工程所在的姚江流域与奉化江流域互为边界，计算范围拓展至整个甬江流域，故水文基础资料收集亦拓展至整个甬江流域。甬江流域雨量站共54处（包括流域周边的雨量站），其中流域内雨量站点44处，流域附近雨量站10处，各测站雨量资料起始年份和观测年限不一，但观测系列均超过30年。通过审核，收集到的雨量站资料符合可靠性、一致性、代表性检验。

甬江流域沿海主要有镇海潮位站、宁波潮位站、高背浦（海黄山）潮位站、临海浦潮位站。这四个潮位站建站历史较长，资料连续可靠，并具有代表性，其中镇海站的潮位资料从1951年至2015年，共计65年；宁波站的潮位资料从1950年至2015年，共计66年；海黄山站的潮位资料从1971年至2015年，共计45年；临海浦站的潮位资料从1974年至2015年，共计42年。

3. 设计暴雨

采用泰森多边形法，求得各流域逐日面雨量，然后采用年最大值法，统计1日、3日年最大值降雨系列，并对统计雨量系列进行适线排频。姚江、奉化江流域设计暴雨结果见表1-1。

表1-1 姚江、奉化江流域设计暴雨结果

流域	项目	均值（mm）	C_v	C_s/C_v	不同频率设计雨量（mm）			
					1%	2%	5%	10%
姚江流域	H1d	90	0.58	4.0	286	247	195	156
	H3d	143	0.56	4.0	441	382	304	246
奉化江流域	H1d	108	0.58	4.0	344	296	234	188
	H3d	167	0.57	4.0	523	452	358	288

注：C_v为变差系数，C_s为偏态系数。

4. 设计洪水

采用由设计暴雨推求设计洪水的方法。首先根据下垫面条件、防洪区划、行政区划的不同对流域进行产流分区，将甬江流域划分成46个平原产流分区、117个山区产流分区、203个半山区产流分区，其中姚江流域划分为27个平原产流分区、75个山区产流分区、124个半山区产流分区，奉化江流域划分为19个平原产流分区、42个山区产流分区、79个半山区产流分区。采用初损后损法对流域各频率产水量进行计算，"62雨型"下流域各重现期产水量计算结果见表1-2。

表1-2 "62雨型"下流域各重现期产水量计算结果

单位：万m^3

流域	重现期			
	10年	20年	50年	100年
姚江流域（设计）（姚江流域东排区＋姚西北）	37521.6	48235.5	62704.0	73769.4
奉化江流域（相应）	41815.4	53996.5	70427.4	83075.5

汇流主要包括山区坡面汇流和山区河道汇流。当集水面积大于等于50km²时，无资料地区坡面汇流计算采用"浙江省瞬时单位线法"；集水面积小于50km²时，采用"浙江省推理公式法"。如果分区内有水库，坡面汇流所得到的流量过程需经过水库调洪演算，计算出水库的下泄流量过程，再通过马斯京根法进行河道汇流演算，得出最终的洪水流量过程。

5.设计潮位

工程所在流域有东排和北排两个排水方向，各排水出口受外海潮汐影响。本流域沿海潮位站主要有镇海站、宁波站、海黄山站和临海浦站，流域各出口设计潮位均可通过以上四站进行内插，各测站不同频率设计高潮位见表1-3。

表1-3　各测站不同频率设计高潮位

单位：m

站点	不同频率设计高潮位				
	1%	2%	5%	10%	20%
镇海	3.46	3.30	3.07	2.88	2.68
宁波	3.48	3.32	3.11	2.93	2.74
海黄山	4.11	3.91	3.64	3.43	3.20
临海浦	7.74	7.40	6.93	6.56	6.16

设计典型潮型选取与流域规划及可研阶段相同的2013年"菲特"台风期间的实测潮位过程，"菲特"台风期间的潮位过程最高潮位接近5年一遇，符合平均偏不利选取原则。

（三）工程地质

瑶街弄调控枢纽工程位于浙江省东部宁绍平原的余姚西部马渚镇兰江街道。地貌为海相沉积平原，地形以平原为主，地势低缓平坦，堤内地面高程一般为2.00～3.00m，堤顶高程一般为3.50～3.80m。

根据区域地质资料显示，工程区出露地层有中生界侏罗系上统3-1段（J_3^{3-1}）和第四系冲洪堆积（Q^{al+pl}）、海相沉积（Q^m）及人工堆积（Q^{ml}）。

工程区位于华南褶皱系（Ⅰ2）浙东南褶皱带（Ⅱ3）丽水—宁波隆起（Ⅲ7）新昌—定海断隆（Ⅳ9）内，宁波向斜东北翼边缘，区内构造以断裂为主，褶皱不发育。主要断裂有东部温州—镇海大断裂（NNE向）和昌化—普陀大断裂（NE向）两条；次级断层有宁波—余姚断层及宁波—邱隘断层。断裂构造以弱活动断裂为主，地震活动水平较低，新构造运动总趋势相对平稳，属区域稳定区，区域构造环境相对稳定。

工程地质勘察基本结论及建议如下。

（1）场地属稳定场地，适宜于本工程建设。拟建场地属Ⅲ类中软土场地，设计分组为第一组，调整后场地地震动峰值加速度为0.065g，地震动加速度反应谱特征周期为0.45s，相应地震基本烈度为Ⅵ度，属于抗震不利地段，在抗震设防烈度Ⅵ度条件下可不考虑地基土的液化问题。

（2）工程场区地层主要为：浅表为人工堆积层（Q_4^{ml}）第四系海相沉积层（Q_4^m）淤泥质黏土、淤泥质粉质黏土，北岸表层不连续分布有泥炭质土（Q_4^h），第四系冲积层（Q_4^{al}）和冲洪积层（Q_4^{al+pl}）粉质黏土、含细砂粉质黏土、含粉质黏土圆砾和侏罗系上统c-1段（J_3^{c-1}）凝灰岩。

（3）场址区地下水以第四系孔隙潜水为主，水化学类型为HCO_3-Cl-Ca-Na型、HCO_3-Ca-Na型；地表水类型为HCO_3-Cl-Ca-Na型。拟建场地的地表水、地下水在Ⅱ类环境条件下：在干湿交替情况下该水样对混凝土结构呈微腐蚀性，在无干湿交替情况下该水样对混凝土结构呈微腐蚀性。根据地层渗透性判定，该水样在地层中对混凝土结构呈微腐蚀性，在长期浸水条件下对钢筋混凝土结构中的钢筋呈微腐蚀性，其中地表水在干湿交替条件下对钢筋混凝土结构中的钢筋呈微腐蚀性，地下水在干湿交替条件下对钢筋混凝土结构中的钢筋呈弱腐蚀性。

（4）勘探时段拟建场址区地下水位埋深为0.40～0.90m，相应高程为2.00～2.40m。地下水年变化幅度为1.00m左右，设计时地下水水位选取建议按不利因素考虑，其中抗浮水位建议采用地表0.00m计算。

（5）工程开挖后形成的临时边坡及基础持力层均主要由第四系海相沉积淤泥质粉质黏土组成，承载力标准值低，工程地质条件极差。在上部荷载作用下，易产生边坡失稳问题；由于其强度低，淤泥质土内又夹有薄层泥炭质土，且下伏粉质黏土顶板高程变化大，易产生沉降与不均匀沉降问题；由于工程区位于沿海地带，闸基又为淤泥质黏土，在水压力作用下，沿闸基与淤泥结合面易产生浅层滑移问题，在淤泥内易产生深层滑移稳定性问题，建议采取工程处理措施。

挡洪闸、削峰调控闸、应急船闸上下闸首闸基均采用桩基，由于桩端持力层为弱风化基岩，建议在施工时，根据弱风化顶板埋深及成桩情况合理调整桩长。

拟建场地浅部约30m深度范围内分布的地基土以淤泥质土为主，是典型的软土地基，对基坑开挖支护不利，设计施工时应注意并采取相应预防措施。工程基坑需采取支护开挖，推荐基坑支护结构采用钻孔灌注桩加斜撑。灌注桩施工时建议对桩基进行成孔质量检测，保证钻孔垂直度、孔底沉渣等满足相关规范要求。桩基施工完成后，应进行桩身质量检测，并加强对周边环境的监测工作。

（6）临时航道右岸采用钢板桩加固措施，上部为淤泥质软土层，桩端持力层为粉质黏土，成分较单一，桩顶可能会产生较大水平位移，施工时，应根据成桩情况合理调整桩长。为防止钢板桩围堰倾覆，在背水侧应进行支撑，且要注意施工期及运行期的监测工作。

（7）基坑上、下游围堰地基为淤泥质软土层，可能产生较大沉降和不均匀沉降，设计施工时要予以考虑。

（8）工程区土料、砂砾石料及块石料等天然建筑材料缺乏。土料可采用"西分"工程新开河道的开挖土料，砂砾石料及块石料均需商业购买。

（四）工程建设任务和规模

1. 工程建设任务

姚江上游余姚"西分"项目的目标是在姚江上游设置瑶街弄调控枢纽工程，增加流域防洪调度调控手段，新开姚江至"北排"排涝通道，新增洪水出路，将上游部分洪水向西导入"北排"，减轻余姚城区及姚江干流的防洪压力。其中瑶街弄调控枢纽工程建设的主要内容为瑶街弄调控枢纽和斗门闸，其主要任务为防洪、排涝，兼顾通航。

2. 工程布局及建设内容

姚江上游余姚"西分"项目总体布局为在余姚城区上游设置调控工程，将部分涝水向西导入"北排"，为姚江流域洪水新辟一条出路。工程主要由瑶街弄调控枢纽、姚江至"北排"排涝通道、乐安湖泵站、西横河泵闸、斗门闸、贺墅江节制工程、跨河桥梁及沿途泵闸桥等组成。

姚江上游余姚"西分"项目——瑶街弄调控枢纽工程主要建设内容为瑶街弄调控枢纽（包括挡洪闸、削峰调控闸和应急船闸，其中挡洪闸规模结合航运需求，设为1孔×45.00m，底槛高程-3.67m；削峰调控闸规模为3孔×5.00m，底槛高程-1.87m；应急船闸设计尺度为135m×12.00m×4.00m，门槛高程-3.67m）及斗门闸（规模为2孔×10.50m，底槛高程-1.87m）。

3.工程调度运用原则及方式

（1）瑶街弄调控枢纽

①日常调度

瑶街弄调控枢纽挡洪闸为开启状态，以满足姚江正常过流、通航要求；枢纽削峰调控闸为关闭状态。

②防洪调度

当余姚站水位超过规划3年一遇水位2.90m时，乐安湖泵站启用，干流瑶街弄调控枢纽挡洪闸关闭；

当瑶街弄调控枢纽挡洪闸闸上水位超过3.70m时，枢纽削峰调控闸开闸削峰；

当余姚站水位降至2.90m，且预报后期无降雨时，关闭乐安湖泵站，打开瑶街弄调控枢纽挡洪闸，关闭枢纽削峰调控闸。

（2）斗门闸

①日常调度

非汛期时，当姚江水位与内河持平时，为改善水环境可开闸沟通水系。当内河水位低于姚江水位时，为满足内河灌溉及生态用水需要，斗门闸开启。当姚江水位低于灌溉要求水位时，为满足马渚中河地区的灌溉需求，斗门闸闭门以维持闸上水位1.43m。

②防洪排涝调度

防洪排涝期，当外江（姚江）水位高于1.03m时，若内河（马渚中河）水位高于外江水位则开闸，否则关闸。

（五）工程布置及主要建筑物

1.工程等级

（1）瑶街弄调控枢纽

根据《水利水电工程等级划分及洪水标准》（SL 252—2017），瑶街弄调控枢纽防洪保护对象为余姚城区，根据保护区人口数量、保护田面积和保护区当量经济规模，工程等别定为Ⅱ等，其主要建筑物级别为2级。设计洪水标准为50年一遇（$P=2\%$），校核洪水标准为100年一遇（$P=1\%$）。

根据《船闸总体设计规范》（JTJ 305—2001），应急船闸设计最大船舶吨级为1000t级，应急船闸级别为Ⅲ级。根据《船闸水工建筑物设计规范》（JTJ 307—2001），Ⅲ级船闸的闸首、闸室建筑物级别为2级，导航靠船建筑物级别为3级。应急船闸建筑物级别与瑶街弄调控枢纽主要水工建筑物级别相适应。

(2)堤防

工程范围内姚江堤防及新开引河堤防设计防洪标准为50年一遇，根据《防洪标准》（GB 50201—2014）和《堤防工程设计规范》（GB 50286—2013），堤防级别应为2级。考虑到本工程堤身高度小，遭遇洪灾或失事后损失及影响较小，同时参考余姚已建成50年一遇防洪标准堤防级别，确定工程堤防级别为3级。

(3)斗门闸

斗门闸为姚江堤防上的排涝挡洪闸，根据《水闸设计规范》（SL 265—2016）和《堤防工程设计规范》（GB 50286—2013）的有关规定，斗门闸（2孔×10.50m）主要建筑物级别和洪水标准同所在堤防，其建筑物级别为3级。斗门闸及连接段堤按50年一遇防洪标准设计。

2. 工程选址

受城市规划限制，瑶街弄调控枢纽可选址范围有限。通过工程选址比较，瑶街弄调控枢纽位于姚江干流杭甬高速大桥下游500米处。

斗门闸新建于原斗门闸下游、马渚中河与姚江汇合口处。

3. 闸门型式选择

(1)挡洪闸

根据工程实际情况，选取了平面滑动直升钢闸门、底轴驱动翻板钢闸门和护镜门三种门型进行比较分析。经过详细比较，针对工程建设条件、运行条件，平面直升门在工程可靠性上具有明显的优势，同时也具有维护检修更加方便、闸门造价最经济的优点。综合考虑，瑶街弄调控枢纽挡洪闸采用受闸底淤积和杂物影响最小的1孔×净宽45.00m平面直升门方案。

(2)应急船闸

综合考虑应急船闸使用频率较低、小洪水情况上游引航道淤积等因素，应急船闸闸门采用底槛平整、受淤积影响较小的平面直升门型。

(3)削峰调控闸

根据瑶街弄调控枢纽总体布置情况，削峰调控闸与应急船闸分列于挡洪闸的南北两侧，挡洪闸及应急船闸均采用上部有启闭房的直升门型式，结合建筑外立面效果考虑，削峰调控闸水工结构上部设置厂房，闸门采用露顶式平面直升门。

(4)斗门闸

从文保、景观效果的角度出发，同时考虑减少新建工程对周边民居的遮挡影响，斗门闸采用无上部结构的水闸型式。对底轴下卧平面门与支臂上翻弧形门进行了综合比较，斗门闸闸门型式选用支臂上翻弧形门。

4. 工程总体布置

（1）瑶街弄调控枢纽

瑶街弄调控枢纽总体布置主要针对"三闸联建"方案和"两闸联建"方案进行了技术经济比选。从退水期泄洪、金属结构设计难度及可靠性、挡洪闸结构受力对称性以及上部建筑物的整体效果等角度分析，瑶街弄调控枢纽布置采用"三闸联建"方案。总体布置如下。

闸址位于姚江干流杭甬高速大桥下游约500m处，挡洪闸居中布置，削峰调控闸紧邻挡洪闸南侧，应急船闸紧邻挡洪闸北侧。瑶街弄调控枢纽距新开河道约200m。

应急船闸上游设置150m长导航墙，下游设置437m长导航墙；左岸上游设162m长（岸线长）新开引河堤防连接姚江上游余姚"西分"工程新开河道，新开河道与导航墙及现姚江堤防之间通过180m长（岸线长）连接段堤防衔接；枢纽右岸上游设置434m长（岸线长）堤防，下游设置418m长（岸线长）堤防，连接现姚江堤防。

在船闸上游侧闸首、挡洪闸和削峰调控闸的闸室顶部布置一座人行交通连廊，沟通北面船闸与南面削峰调控闸两侧交通，人行连廊宽度为6m。

枢纽主要管理区布置于枢纽的北侧，布置有1#管理用房、2#管理用房等设施。

瑶街弄调控枢纽平面布置如图1-1所示。

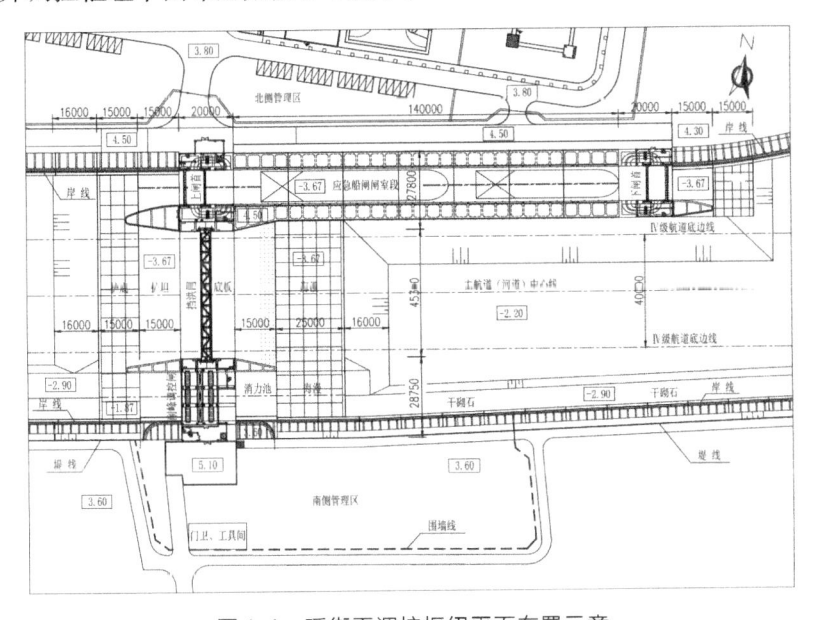

图1-1 瑶街弄调控枢纽平面布置示意

(2) 斗门闸

根据斗门闸节制及引水的功能要求，斗门闸自上游至下游分别为上游干砌石护坦、上游钢筋混凝土铺盖、闸室段、下游钢筋混凝土铺盖及下游干砌石护坦。

斗门闸上游干砌石护坦、上游钢筋混凝土铺盖、下游钢筋混凝土铺盖及下游干砌石护坦顺水流方向长度均为10.00m。闸室段顺水流方向长度为21.00m，垂直水流方向长度为26.40m。斗门闸平面布置轴线如图1-2所示。

考虑到检修闸门及工作闸门的吊装要求，在斗门闸右岸管理区侧设置硬化场坪以便汽车吊进场作业，并在右岸设置检修闸门放置门库。

结合斗门闸的管理及电气设备布置需求，上游右岸设置单层管理用房，含配电间及柴油发电机室。

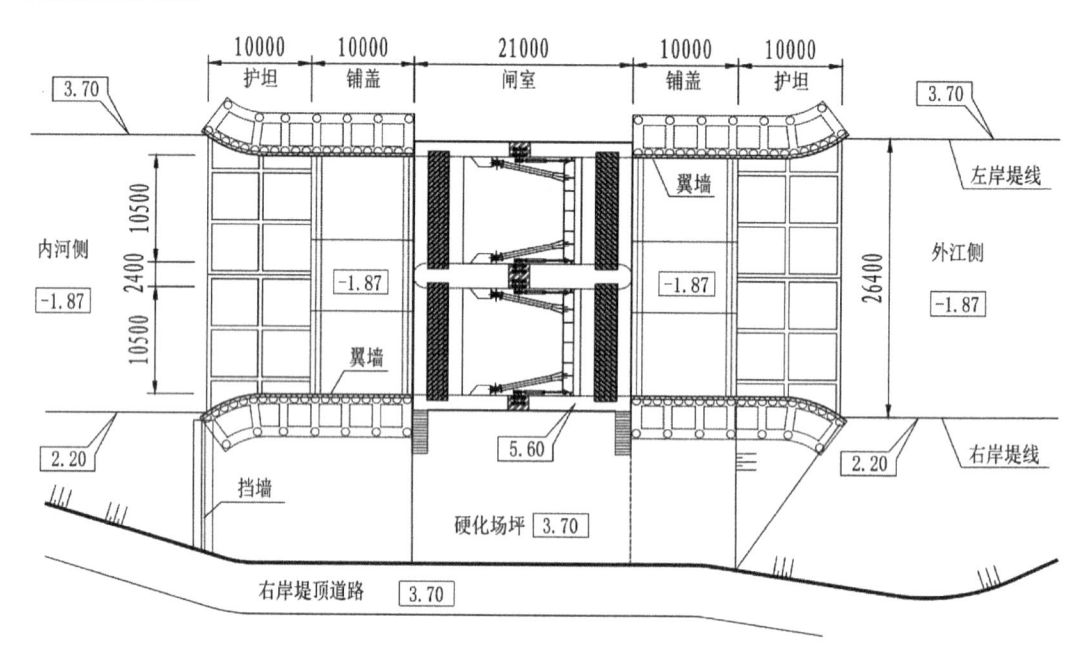

图1-2 斗门闸平面布置轴线示意

5. 挡洪闸

挡洪闸布置于姚江主河槽上，上、下游正对姚江规划Ⅲ级限制性航道（航道底宽45m），主要由上游连接段、闸室段、下游连接段组成。上游连接段主要包括护坦、混凝土石块护底及上游两侧隔墩，闸室段主要包括闸室底板、闸墩、钢闸门、上部房建及启闭设施、顶部交通连廊，下游连接段主要包括护坦、混凝土石块海漫及下游两侧隔墩。

（1）闸室设计

根据闸室特点拟定分离式底板结构和整体式底板结构两个方案，经过技术经济比较,在投资相差不大的前提下,考虑到整体式底板结构方案在抗超标准荷载的安全储备及运行期变形方面具有明显优势,同时在裂缝控制方面有技术措施能解决,确定挡洪闸采用整体式结构方案。

闸室顺水流方向长20.00m,垂直水流方向总长52.30m,闸室底板分三块进行浇筑,边侧两块为"L"形边墩,闸墩宽3.50m,顶高程为11.00m,底板顶高程为-3.67m,宽9.50m,厚2.50m,中间一块底板宽33.3m,厚2.50m。闸室边块"L"形边墩浇筑至11.00m高程后,中间底板与边侧底板通过1.00m宽施工后浇带进行并缝连接。挡洪闸闸室纵剖面如图1-3所示。

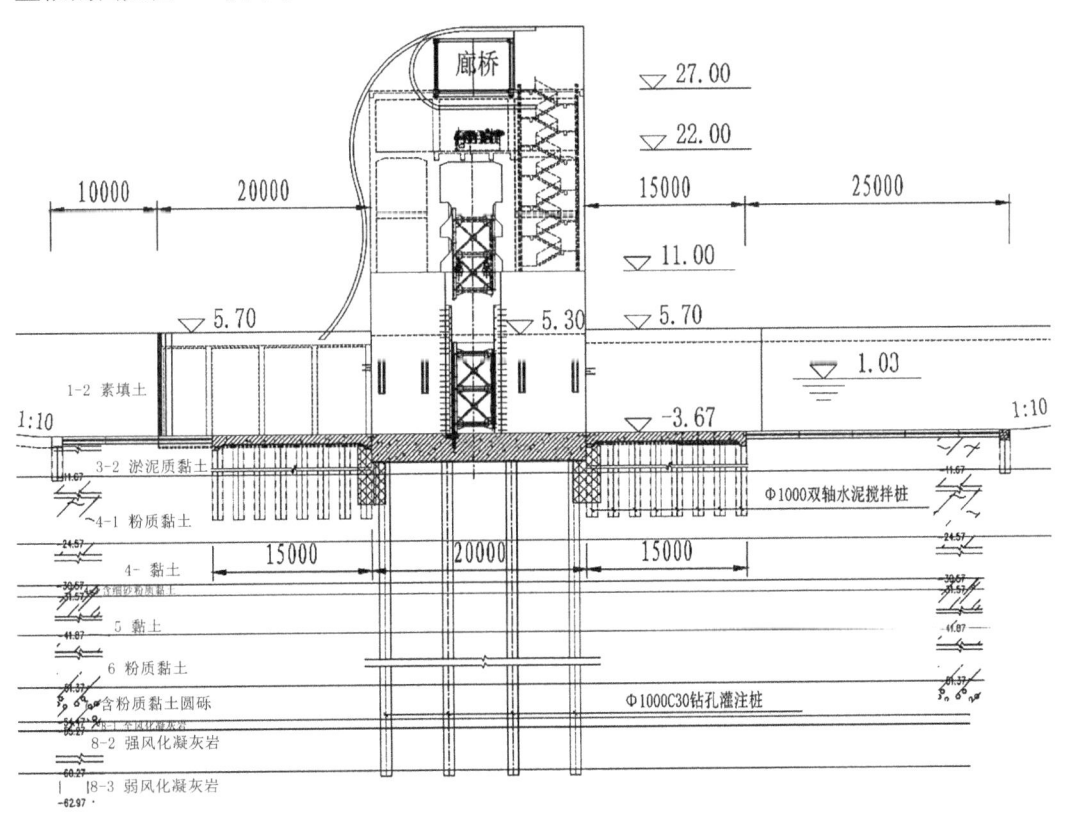

图1-3 挡洪闸闸室纵剖面

(2)上部结构设计

闸室段两侧闸墩上设闸门启闭排架,设锁定层、检修层、启闭层、连廊层共四层。一层为闸墩顶部,墩顶高程11.00m,顺水流方向长20.00m,闸墩顶部设置闸门锁定装置;二层楼板高程16.50m,右岸与削峰调控闸启闭层连通,为挡洪闸闸门检修层;三层楼板高程22.00m,为闸室启闭房,挡洪闸两侧启闭房各布设1台卷扬式启闭机,启门力为2×2500kN;启闭房顶部设置交通连廊,沟通两岸交通。

（3）防渗排水设计

考虑到挡洪闸下部桩基采用嵌岩桩，存在闸室底板与地基土脱离的可能性，在闸室底板上游端设置4m长的防渗板桩，以防止底板与土体脱空引起接触冲刷。根据《水闸设计规范》(SL 265—2016)，采用改进阻力系数法对挡洪闸进行渗流分析，水闸水平段及出口段的渗透坡降均满足渗透稳定要求。

（4）消能防冲设计

经计算，挡洪闸下游侧无远离式水跃产生，无需修建消能工。在下游侧设置15.00m长钢筋混凝土护坦及25.00m长混凝土海漫进行防护。

（5）地基处理

瑶街弄调控枢纽地基土层为Ⅲ1层淤泥质粉质黏土，该土层为高压缩性、高含水量、低强度的软土，性质差，厚度大，允许承载力特征值fk＝55kPa，不满足承载力要求。采用桩基础作为调控枢纽各建筑物的地基处理方式。经过技术经济比较，挡洪闸闸室下部地基处理采用桩径1.00m、桩端进入弱风化凝灰岩层不小于0.50m的嵌岩钻孔灌注桩，上、下游钢筋混凝土护坦采用水泥土搅拌桩进行地基处理。

6.应急船闸

（1）上闸首设计

上闸首平面尺寸为20.00m×24.30m（顺水流向×垂直流向），其中口门宽12.30m，单侧边墩宽6.00m。底板顶高程为-3.67m，厚度1.50m。边墩顶高程为5.30m，在门槽处，为布置门槽需要。边墙顶高程为11.00m，与闸门检修平台一致。门槛高程-3.67m，槛上最小水深5.67m。

上闸首短廊道进水口采用侧面进水方式，廊道进水口底槛高程为-3.67m，进水口水平转弯与廊道直线段相连，经过充水阀门后再水平转弯与出水口连接。

上闸首闸门门型采用直升门，闸门检修平台布置在11.00m高程，启闭机布置在22.00m高程平台。阀门启闭机布置在边墩顶启闭机房内。阀门井按提升式平板门设置，阀门井内设置阀门检修平台，检修平台设置在检修水位以上，高程为1.50m。上游检修门布置在上闸首上游侧，用于船闸检修。

上闸首边墩输水廊道段最小壁厚1000mm，空箱外壁最小厚度1000mm，空箱内壁最小厚度800mm。输水廊道设置R＝400mm圆角，空箱设置400mm×400mm倒角。上闸首结构如图1-4所示。

上闸首除二期混凝土采用C35外，其余均采用C30混凝土；垫层采用C20混凝土。

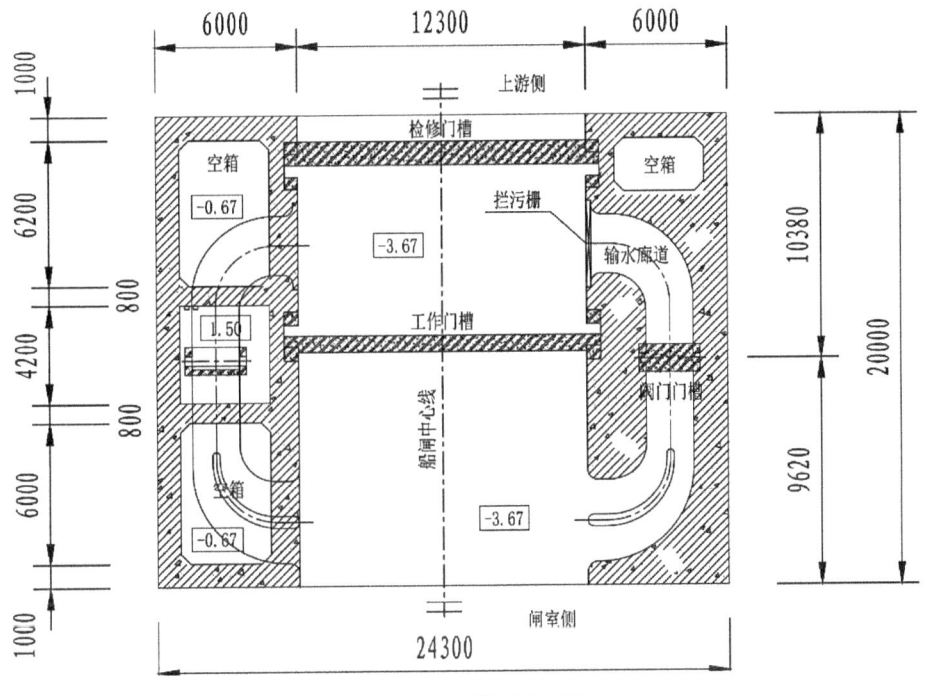

图 1-4 上闸首结构示意

经过技术经济比较，应急船闸上闸首基础采用由嵌岩桩＋摩擦桩组成的长短桩方案。

（2）下闸首设计

下闸首平面与上闸首呈镜像对称关系，设计基本与上闸首相同。下闸首上部建筑比上闸首少一层连廊层，且上部建筑不设门厅及电梯。下闸首基础基岩埋深较浅，故桩基采用嵌岩桩。

（3）闸室设计

应急船闸闸室宽度为12.30m，根据《船闸水工建筑物设计规范》（JTJ 307—2001），该跨度规模闸室一般可选的闸室结构型式有两种，即分离式闸室结构和整体式闸室结构。经过技术经济比较，选择造价更为经济的整体式闸室型式。

应急船闸闸室净宽为12.30m，两侧空箱宽度均为6.00m，垂直水流方向长度为24.30m（6.00m＋12.30m＋6.00m），单个闸室闸室段为20.00m，闸室空箱壁壁厚0.80m，空箱设3块垂直水流方向肋板，肋板厚度为0.60m。左侧空箱顶部考虑检修车辆通行，顶板厚度为0.40m，采用沥青混凝土铺装，右侧空箱顶板仅供人行，顶板厚度为0.30m，采用沥青混凝土铺装。两侧空箱闸室侧设1.20m高防撞墩，防撞墩厚0.60m，顶部每隔10.00m布置一处系船柱，系船柱下方设2个系船环，竖向间距1.50m，每隔5.00m布置一处钢护舷。右侧空箱外侧顶部设栏杆，空箱外壁每隔5.00m布置一处钢护舷。另靠近上、下闸首处空箱内壁设一处下人排梯。

（4）导航墙设计

根据引航道布置，应急船闸导航墙共分为四段，桩号Z0-150至桩号Z0-045段为导航墙一，桩号Z0-045至桩号Z0+000段为导航墙二，桩号Z0+180至桩号Z0+210段为导航墙三，桩号Z0+210至桩号Z0+437段为导航墙四，均采用钢筋混凝土扶壁式挡墙结构。导航墙一及导航墙二墙后填土高程为4.50m，导航墙墙顶高程为5.70m，导航墙一底板顶高程为-2.90m，导航墙二底板顶高程为-3.67m；导航墙三及导航墙四墙后填土高程为4.30m，导航墙墙顶高程为5.50m，导航墙三底板顶高程为-3.67m，导航墙四底板顶高程为-2.90m。

导航墙顶部防撞墩厚600mm，每隔10.00m设一处系船柱，系船柱下方设2处系船环，每隔5.00m设一道钢护舷。

（5）船闸防渗排水

应急船闸与挡洪闸、削峰调控闸共同形成枢纽挡水建筑物。为减少渗漏、降低扬压力，上闸首底板下采用板桩防渗，长4.00m。上闸首结构与挡洪闸结构缝之间设止水。

为降低岸侧闸室墙后水位，闸室墙后设排水沟。墙后采用排水性较好的塘渣回填。为防止闸室渗水，在闸室墙结构缝及闸室与闸首之间的结构缝内设置止水，避免结构缝形成渗流通道。

（6）系船设备

应急船闸设计船舶载重均不大于1000t，参考《船闸水工建筑物设计规范》(JTJ 307—2001) 6.1.22条规定，船舶系缆力取100kN。在船闸闸室迎水墙面顶部设置100kN固定系船柱，并在系船柱以下每隔1.50m设置系船钩，水流方向间距10.00m；在引航道迎水面等靠船建筑物的顶部设置100kN固定系船柱，并在系船柱以下每隔1.50m设置系船钩。

（7）安全防护和检修设施

从船舶安全运行、防止墙顶坠物等方面考虑，在船闸闸室及上、下游导航墙临水侧设置一道1.20m高的钢筋混凝土防撞墙，墙顶高程为5.70m，顶宽为0.40m。

为减缓船舶与闸室、闸首以及导航墙之间在靠岸或系泊过程中的冲击，防止或消除船舶、岸墙结构受损，在船闸临水墙面设置钢护舷，间距5.00m，防护范围为1.20～5.70m高程。

考虑船闸闸首、闸室在检修工况下需将水抽干进行检修和设备更换，在船闸上闸首上游侧、下闸首下游侧各设置一道检修闸门，配置相应的抽水设备，并在船闸闸室两侧靠近上、下闸首处，各设置一道嵌入式爬梯。嵌入式钢爬梯平面尺寸为0.30m×0.70m，每一梯级间距为0.25m。

7. 削峰调控闸

削峰调控闸布置于调控枢纽挡洪闸的南侧姚江右岸位置，闸室为开敞式结构型式，闸门采用平面直升钢闸门。削峰调控闸为一联三孔，垂直水流方向长度为20m，包含三泄水孔宽15.00m（5.00m×3）、两中墩厚2.50m（1.25m×2）、两边墩厚2.50m（1.25m×2）。闸室底板顶高程为-1.87m。

（1）闸室设计

闸室顺水流向长20.00m，底板厚1.20m，在上、下游侧均设有齿墙，闸顶高程为5.30m。根据功能要求，水闸每孔设一道工作门槽，工作门槽上、下游各设一道检修门槽，每孔配备一道工作门，3孔各配一套上、下游检修门。削峰调控闸纵剖面如图1-5所示。

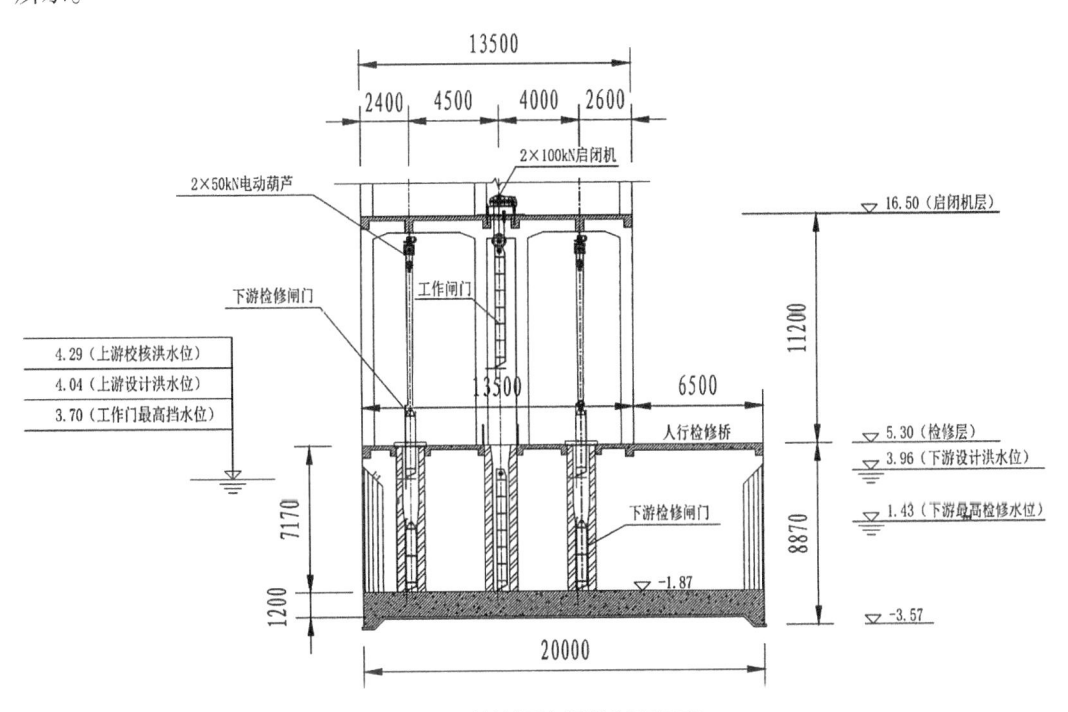

图1-5 削峰调控闸纵剖面示意

削峰调控闸下游侧设置6.50m宽的人行检修桥，桥面高程为5.30m。闸室段上设闸门启闭间，布置于闸室段上游侧，共有五层。一层地面高程5.30m，顺水流方向长度

13.50m，一层顶面梁下设两台移动式电动葫芦用以启闭及运输检修闸门。二层楼板高程16.50m，布置有3台卷扬式启闭机用以启闭工作闸门。三层楼板高程为22.00m，与挡洪闸右岸启闭机室相连通，布置有办公室、控制间等。削峰调控闸5.30m高程左岸设有门厅，门厅内布置有电梯与楼梯间，可到达上部各高程。

（2）过流能力设计

根据水利计算成果，削峰调控闸50年一遇设计洪水出流过程中的最大流量，出现于削峰调控闸开启后的下游退水过程中，此时，水闸上、下游水位分别为3.66m与3.52m，流量为122m³/s，根据闸孔及枢纽布置复核计算得到该水位下削峰调控闸过流能力为132 m³/s，过流能力满足要求。

（3）防渗排水设计

削峰调控闸下部桩基采用嵌岩桩，存在闸室底板与地基土脱离的可能性，在闸室底板上游端设置4.00m长的防渗板桩，以防止底板与土体脱空引起接触冲刷。根据《水闸设计规范》（SL 265—2016），采用改进阻力系数法对削峰调控闸的抗渗稳定性进行验算，计算得到闸室底板水平段渗流坡降为0.018，出口段渗流坡降为0.022，均满足规范要求。

（4）消能防冲设计

削峰调控闸运行的上、下游水头差较小，水位变化较大，河床抗冲能力较弱，消能方式选择底流式消能。经计算，下游侧无远离水跃产生，无需修建消能工。考虑到削峰调控闸闸门开启瞬间过闸流量较大，仍考虑于水闸下游侧设置消力池，消力池池深为0.77m，消力池过渡段长度为8.00m，由-1.87m过渡至-3.67m，消力池水平段长度为5.00m，后接0.77m坎至-2.90m，此外，于消力池下游侧设25.00m灌砌石海漫进行防护。

（5）地基处理

削峰调控闸底板底面高程为-3.07m，底板下部河床地层主要为黏土及淤泥质土层，从上至下依次为粉土、淤泥质黏土、粉质黏土、含砾砂粉质黏土、基岩等。

经过技术经济比较，削峰调控闸下布置24根灌注桩，其中16根为嵌岩桩，承受上部竖向荷载；8根为非嵌岩桩；24根桩共同承受上部水平荷载。

针对上游钢筋混凝土护坦和下游钢筋混凝土消力池的不均匀沉降问题，采用水泥搅拌桩进行地基加固处理。

8. 斗门闸

斗门闸布置于马渚中河上，闸室为开敞式结构型式，闸门采用上翻弧形门。闸孔布置2孔，单孔净宽为10.50m。闸底板顶高程为-1.87m。

（1）闸室设计

斗门闸闸室为一联两孔，垂直水流方向长度为26.40m，包含两泄水孔宽21.00m（10.50m×2）、一中墩厚2.40m、两边墩厚3.00m（1.50m×2），满足《水闸设计规范》（SL 265—2016）中土基上闸室分段长度不宜超过35.00m的要求。

闸室顺水流向长21.00m，底板厚1.20m，上、下游侧均设有齿墙，闸顶高程为5.60m。根据水闸功能要求，水闸每孔设一道工作门，工作门上、下游各设一道检修门槽。

为便于检修，在斗门闸上、下游检修门槽的上、下游侧均设置宽1.50m的人行检修桥，检修桥桥面高程为5.60m。斗门闸闸室剖面如图1-6所示。

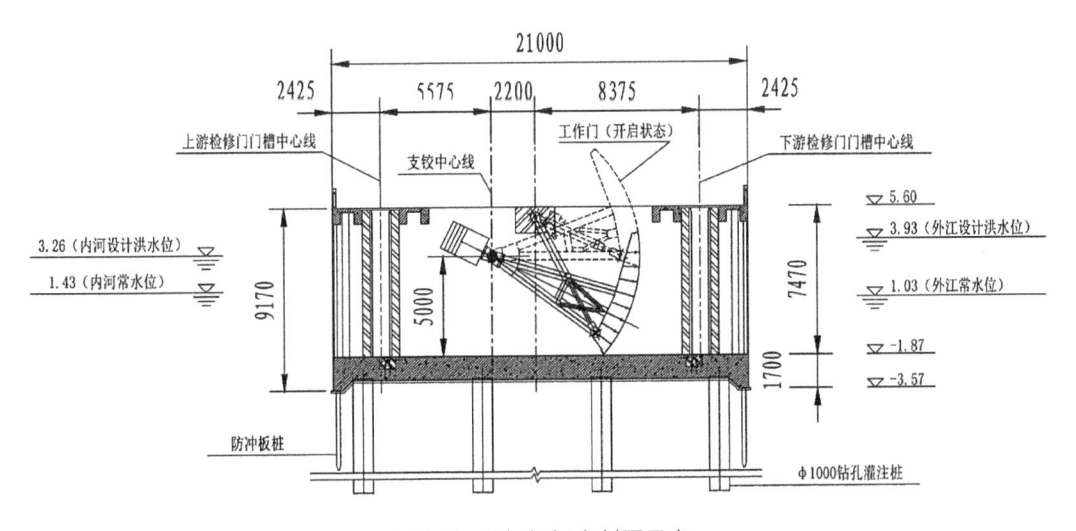

图1-6 斗门闸闸室剖面示意

（2）过流能力设计

斗门闸位于马渚中河排姚江出口，现状闸门总净宽21.00m。余姚"西分"工程实施后，马渚片区排涝格局发生改变，由南排姚江为主转变为西横河闸站北排为主，斗门闸仅承担马渚片区1.70m以下水位时的南排任务，排涝任务大幅缩减。经计算复核，现有的斗门闸过流能力满足设计工况排涝要求。

（3）防渗排水设计

考虑到闸室底板下部采用灌注桩基础，存在闸室底板与地基土脱离的可能性，在底板上、下游齿墙下设4.00m长的防渗板桩，以防止底板与土体脱空引起接触冲刷。根据《水闸设计规范》（SL 265—2016），采用改进阻力系数法对斗门闸的抗渗稳定性进行验算，闸室底板水平段渗流坡降、出口段渗流坡降均满足规范要求。

(4) 消能防冲设计

斗门闸运行上、下游水头差较小，水位变化较大，河床抗冲能力较弱，消能方式选择底流式消能。经计算，斗门闸运行时下游侧均无远离水跃产生，无需修建消能工。下游侧设置10.00m长钢筋混凝土铺盖及10.00m长干砌石护坦进行防护。

(5) 翼墙结构

现状斗门闸姚江侧堤防堤顶高程仅为3.70m，未达到4.54m的堤顶高程要求，斗门闸工程实施后，若下游堤防未全面加高，仍无法达到4.54m高程防洪封闭要求。故斗门闸上、下游翼墙与现状两岸挡墙顶高程相衔接，待下游姚江侧堤防进行全面加高时再一并加高。为节约工程投资，结合现状场地的实际情况，斗门闸上、下游连接段翼墙采用永临结合的结构，即支护桩兼作永久性挡墙，双排支护桩冠梁顶高程为2.50m。为满足防洪高程，前排桩冠梁顶部设置0.30m宽悬臂挡墙，上游左岸与右岸挡墙顶高3.70m，下游左岸挡墙顶高3.70m，下游右岸挡墙顶高程由3.70m过渡至2.50m。

(6) 地基处理

斗门闸闸室底板底面高程-3.07m，底板下部河床地层条件主要为黏土及淤泥质土层，从上至下依次为粉土、淤泥质黏土、粉质黏土、含砾砂粉质黏土、基岩等。

根据地质勘探资料，对桩基布置提出两个方案，分别为端承桩（灌注桩桩端均进入8-3弱风化凝灰岩层）、端承摩擦桩（灌注桩桩端持力层为6粉质黏土层与7含砾砂粉质黏土联合持力层）。经过技术经济比较，端承摩擦桩方案灌注桩根数要多于端承桩方案，端承摩擦桩总投资高于端承桩方案。但考虑到斗门闸施工工期紧，钻孔灌注桩在岩基上的造孔施工时间远多于在黏土中的回旋钻造孔时间，为减少灌注桩造孔施工对整体工期的影响，选取施工较快的端承摩擦桩方案。斗门闸下部桩基进入6粉质黏土层及7含砾砂粉质黏土所组成的联合持力层，单桩长度为43.00m。水闸按整体设计，闸底板下共布置20根桩，采用Φ1000、C30钢筋混凝土钻孔灌注桩，于水闸两侧边墩、中墩下及水闸两孔跨中各布置一排桩，每排4根桩，桩中心线间距为6.00m，5排桩中心线间距为6.10m。

9. 航道

工程所在区域属于杭甬运河余姚段主航道，现状航道等级为Ⅳ级双向限制性航道，通航标准为500t级货船，航道设计按照现状Ⅳ级航道标准设计，航道尺度为底宽40.00m，设计最小通航水深2.50m，设计航道底高程-2.20m。

杭甬运河远期规划为Ⅲ级限制性航道，则远期航道需按照杭甬运河规划Ⅲ级限制性航道通航标准进行改造，其航道尺度为底宽45.00m，设计最小通航水深3.20m，航道底高程−2.90m，最小弯曲半径480m。

工程区域航道全长876m，起点为上游杭甬高速公路桥，以半径R＝500m与挡洪闸通航孔直线段连接，直线段长452m，后以半径R＝480m反弧段与下游航道衔接，终点为下游余慈高速公路桥。

航道最低通航水位为0.33m，最高通航水位为1.33m，设计底高程为−2.20m，最小水深为2.50m。对底高程不足−2.20m的浅滩进行疏浚，航道疏浚采用抓斗式挖泥船，配套一定数量适航小型运泥驳船。航道左侧与应急船闸引航道相接，右侧以1∶4边坡放坡至边滩。

10.护岸及堤防

（1）堤岸线布置

枢纽上游左岸堤防起点距离杭甬高速28m，岸线起点距离航道底边线约7m，后以圆弧与新开河道左岸堤防连接，该段堤线范围为桩号Z0−492至桩号Z0−314段，合计178m。由于新开河道阻隔，由桩号Z0−314即姚江左岸堤线亦新开河道右岸堤防为起点，该处为"西分"工程标段分界点；桩号Z0−314至桩号Z0−240段为姚江堤防与新开排涝河道连接段；桩号Z0−240至桩号Z0−150段为导航墙与堤防过渡段；桩号Z0−150至闸前为导航墙段堤防，该段堤防与导航墙重合；下游左岸堤防布置与导航墙重合，该段堤线范围为桩号Z0＋180至桩号Z0＋437段，合计257m，堤防（引航道导航墙）向左岸偏折布置，整体向左岸内凹，在下游高速公路桥处与原岸墙相接。

枢纽上游右岸堤防起点距离杭甬高速19m，桩号Y0−434至桩号Y0−333段堤防与夏巷渡排涝泵站连接，堤线在夏巷渡排涝泵站处呈喇叭口状，之后桩号Y0−333至桩号Y0−015段堤防沿永久征地范围北侧边线延伸至削峰调控闸，与削峰调控闸翼墙连接。下游右岸桩号Y0＋035至桩号Y0＋418段堤防受姚江主航道底边线及堤后高压铁塔限制，为保证削峰调控闸较好的出流流态，选择将原岸线后退约8m，新岸线距离现状主航道底边最近为18m，距离高压铁塔最近为15m。下游右岸堤线连接至余慈高速桥下，终点桩号为Y0＋410。

（2）护岸设计

工程涉及的岸墙结构主要为枢纽上、下游姚江两岸的岸墙，以及长162m的新开河道侧岸墙。对多种结构型式护岸进行比选，桩号Y0−343至桩号Y0−090段岸墙结构采用"H"形护岸桩结构形式,其余右岸岸墙结构采用扶壁式岸墙结构形式;新开河道堤防岸墙与Ⅱ标段堤防设计统一,采用多级放坡结合"H"形板桩生态护岸,左岸连接段堤防采用悬臂式岸墙结构形式。

（3）断面设计

工程堤防断面据不同堤线段进行断面布置。堤防典型断面（"H"形护岸桩结构）如图1-7所示,堤防典型断面（悬臂式岸墙结构）如图1-8所示。

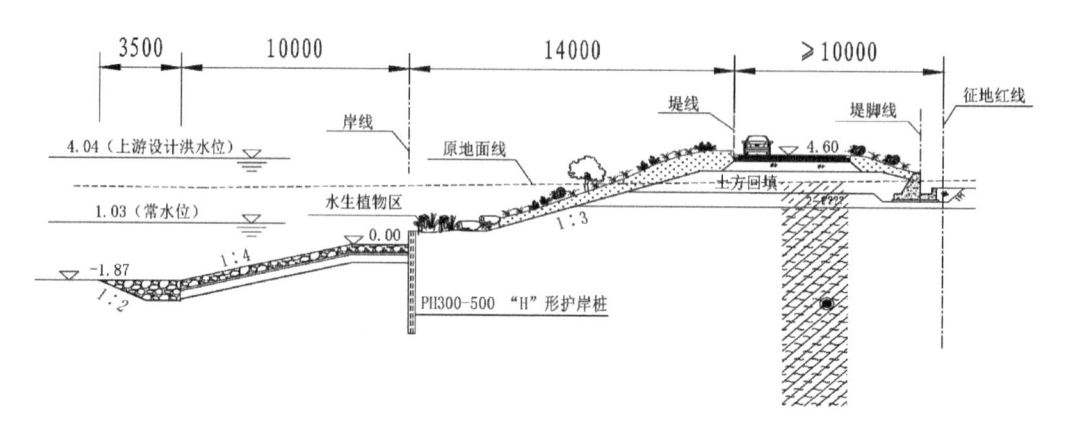

图1-7 堤防典型断面（"H"形护岸桩结构）

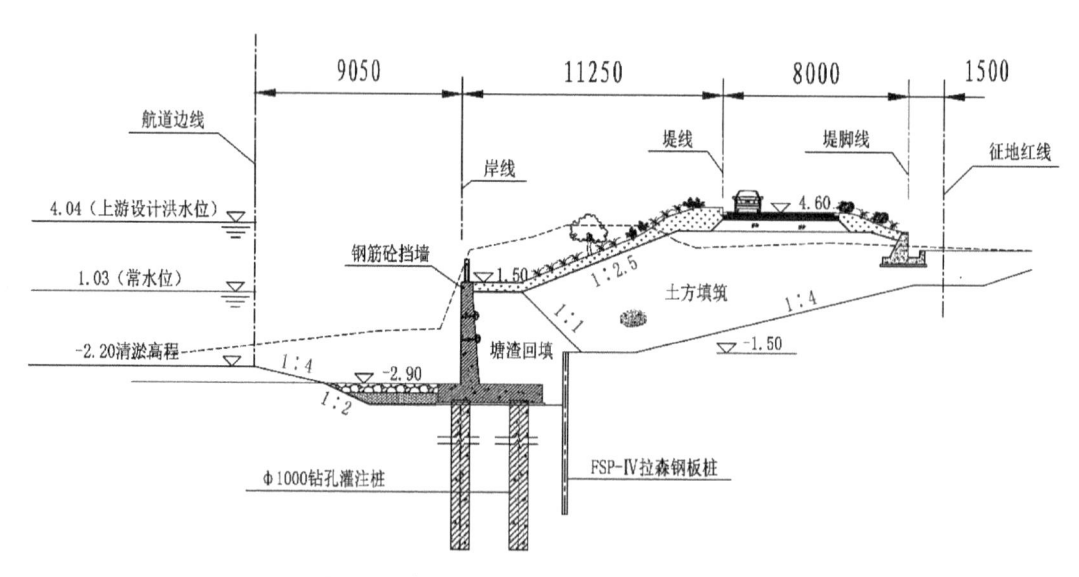

图1-8 堤防典型断面（悬臂式岸墙结构）

（4）特征高程设计

堤防堤顶分为瑶街弄调控枢纽上游及下游两部分,堤防级别均为3级,其中上游为50年一遇设计水位,为4.04m,下游为50年一遇设计水位,为3.96m。

根据计算结果，上游堤防顶高程计算值为4.76m，下游堤防顶高程计算值为4.67m，适当加高取值，枢纽上游堤防顶高程为4.80m，下游为4.70m。

考虑亲水性，新开河道连接段岸墙顶高程为1.50m；右岸受永久征地范围限制，岸墙顶高程取2.00m。

11. 耐久性

工程主体结构所处环境类别多为二类环境及三类环境，结合耐久性及结构要求，闸站所有主体结构混凝土强度等级为C30及以上，最小水泥用量不小于340kg/m³，最大水灰比为0.45，最大氯离子含量为0.1%，最大碱含量为2.5kg/m³。混凝土耐久性要求满足《水利水电工程合理使用年限及耐久性设计规范》（SL 654—2014）。

瑶街弄调控枢纽（枢纽建筑物及上、下游导航墙）-1.00m高程以上混凝土迎水面采用水泥基渗透结晶型防腐涂料，减少混凝土腐蚀，延长工程使用寿命。在通航部位（挡洪闸、应急船闸、导航墙及下游右岸堤防等）添加聚丙烯腈纤维（掺量为1.0kg/m³），以增强混凝土韧性、延展性、抗冲击性。

12. 工程安全监测

工程监测项目主要有变形监测、渗压渗流监测、应力监测、水位监测、人工巡视检查。

（1）变形监测

①位移监测

瑶街弄调控枢纽共设置175个沉降位移观测点、31个水平位移观测点。另在瑶街弄调控枢纽南侧和北侧安全、稳定区域各布设1个沉降水平位移观测工作基点。

斗门闸共布设8个沉降位移观测点、2个水平位移观测点。另在斗门闸附近东侧安全、稳定区域布设1个沉降水平位移观测工作基点。

②接缝监测

削峰调控闸与挡洪闸分缝、挡洪闸和应急船闸上闸首分缝、应急船闸上闸首和应急船闸闸室分缝及应急船闸下闸首和应急船闸闸室分缝上各设2支位错计，共计布设位错计8支。

（2）渗压渗流监测

在应急船闸上闸首底板下、应急船闸下闸首底板下、挡洪闸三块底板下、削峰调控闸底板下各设3支脱空计，共计18支；在斗门闸底板下布设一排5个渗压计、两侧各3个墩后绕渗渗压计，共计11个。

（3）应力应变及温度监测

工程共布置钢筋计32支、应变计24支、土压力计9支、温度计43支、无应力计8支。

（4）上、下游水位监测

瑶街弄调控枢纽共布置水尺9根，斗门闸共布置水尺2根。此外，瑶街弄调控枢纽设置3个水位计，斗门闸设置2个水位计。

（5）自动化数据采集系统的布置

工程安全监测的内观测仪器（渗压计、脱空计、位错计、钢筋计、应变计、无应力计、土压力计）共计110支，在工程基本完工时将全部仪器接入5台数据采集单元（瑶街弄调控枢纽4台，斗门闸1台），数据采集单元通过光纤组成现场星形网络与计算机联接，实现监测数据的现场自动采集，现场采集计算机再通过光纤接入管理部门的业务专网，实现远程的数据采集和管理。

（六）机电及金属结构

1.电气及自动化系统

（1）电气系统

①挡洪闸主要用电负荷为一套2×90kW工作闸门启闭机。削峰调控闸主要用电负荷为3台11kW工作门启闭机、2台检修门启闭机、照明及自动化设备和枢纽管理房用电。

挡洪闸、削峰调控闸用电负荷等级为二级，采用双回路10kV电源供电，互为备用，每一回路均可承担水闸全部用电容量。水闸0.4kV系统由2台800kVA变压器供电，0.4kV侧采用单母线分段接线方式。

②应急船闸主要用电负荷为2台30kW上、下闸首工作门启闭机，2台15kW检修闸门启闭机及照明和自动化设备，用电负荷等级为二级。0.4kV系统由一台160kVA变压器供电，电源引自挡洪闸10kV母线，0.4kV侧采用单母线接线方式，预留备用电源接口。

③斗门闸主要用电负荷为2台2×22kW工作闸门启闭机及照明和自动化设备，用电负荷等级为二级，采用一回10kV线路作为主电源。0.4kV系统由一台125kVA变压器供电，并配备一台0.4kV柴油发电机组作为备用电源。

（2）自动化及弱电系统

根据瑶街弄调控枢纽运行管理需求，工程设有"西分"工程调度中心和瑶街弄调控枢纽总控中心。

①"西分"工程调度中心

"西分"工程调度中心设置在瑶街弄调控枢纽管理房，负责包括挡洪闸、削峰调控闸、斗门闸和"西分"工程其他所有闸站在内的运行调度，监控闸门工情、水雨情和视频等信息，发布闸站调度指令，并实时接收上级系统发布的调度指令与其他信息，实现成熟、规范的数据共享，为防洪排涝、水利工程管理等业务工作的开展提供全面的数据支持。

②"西分"工程会商中心

"西分"工程会商系统是决策支持系统的运行支撑环境和人机界面，是日常防汛指挥会议会商室和值班室，监控、处理各种防汛信息，实现实时水情、工情、灾情信息的异地显示和会商，实现视频会议、数据、图文数据等的实时传送。与上下级防汛指挥中心连接，利用其大屏幕系统实现会商、调度指挥。会商系统建设主要包括大屏幕显示系统、视频会议系统、数字会议系统、会议扩音系统、集中控制系统。

③瑶街弄调控枢纽总控中心

瑶街弄调控枢纽总控中心设置在枢纽管理房，主要实现对工程区域内包括应急船闸、削峰调控闸、斗门闸等闸站在内的远程集中监控和调度，同时接收上级管理部门发布的信息，实现数据共享。瑶街弄调控枢纽总控中心主要由闸站自动化控制系统、视频监控系统、LED显示系统、音频广播系统、通信系统等组成。

④应急船闸自动化系统

根据航运部门运行管理要求，瑶街弄调控枢纽应急船闸设置控制中心，布置在管理房港航部，主要监控船闸工情、水雨情和视频等信息，并实时接收上级系统发布的调度指令与其他信息，以保证应急船闸的安全运行。

2.金属结构

工程金属结构由瑶街弄调控枢纽金属结构及斗门闸金属结构组成，主要包括一座宽45.30m挡洪闸（兼通航孔）的闸门及闸门启闭机，一座宽12.30m应急船闸的闸门及闸门启闭机，一座3孔、单孔宽5.00m削峰调控闸的闸门及闸门启闭机，一座2孔、单孔宽10.50m斗门闸的闸门及闸门启闭机。共计有钢闸门18扇，交通桥1座，钢闸门、交通桥及埋件总工程量约872.8吨，闸门启闭机17台（套），机械式闸门挂钩梁1套。

（1）金属结构布置

瑶街弄调控枢纽金属结构设备布置包括：挡洪闸（兼通航孔）主要功能是在汛期下闸挡洪，平时常开且具有通航功能，设置工作闸门一道；应急船闸有上、下闸首，各设置工作闸门一道，并配置充（泄）水廊道工作闸门各两扇，工作闸门外侧设置检修闸门各一道；削峰调控闸设置工作闸门及上、下游检修闸门各一道。瑶街弄调控枢纽工作门及检修门均采用平面直升门。

斗门闸设置工作闸门及内河侧、外江侧（姚江侧）检修闸门各一道。工作门采用支臂上翻弧形门，检修门采用平面直升门。

（2）金属防腐蚀设计

闸门和交通桥等金属结构件以及金属结构埋设件的外露表面采用喷锌加涂料防腐（不锈钢除外），金属结构表面在金属热喷涂前进行表面预处理，喷（抛）射处理前仔细清除焊渣、飞溅油脂等附着物，并清洗基体金属表面可见的油脂和其他污物；对于现场安装焊缝区域防护涂层的局部修整以及无法进行喷（抛）射处理的场合，采用手工和动力除锈。

3. 采暖通风及建筑给排水

（1）采暖通风

工程管理房内办公室、会议室、中控室、值班室等房间均设置多联机空调系统，室外机置于屋顶。上闸首建筑22.00m高程削峰调控闸办公区域及27.00m高程削峰调控闸办公区域，设置多联机空调系统，室外机分别设置于22.00m高程室外平台与27.00m高程室外平台。

（2）建筑给排水

瑶街弄调控枢纽生活用水由管理区西北侧接入，接入点距管理区约650m，斗门闸值班房用水由东侧菁江渡村接入。

瑶街弄调控枢纽左岸管理区室内给水采用室外直接供水方式，给水管接入单体后直接接至各用水点。淋浴热水采用独立壁挂式电热水器。削峰调控闸上部厂房生活及生产用水采用无负压给水设备加压供水。瑶街弄调控枢纽右岸值班室生活用水通过上部厂房由北岸接入。室内排水系统采用污、废合流排水体制，生活污水与屋面雨水分流排放。

瑶街弄调控枢纽管理区室外雨污水排放分为左、右岸两部分，姚江左岸雨水经收集后统一向东排入瑶街弄34号内河，姚江右岸雨水经收集后向西排入夏巷江。姚江左岸污水排入东侧一体化污水处理系统，右岸污水排入值班室东侧绿地内化粪池。斗门闸管理区室外雨水排入马渚中河，污水排入管理用房北侧绿地内化粪池。

（七）消防设计

消防设计的范围包括瑶街弄调控枢纽及斗门闸，兼顾其他生产、生活辅助性建筑物。

瑶街弄调控枢纽由枢纽上游厂房、下闸首启闭房、1#管理房、2#管理房、3#管理房及枢纽右岸值班室组成。其中枢纽上游厂房共5层，总高度为28.70m，为高层厂房，每层为一个防火分区，防火分区面积不大于4000m²；瑶街弄调控枢纽下闸首启闭房、1#管理房、2#管理房、3#管理房、枢纽右岸值班室、地下泵房及斗门闸配电控制室各划为一个防火分区。为了确保防火安全，对易失火的重点场所及有特殊要求的部位，如变压器室、电缆吊架等，设置防火分隔或防火隔墙、防火门窗、防火阀等进行分隔。

工程消防总体设计方案是：水闸主副厂房区消防方式以水消防为主，部分不适宜采用水消防的部位、场所，采用移动式灭火器或手提灭火器；附属建筑物内布置室内消火栓，配置一定数量手提式灭火器，并在建筑物外布置室外消火栓，室外消火栓布置需满足《消防给水及消火栓系统技术规范》（GB 50974—2014）和《水利工程设计防火规范》（GB 50987—2014）的要求。

（八）建设征地与移民安置

工程征收土地213.91亩（含河流水面35.29亩），需临时用地504.99亩。

工程拆迁的房屋2户，没有搬迁安置人口，涉及企事业单位2家。

工程涉及交通、输变电、通信、广电及管道等专业项目若干。根据建设征地补偿标准和实物调查成果，工程建设征地补偿静态总投资共计8254.30万元。

（九）环境保护设计

1.环境影响

根据《姚江上游余姚"西分"工程环境影响报告书》结论，项目符合环境功能区划、城镇发展规划，工程施工期和营运期各项环境污染通过严格的科学管理和环保措施后能控制在国家标准范围内，对区域环境质量的影响较小，整体上有利于区域的生态环境改善。从环保角度分析，工程建设可行。

依据已有成果，对环境影响进行复核，工程建设对环境的主要不利影响为对生态的影响和工程施工对水环境、环境空气、声环境、固体废物、土地资源、人群健康的影响。但这些不利影响均较小，可通过环境保护措施得到有效控制和缓解，不存在制约工程建设的环境影响因素。

2.环境保护设计

加强施工人员生态保护的宣传教育工作，制定严格的环保制度，合理安排施工机械运行方式和时段，将工程施工对当地生态环境的影响减小到最低程度。结合水土保持措施，进行施工迹地恢复，维持区域原有的生态功能。

依据施工区水环境质量要求以及废（污）水排放标准，施工区废（污）水分别采取以下措施进行处理：基坑废水投加絮凝剂，静置、沉淀2小时后使废水满足综合利用的水质要求，抽出，用于混凝土养护，剩余污泥定期人工清除；施工机械和运输车辆保养产生的含油废水采用小型隔油池处理；混凝土拌和冲洗废水采用中和沉淀池处理；生活污水可由当地既有污水系统（租用民房）及施工区现场旱厕定期清掏后农用处理。

选用低噪声的设备和工艺；加强机械设备的维修和保养，减少运行噪声；土方开挖、多尘物料运输采取洒水防尘、密封措施；施工机械及运输车辆应定期检修与保养，选用优质油料，减少有害气体排放量；合理安排施工时序，车辆经过居民区时，限制车速，禁止鸣笛；妥善处理生活垃圾和施工弃渣。

加强施工区环境卫生管理；定期对施工人员进行卫生检疫和防疫；做好施工人员的劳动保护，配发防噪、防尘用具。

3.环境管理及监测

根据《建设项目环境保护设计规定》中第二条的规定，为保护好施工区的环境，须加强环境管理与监督。工程建设管理中应包括环境管理，负责工程的日常环境管理工作，落实各项环境保护措施及环境监测与监理计划，并接受相关部门的监督和指导。

为及时了解工程施工过程中施工活动对环境产生的影响，便于检验和调整各项环保措施的实施情况，工程施工期间开展水质、环境空气、噪声及人群健康等方面的监测。

4.环境保护投资概算

按照2018年1月价格水平测算，工程环境保护专项投资需194.56万元。

（十）水土保持设计

1.水土保持方案复核

工程在规划选址选线、立项条件、工程征占地、土石方平衡、施工组织等方面对水土保持而言均未形成制约，基本符合水土保持要求。工程在占地性质、占地类型、用地指标、占地数量和占地可恢复性等方面无水土保持制约因素，基本符合水土保持要求。工程借方全部从合法料场商购解决，不单独设置取料场，有利于水土保持。工程弃方得到妥善处置，有利于水土保持。工程采取合理的施工布置、施工工艺和施工组织设计，可有效避免水土流失。主体工程的排水工程、景观绿化及养护管理、泥浆池、基坑排水措施等工程界定为水土保持工程。本方案在主体工程设计的基础上，主要补充措施包括：①施工前的剥离表土措施；②施工期间的临时排水、沉砂措施；③临时堆土在堆置期间的防护措施；④生产生活区施工期间的临时拦挡、排水、沉砂措施等；⑤临时占地施工后期的迹地恢复等措施。

从水土保持角度分析，工程建设无限制性因素，建设是可行的。

2.水土保持措施设计

（1）Ⅰ区枢纽工程防治区

Ⅰ区枢纽工程防治区，防治面积10.78hm²，包括瑶街弄调控枢纽、斗门闸及其直接影响区。施工前，对占用的耕地、园地剥离表土，剥离的表土堆置在临时堆土场内，并采取填土草包围护、防雨布苫盖等防护措施；施工期间，对闸站基础施工产生的泥浆设置泥浆池进行防护，闸站基坑开挖期间布设基坑排水系统；施工后期，实施场地覆土、绿化等措施。

（2）Ⅱ区施工临时设施防治区

Ⅱ区施工临时设施防治区，防治面积6.77hm²，包括施工生产生活区、施工便道、临时堆土场及其直接影响区。施工前，对占用的耕地、园地剥离表土，剥离的表土堆置在临时堆土场内，并采取填土草包围护、防雨布苫盖等防护措施；施工期间，各场地周边布设临时排水沉砂、砂石料临时拦挡、临时堆土防护等措施；施工后期，实施土地整治、复垦等措施。

（3）水土保持措施工程量

工程新增水土保持措施工程量：场地平整5.11hm²，覆土2.17万m³，复垦1.95hm²，排水沟900m，沉砂池7座，砖墙24m³，防雨布270 m²。

3.水土保持措施施工组织

水土保持措施施工用水、用电及物质采购等均与主体工程一致，所需苗木种子从当地苗圃采购。水土保持措施施工场地、道路均利用主体工程施工布置设施。结合各水土流失防治区的具体防治措施，按照"三同时"的原则，以尽量减少工程施工期间的新增水土流失为目的,安排水土保持措施实施进度,与主体工程同步进行,时段为2017年9月至2021年2月。

4.水土保持监测与管理设计

工程水土保持监测范围即防治责任范围,监测分区与防治分区一致。水土保持监测包括水土流失防治效果监测,工程水土保持监测采取地面观测、调查巡查和遥感监测相结合的方法。监测期的降雨量等气象资料,通过当地气象站收集完成。

为了保证水土保持工程的顺利实施,在工程建设过程中严格落实项目法人制、招投标制和施工监理制。根据工程运行期管理体制,明确工程运行期内水土保持工程管理的责任,并落实责任人。

5.水土保持措施投资

按照2018年1月价格水平,工程水土保持措施投资109.23万元。

(十一)节能设计

本项目依据合理利用能源、提高能源利用效率的原则,遵循节能设计规范,从工程布置、设备选择、施工组织设计等方面采用节能技术,选用了符合国家政策的节能机电设备和施工设备,合理安排了施工总进度,符合国家固定资产投资项目节能设计要求。

本工程不存在能耗过大的建筑物和设备,项目的建设和运行期亦不会消耗大量能源,能源消耗总量相对合理,因此,本工程的建设不会对当地能源消耗结构及能源利用产生不利影响。

(十二)工程管理设计

1.工程管理体制

工程拟成立余姚市姚江流域"西分"工程水利管理处,隶属于余姚市水利局,负责本工程(不包含应急船闸)的日常运行维护管理,并由余姚市水利局统一调度管理运行。应急船闸管理参照余姚市蜀山大闸等工程,建成后移交港航部门管理。

结合本工程自动化程度及水利标准化管理,工程投入运行后可做到资源共享,部分业务可实施物业化管理,本着精练、高效的原则,管理人员可适当减少,故本工程管理人员编制定为24人(不包含船闸管理人员)。

2.工程标准化管理建设

姚江上游余姚"西分"工程瑶街弄调控枢纽工程的标准化运行管理,工作内容多,涉及信息面广，各类信息分布零散。随着水、船闸监控系统和视频监控系统等的不断建设，需要监管的事项不断增多，任务繁重，同时浙江省水利厅对水利工程的标准化管理提出了明确要求。为配合工程运行标准化管理工作，结合瑶街弄调控枢纽工程的实际需求，建设智能高效的标准化管理信息系统，对采集的实时工况、汛情、图像等数据进行处理，配合地理信息数据、基础工情数据以及历史资料等进行数据分析、处理和展现，有效保障工程运行安全，提高工程日常运营效率、防洪减灾能力和标准化管理水平。

3.工程运行管理

（1）瑶街弄调控枢纽

①日常调度

瑶街弄调控枢纽挡洪闸为开启状态，以满足姚江正常过流、通航要求；枢纽削峰调控闸为关闭状态。

②防洪调度

当余姚站水位超过规划3年一遇水位2.90m时，乐安湖泵站启用，干流瑶街弄调控枢纽挡洪闸关闭；

当瑶街弄调控枢纽挡洪闸闸上水位超过3.70m时，枢纽削峰调控闸开闸削峰；

当余姚站水位降至2.90m，且预报后期无降雨时，关闭乐安湖泵站，打开瑶街弄调控枢纽挡洪闸，关闭枢纽削峰调控闸。

（2）斗门闸

①日常调度

非汛期，当姚江水位与内河持平时，为改善水环境，可开闸沟通水系。当内河水位低于姚江水位时，为满足内河灌溉及生态用水需要，斗门闸开启。当姚江水位低于灌溉要求水位时，为满足马渚中河地区的灌溉需求，斗门闸闭闸门，维持闸上水位1.43m。

②防洪排涝调度

防洪排涝期，当外江（姚江）水位高于1.03m时，若内河（马渚中河）水位高于外江水位则开闸，否则关闸。

4.工程管理范围和保护范围

根据《浙江省水利工程安全管理条例》，工程参照中型水闸进行划界；管理范围为上、下游河道各100～250m，水闸左、右侧边墩翼墙外各25～100m的地带；保护范围为管理范围以外20m内的地带。从工程运行管理的实际需求出发，同时结合闸、泵周边地块开发的实际情况，本着土地节约利用的原则，确定水闸工程的管理范围为"水闸上、下游河道各100m，左、右侧边墩翼墙外50m"地带，保护范围为管理范围外各20m地带。

5.管理设施与设备

（1）管理用房

根据工程总体布局，瑶街弄调控枢纽设置1#、2#业务用房建筑面积为1806.00m²，其中1#业务用房建筑面积1360.00m²，2#业务用房建筑面积446.00m²。斗门闸配套附属用房建筑面积130.18m²。

（2）通信

内部通信采用程控电话（数字程控系统），其"中继线"与电信部门联络。调度通信采用专用光缆通信方案。无线通信利用电信部门网络。

（3）交通设施

对外交通充分利用已有的交通道路网，管理区内部交通与对外交通相衔接。根据管理需要，交通工具配置防汛车2辆、工具车3辆、机动船1艘。

（4）工程观测

一般性观测项目有水位、流量、沉降、扬压力水流形态、冲刷及淤积。结合观测所需，设置观测网点，配置必要的观测设备。

（5）标准化标识标牌

根据《浙江省水利工程标准化管理验收办法》（试行）的相关要求，设置标识牌若干。

（十三）工程投资

按2018年1月价格水平计算，姚江上游余姚"西分"项目——瑶街弄调控枢纽工程总投资和静态总投资见表1-4。

表1-4 姚江上游余姚"西分"项目——瑶街弄调控枢纽工程总投资

单位：万元

编号	序号	工程或费用名称	建筑安装工程费	设备购置费	独立费用	合计
I			工程部分			
一	1	建筑工程	23530.75			23530.75
二	2	机电设备及安装工程	470.60	2355.38		2825.98
三	3	金属结构及安装工程	396.66	2554.07		2950.73
四	4	施工临时工程	9315.87			9315.87

续表

编号	序号	工程或费用名称	建筑安装工程费	设备购置费	独立费用	合计
五	5	独立费用			5692.27	5692.27
	6	一至五部分合计（1＋2＋3＋4＋5）				44315.60
	7	预备费（8＋9）				2215.78
	8	基本预备费（5%）				2215.78
	9	价差预备费				
	10	建设期还贷利息				
	11	送出工程				
	12	静态总投资（6＋8＋11）				46531.38
	13	工程部分总投资（9＋10＋13）				46531.38
Ⅱ		征地和环境部分				
一	14	水库征地补偿和移民安置投资				
二	15	工程建设区征地补偿和移民安置投资				8254.30
三	16	水土保持工程				109.23
四	17	环境保护工程				194.56
	18	一至四项合计（14＋15＋16＋17）				8558.09
	19	预备费（20＋21）				
	20	基本预备费				
	21	价差预备费				
	22	建设期还贷利息				
	23	静态总投资（18＋20）				8558.09
	24	征地和环境部分总投资（21＋22＋23）				8558.09
Ⅲ		工程汇总				
	25	静态总投资（12＋23）				55089.47
	26	工程总投资（13＋24）				55089.47

（十四）经济评价

工程目标是有效引导姚江上游部分洪涝水入杭州湾，减少洪水期姚江上游洪水东排进入余姚城区，提高下游余姚城区及姚江干流防洪能力，同时尽量减少对上游区域的防洪排涝影响，并尽量节约土地。工程任务为防洪排涝，属于社会基础设施水利建设项目，社会效益显著，但无财务收入。

经济评价主要依据为：（1）国家发展和改革委员会、建设部《建设项目经济评价方法与参数》（第三版）；（2）《水利建设项目经济评价规范》（SL 72—2013）。

经计算，工程的经济内部收益率为10.54%，大于社会折现率8%；经济净现值为18373.01万元，大于规定值0；经济效益费用比为1.37，大于规定值1.00；三项指标都能满足规范要求。经敏感性分析，在三种情况下，经济内部收益率均大于社会折现率8%，经济净现值均大于0，说明工程具有一定的抗御经济风险能力。

（十五）工程特性表

姚江上游余姚"西分"项目——瑶街弄调控枢纽工程工程特性见表1-5。

表1-5 姚江上游余姚"西分"项目——瑶街弄调控枢纽工程工程特性

序号及名称			单位	数量	备注
一、水文					
1. 姚江流域面积			km²	3423.66	
2. 利用的水文系列年限	雨量站		年	1956—2015	详见报告
	潮位站	镇海站	年	1951—2015	四个潮位测站建站历史较长，资料连续可靠，并具有代表性
		宁波站	年	1950—2015	
		高背浦站	年	1971—2015	
		临海浦站	年	1974—2015	
二、工程规模					
1. 设计标准					
瑶街弄调控枢纽	防洪标准			50年一遇	$P=2\%$
	校核标准			100年一遇	$P=1\%$
堤防	防洪标准			50年一遇	$P=2\%$
斗门闸	防洪标准			50年一遇	$P=2\%$

续表

序号及名称			单位	数量	备注
2.建设内容					
①瑶街弄调控枢纽			座	1	挡洪闸、削峰调和应急船闸
②斗门闸			座	1	新建斗门闸
3.建设规模			m		
①挡洪闸			m	1孔×45.00	
②削峰调控闸			m	3孔×5.00	
③应急船闸			m	135.00×12.00×4.00（船闸尺度）	满足1艘1000t＋1艘500t船舶同时过闸
④斗门闸			m	2孔×10.50	
4.设计水位					
建筑物	运行工况	运行条件		上游	下游
瑶街弄调控枢纽	防洪	$P=2\%$	m	4.04	3.96
		$P=1\%$	m	4.29	4.11
	通航	$Q_{\max}=40$	m	0.33~1.33	0.33~1.33
	挡洪		m	3.20~4.29	3.20~4.11	通航孔下闸挡水
	削峰	$P=2\%$	m	3.20~4.04	3.20~3.96
		$P=1\%$	m	3.20~4.29	3.20~4.11
斗门闸	20年一遇设计洪水位		m	3.26	内河侧
	常水位		m	1.43	
	50年一遇设计供水位		m	3.93	外江侧
	常水位		m	1.03	
三、征地与拆迁					
1.总征地面积			亩	718.90	
（1）永久征地面积			亩	213.91	含河流水面35.29亩
（2）临时征地面积			亩	504.99	不含与永久征地范围重叠部分
2.总拆迁面积			m²	3471.76	
（1）拆迁房屋面积			m²	559.95	

续表

序号及名称	单位	数量	备注
（2）拆迁企事业单位房屋面积	m²	2911.81	
四、主要建筑物及机电设备			
1. 地质参数			
（1）场地地震基本烈度	度	6	
（2）场地地震动峰值加速度	g	0.05	
（3）场地类别	类	Ⅲ	
（4）地震动反应谱特征周期	s	0.25	
2. 工程等别	等	Ⅱ	
3. 主要建筑物级别			
（1）瑶街弄调控枢纽	级	2	
（2）堤防	级	3	
（3）斗门闸建筑物	级	3	
4. 主要建筑物设计			
（1）挡洪闸			
结构型式		平面直升门	
底槛高程	m	－3.67	
闸门净宽	m	1孔×45.00	
闸室平面尺寸	m	20.00×52.30	（顺流向×横流向）
（2）应急船闸			
结构型式		平面直升门	
门槛高程	m	－3.67	
闸室有效尺度	m	135.00×12.00	长度×宽度
上闸首尺寸	m	20.00×24.30	（顺流向×横流向）
下闸首尺寸	m	20.00×24.30	
（3）削峰调控闸			
结构型式		露顶式平面直升门	
底槛高程	m	－1.87	
闸门净宽	m	3孔×5.00	

续表

序号及名称		单位	数量	备注
闸室平面尺寸		m	20.00×20.00	（顺流向×横流向）
（4）斗门闸				
结构型式			上翻弧形门	
底槛高程		m	−1.87	
闸门净宽		m	2孔×10.50	
闸室平面尺寸		m	21.00×26.40	（顺流向×横流向）
5.主要机电设备				
（1）挡洪闸	固定卷扬机	台	2	2500kN
（2）应急船闸	固定卷扬机	台	2	2×320kN
	固定卷扬机	台	2	2×160kN
	液压启闭机	台	4	100 kN
（3）削峰调控闸	固定卷扬机	台	3	2×100 kN
	电动葫芦	台	2	2×50 kN
（4）斗门闸	液压启闭机	台	2	2×630 kN
五、施工组织设计				
1.主要工程量				
土方回填		万 m³	30.79	压实方
塘渣及石料回填		万 m³	12.33	
粗砂及碎石垫层料		万 m³	0.57	
填方总量		万 m³	43.69	
开挖量（自然方）		万 m³	54.50	土方开挖、河道清淤、围堰拆除
2.交通				
（1）对外交通道路长度		km	2.50	路面宽6m
（2）对内交通道路长度		km	5.80	路面宽6m
3.导流标准				
（1）瑶街弄调控枢纽			10年一遇	导流建筑物级别为4级
（2）斗门闸			5年一遇	导流建筑物级别为5级

续表

序号及名称	单位	数量	备注
4.导截流方式			
（1）瑶街弄调控枢纽		一次拦断河床围堰，明渠导流	
（2）斗门闸		一次拦段河床围堰，明渠导流	
5.施工期限			
（1）筹建期	月	3	
（2）施工总工期	月	42	不含筹建期
六、工程管理			
1.管理机构		余姚市姚江流域"西分"工程水利管理处	其中应急船闸建成后移交港航部门管理
2.定编人数	人	24	整个"西分"工程
3.管理房	m²	2207.10	1#、2#、3# 管理房及斗门闸配套附属用房
七、初步设计概算			
1.总投资	万元	55089.47	
2.工程部分投资	万元	46531.38	
3.征地及环境部分投资	万元	8558.09	

第二章　工程施工

（一）施工条件

工程位于余姚市马渚镇和兰江街道，地处宁绍平原、甬江流域姚江上游。工程主要由瑶街弄调控枢纽、斗门闸、临时航道、管理用房及附属配套工程等组成，其中瑶街弄调控枢纽由瑶街弄挡洪闸、削峰调控闸及应急船闸三部分组成。

瑶街弄调控枢纽包括挡洪闸（1孔×45.00m）、削峰调控闸（3孔×5.00m）、应急船闸（135.00m×12.00m），防洪标准为50年一遇，工程等别为Ⅱ等，主要建筑物级别为2级；斗门闸（2孔×10.50m）防洪标准为50年一遇，工程等别为Ⅲ等，最大设计流量133m³/s，主要建筑物级别为3级；临时航道（Ⅳ级航道标准）长约650m；管理用房建筑面积约2207.10m²。主体工程及临时工程主要工程量见表1-6。

表1-6　主体工程及临时工程主要工程量

项目	单位	工程量					
		堤防	挡洪闸	应急船闸	削峰调控闸	临时工程	斗门闸
土方开挖	万 m³	9.81	1.42	7.99	1.02	27.89	1.82
土方回填	万 m³	3.59	/	3.88	0.55	15.16	1.61
塘渣填筑	万 m³	1.22	0.11	3.88	0.13	5.03	0.14
河道清淤	万 m³	2.47					/
混凝土	万 m³	0.76	0.88	2.58	0.25	0.41	0.35
钢筋	t	510.78	477.66	1836.61	176.48	62.52	243.67
钢板桩	t	/	/	/	/	8179.68	/
钻孔灌注桩	万 m³	3.78				0.29	
水泥搅拌桩	万 m³	3.96				0.24	

工程距离余姚市区约15km。公路方面，杭甬高速（G92）、沈海高速（G15）经过余姚市，杭甬高速（G92）、S319省道和余姚大道从工程区附近经过，工程沿线有县乡道路和村村通道路，对外交通十分便利。工程场外交通满足工程进场要求。

工程生活用水从工程附近的村庄自来水管网接进；施工生产用水就近在姚江取水，根据需要经处理达标后使用。

当地已有较为完善的地方电网10kV供电线路，施工用电就近由经过工程区附近的现有供电线路供给，经变压器降压后分送至施工点。为防止施工期重要工序停电，每个施工区配备柴油发电机组作为备用电源。

工程办公所需的网络、电话等均可就近接入；无线通信网络已经覆盖，可以利用已有无线网络。

主要建筑材料为混凝土、塘渣料、块石、碎石、水泥、砂、钢筋、土工合成材料等。塘渣料从附近塘渣料场购买，块石从当地石料场购买，碎石、砂从附近堆砂场购买，水泥、钢筋从当地建材部门购买，土工合成材料外购，主体工程用混凝土从附近商品混凝土拌合站购买。

工程总工期为42个月，其中临时航道工期为6个月，挡洪闸、削峰调控闸、应急船闸、斗门闸工期为24个月。

（二）料场选择与开采

工程混凝土工程量约9.30万 m^3（含灌注桩），计入临建工程和施工损耗，混凝土设计量约9.77万 m^3，对应混凝土粗细骨料（净料）14.65万 m^3。

工程土方回填设计量30.79万 m^3（压实方），塘渣料、块石料的设计量12.33万 m^3（压实方），粗砂及碎石垫层设计量0.57万 m^3（压实方）。各类土石方回填设计量43.69万 m^3（压实方）。

为确保工程质量，提高建设工效，保障现场文明施工，减少环境污染，工程所需混凝土采用商品混凝土。

塘渣及块石料从A采石场购买，运距约10km；日供应量不足时从B采石场购买，运距约20km；粗砂和碎石料亦从上述两个采石场购买；土料除瑶街弄调控枢纽临时航道利用Ⅱ标段新开河道开挖土方外，其余均利用本标段开挖土方，本标段开挖土方运至四联村杨歧岙弃土场，回填时运回。

（三）施工导流

1.瑶街弄调控枢纽

（1）导流方式

姚江为宁波市主要河道，同时也是Ⅳ级航道，承担着供水、灌溉、行洪和通航等任务，施工期间不能断流。姚江江面狭窄，分期导流方式难以保证行洪、通航功能，故采用一次拦断河床方式，于姚江岸边新开导流明渠以满足工程导流及通航要求。

工程施工分三个阶段进行：第一阶段在左岸新开导流明渠兼临时航道，原河床泄流及通航；第二阶段拦断原河床进行主基坑施工，导流明渠泄流及通航；第三阶段导流明渠回填，管理用房及部分导航墙施工，已完建的挡洪闸泄流及通航。

（2）导流工程布置

①导流明渠布置

在主航道北侧新挖河道，总体以反向"S"形弯道与上、下游主航道平顺衔接，全长995m，航道底宽40.60m，底高程-2.20m，最小通航水深2.53m，最小弯曲半径R＝320m。其中，左岸岸线长约1000m，右岸岸线长约503m。

导流明渠左岸采用两级放坡开挖的型式，右岸采用双排钢板桩（局部灌注桩）纵向围堰的型式。

②上、下游围堰布置

上、下游围堰采用双排拉森钢板桩围堰，围堰顶高程4.00m，顶宽5.00m。上游钢板桩围堰长度约147m，下游长度约120m。

（3）导流标准及建筑物

依据《水利水电工程施工组织设计规范》（SL 303—2004），按照工程保护对象、失事后果、使用年限和工程规模确定导流建筑物级别为4级，导流明渠及上、下游围堰设计标准为全年10年一遇，第三阶段局部连接段围堰挡水标准为施工时段最高通航水位。围堰导流标准见表1-7。

表1-7 围堰导流标准

围堰名称	导流建筑物级别	洪水标准（重现期：年）	对应水位（m）
导流明渠右岸围堰	4	10	3.59
上游围堰	4	10	3.59
下游围堰	4	10	3.59
局部连接段围堰	4	最高通航水位	1.33

①围堰顶高程

根据《水利水电工程围堰设计规范》(SL 645—2013)，4级土石围堰顶高应不小于4.30m[3.59m（设计水位）+0.20m（波浪高度）+0.50m（安全加高）]。根据实测地形，工程区北岸堤防实际顶高程约为3.40～4.00m，南岸堤防实际顶高程约为3.30～3.80m。考虑到工程区现状堤防实际情况，进一步提高围堰顶高程不会改善工程区现状防洪安全，故将围堰顶高程确定为4.00m。

②导流明渠左岸

导流明渠左岸采用斜坡式护岸，现状地面至高程1.50m开挖坡比为1∶3，高程1.50m设置3.00m宽马道，高程1.50m至-2.20m开挖坡比为1∶4（局部1∶3.5）；在高程2.10m以下范围采用15.00cm模袋混凝土护坡，高程2.10m以上范围采用草皮护坡。岸边原地面设袋装土围堰，围堰顶高程4.00m。

③导流明渠右岸

导流明渠右岸一侧临水，另一侧为船闸基坑，从结构特点上看可视作船闸基坑的纵向围堰。经过技术经济比较，采用双排钢板桩围堰型式：采用FSP-Ⅳ拉森钢板桩，围堰宽度为4.00m。临水侧钢板桩桩顶高程为4.00m，船闸侧钢板桩桩顶高程为2.50m。由于地质纵剖面土层变化较大，钢板桩桩长为12.00～18.00m。为减少桩顶位移，提高围堰整体性，在2.00m高程设置一道Φ40钢拉杆，水平间距1.50m。钢板桩内侧采用Φ1000双轴水泥搅拌桩+Φ700高压旋喷桩进行加固，加固总宽为6.30m，加固深度为4.00～5.50m。

④上、下游钢板桩围堰

上、下游钢板桩围堰保护对象为主基坑，为10年一遇全年围堰。因此，临水侧钢板桩桩顶高程与导流明渠右岸临时侧钢板桩桩顶高程一致，取4.00m，基坑侧钢板桩桩顶高程为2.50m。围堰顶宽5.00m，上游围堰钢板桩桩长为18.00m，下游围堰钢板桩桩长为15.00m。于2.00m高程设置一道Φ40钢拉杆，水平间距1.60m，基坑侧设置反压抛石平台。为防止水流冲刷，临水侧采用抛石护脚，护脚总宽5.00m，同时控制坡脚不占压导流明渠右岸底边线。为防止船只直接撞击围堰，在临水侧坡脚外打设一排630钢管桩，桩长12.00m，桩顶高出最高通航水位1.00m，顶部采用钢丝绳连成整体。

⑤防洪影响分析

导流明渠左岸采用斜坡式防波堤，右岸采用直立式钢板桩，河道面宽约67m，河底高程为-2.20m。根据工程区姚江实测断面资料，本段河道平均河宽约80m，河底高程-2.23m，现状河道断面与导流明渠设计断面对比如图1-9所示，现状河道河宽略大于导流明渠，但底宽要小于导流明渠。从过水断面比较，在设计水位条件下，导流明渠过水断面略小于现状河道约8.50m²，占现状过水断面比例约为2.6%，但导流明渠深槽部分宽度略大于现状河道。

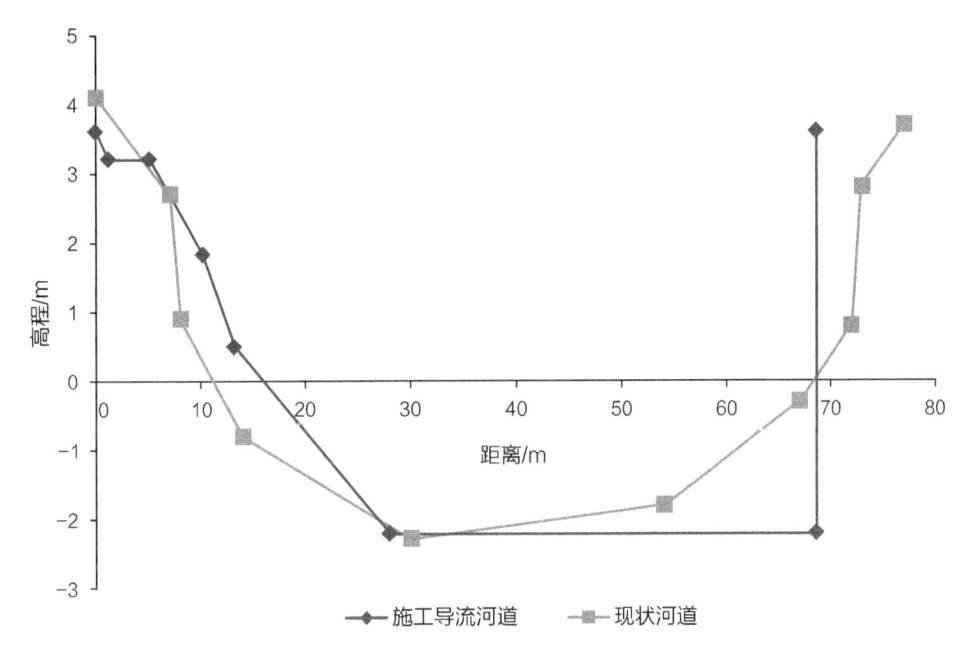

图1-9 现状河道断面与施工导流河道设计断面对比

在其他工程及水文边界相同的基础上，遭遇10年一遇标准洪水水利计算成果对比情况见表1-8。

表1-8 10年一遇标准洪水水利计算成果对比

项目	原河道方案	施工导流方案	差值
上游水位（m）	3.58	3.59	0.01
高水位持续时间（h）	64	64	0
洪峰（m³/s）	205	203.07	-1.93
最大24h洪量（万m³）	1337.80	1332.40	-5.40

由于导流明渠泄流能力与原河道基本相当，遭遇10年一遇洪水时下泄洪峰及洪量（最大24h）分别减少1.93 m³/s和5.40万m³，工程断面上游水位最大壅高1.00cm，影响范围约为上游1km。施工导流期间对上游的影响均在余姚境内且集中在现有姚江河道内，对沿线平原出口水位不产生影响。由于导流期间上游来水几乎无变化，施工导流期

间不会对下游防洪排涝造成影响。故施工期导流对上、下游及两侧平原排水几乎无影响，导流明渠可替代现有河道排水任务。

为评价遭遇超标准洪水情况下施工对工程上、下游防洪排涝的影响，对遭遇20年一遇超标准洪水工况进行计算分析，20年一遇标准洪水水利计算成果对比见表1-9。从计算成果可知，施工期遭遇20年一遇超标准洪水情况下，设计水位、高水位持续时间在导流前后几乎一致，洪峰流量及24h洪量差距几乎可忽略不计，说明导流期间遭遇超标准洪水，导流明渠对工程上、下游防洪排涝基本没有影响。

表1-9 20年一遇标准洪水水利计算成果对比

项目	原河道方案	施工导流方案	差值
上游水位（m）	3.70	3.70	0
高水位持续时间（h）	79	79	0
洪峰（m³/s）	245.70	245.20	-0.50
最大24h洪量（万m³/s）	1630.50	1629.60	-0.90

（4）施工程序

瑶街弄调控枢纽导流工程施工工序为：导流明渠右岸钢板桩围堰打设→导流明渠两侧同步开挖至0.00m高程→导流明渠开挖至设计底高程-2.20m并通水→上、下游钢板桩围堰打设及填筑→基坑抽水至-2.20m→汛前将上、下游围堰加高至设计断面。

2.斗门闸施工导流

（1）导流方式

斗门闸工程量较小，结构部分可于一个非汛期内完成，故施工期间采用一次拦断河床围堰方式进行断流。为减少上游雍高水位并且改善水环境，在右岸开挖导流明渠，同时调度贺墅桥江等马渚中河支流，开闸分担马渚中河涝水东排入姚江。

（2）导流工程布置

①导流明渠布置

根据场地条件，导流明渠布置于右岸，总长约350m，底高程为0.00m，底宽为5.00m，高程0.00m至现状地坪开挖坡比为1:2。由于现状平均地坪高程为2.80m，不满足防洪封闭要求，故在导流明渠两侧采用土方开挖填筑3.00m宽土堤，堤顶高程为3.70m。

②上、下游围堰布置

斗门闸位于马渚中河，上、下游围堰均布置于内河，围堰高度较小，水头差不大，采用结构简单、造价低的钢管桩围堰。

(3)导流标准及建筑物

导流建筑物级别为5级，相应洪水标准为非汛期5年一遇。钢管桩围堰顶高程为2.20m，围堰宽度为3.00m，采用编织袋土加高至2.70m。围堰内迎水面铺设一层防渗土工膜，并以渣料石粉填充。钢管桩采用Φ200钢管，间距0.30m，长度为9.00m，为了保证钢管桩承受内侧填料土压力，于1.50m高程设置一道Φ20拉筋，水平间距0.60m。

(4)施工程序

斗门闸导流工程施工工序为：导流明渠开挖→上、下游钢管桩围堰打设及填筑→基坑抽水至-1.50m→汛前将上、下游围堰加高至设计断面。

(四)基坑开挖与支护

1.瑶街弄调控枢纽

导流共分为三个阶段，相应的基坑开挖与支护也分为三个阶段。其中第一阶段为导流明渠的开挖与支护，导流明渠左岸采用放坡开挖的方式，右岸采用垂直支护的方式。第二阶段为枢纽主体工程的基坑开挖与支护，左岸需与第一阶段导流明渠右岸通盘考虑。第三阶段为上、下游局部连接段挡墙的施工。

(1)第一阶段基坑支护

第一阶段基坑左侧采用放坡开挖，右侧支护与第二阶段主基坑左侧基坑支护结合，既要满足两阶段基坑的稳定要求，又要满足导流明渠的通航安全要求。根据导流明渠的平面布置，第二阶段基坑左边线距离导流明渠右岸底边线仅24m（直线段）。第二阶段左岸船闸闸室、闸首和导航墙建基面底高程分别为-5.27m、-4.97m和-4.77m/-4.00m。由于基坑开挖深度较大，没有条件采用传统的大开挖的方式，故采用"双排钢板桩＋水泥土墙＋放坡开挖"的型式作为第一阶段基坑右侧和第二阶段基坑左侧的支护方案。

(2)第二阶段基坑支护

瑶街弄调控枢纽第二阶段基坑为主河床基坑，各部位开挖及结构高程见表1-10。

表1-10 瑶街弄调控枢纽各部位开挖及结构高程一览

部位	基础开挖高程（m）	底板顶面高程（m）
船闸闸首	-5.27	-3.67
船闸闸室	-4.97	-3.67
导航墙	-4.77/-4.00	-3.67

续表

部位	基础开挖高程（m）	底板顶面高程（m）
挡洪闸闸室	−6.27/−5.27	−3.67
削峰调控闸闸室	−3.17	−1.87
钢筋混凝土护坦	−4.37～−3.60	−3.67～−2.90
混凝土护坦	−4.37～−3.60	−3.67～−2.90
右岸挡墙	−4.00/−0.60	−2.90/0.00

第二阶段基坑有以下特点：

①基坑形状不规则，船闸段由于上、下闸首部位较深，由上游至下游整体呈现浅—深—浅—深—浅的开挖面；挡洪闸段闸室较深，由上游至下游整体呈现浅—深—浅的开挖面；削峰调控闸闸室较深，由上游至下游整体呈现浅—深—浅的开挖面；从左岸至右岸呈现浅—深—浅的开挖面。

②基坑整体左、右岸距离较大（约100m），采用平面对撑方式较为困难。

③基坑开挖深度变化较大，最大挖深约10m。

④基坑影响深度范围内的土层为填土、粉质黏土和淤泥质粉质黏土。

⑤基坑周边环境较简单，基坑开挖深度2倍范围内无重要管线和建筑物。

基坑左侧支护与第一阶段基坑右侧结合施工，见前文"施工导流"。右侧基坑开挖包括削峰调控闸闸室，上、下游翼墙及连接段堤防岸墙的开挖。其中削峰调控闸闸室建基面高程为−3.17m，翼墙建基面高程为−2.97～−4.00m，上游部分堤防岸墙护坦建基面高程为−0.60m，上游其余部分及下游堤防岸墙建基面高程为−4.00m，右岸场地整平后高程为2.50m。右岸基坑开挖深度为3.10～6.50m。受永久征地范围限制，右岸除闸室、翼墙及部分堤防挡墙可采用两级放坡的方式，其余均无法采用纯放坡开挖的方式。

结合宁波地区经验，开挖深度在5.00m左右的基坑，采用"钢板桩垂直支护＋放坡开挖"的型式。其中，上游部分岸墙采用"H"形护岸桩直接打设，打设后再进行护坦及防洪墙的开挖。建基面为−4.00m的挡墙在拟建挡墙底板后打设15.00m长FSP-Ⅳ型拉森钢板桩，支护顶高程−1.50m，后设4.50m宽平台，平台后以1∶2.5坡比开挖至场地高程2.50m。

另外，下游局部岸墙上部有高压电线穿过，无法打设钢板桩。为保证施工安全，高压电线处采用"双排钻孔灌注桩支护＋放坡开挖"的型式。支护顶高程为1.00m，1.00m后以1∶1.5放坡至整平后场地高程2.50m。前排桩间距为1.00m，后排桩间距为2.00m，前后排桩桩长为16.30m，桩排距为3.20m。为增加侧向刚度，前、后排桩顶部均采用C30冠梁连成整体，冠梁尺寸为1.00m×0.80m（宽×高）。前、后排桩每2.00m采用连梁相连，连梁尺寸为0.80m×0.60m（宽×高）。为减小灌注桩的位移，在基坑内采用Φ1000双轴水泥搅拌桩进行加固，灌注桩间采用Φ700高压旋喷桩嵌缝，加固宽度为4.70m，加固深度为4m。

由于第二阶段工期较长，开挖坡面暴露时间长，为防止开挖坡面受雨水冲刷而流失，表面采用80mm厚C20喷射混凝土护面。

第二阶段基坑顺水流方向开挖底高程变化为–4.37m→–5.27m/–6.27m→–4.37m；削峰调控闸顺水流方向开挖底高程变化为–3.60m→–3.17m→–4.37m→–3.60m；应急船闸顺水流方向开挖底高程变化为–5.27m→–4.97m→–5.27m→–4.37m；工程范围内河底高程为0.00～–2.30m。顺水流方向开挖深度较小，场地开阔，因此采用放坡开挖的方式，开挖坡比为1∶4。其中，护坦与底板齿墙相邻处高差约为2.00m，为防止后期水流沿开挖面淘空土体形成渗流通道，护坦与齿墙相邻处采用水泥搅拌桩墙进行支护。

（3）第三阶段基坑支护

受新开导流明渠的影响，左岸上连接段挡墙及下游导航墙在第二阶段围堰内无法施工。待挡洪闸通水运行、导流明渠可填筑时打设纵向钢板桩围堰施工左岸剩余部分挡墙及导航墙。其中左岸上游与新开河道连接段采用"H"形护岸，直接进行打设后开挖，无需另外支护。新开河道挡墙与原河道连接段挡墙及与上游导航墙连接过渡段挡墙建基面高程为–3.80m，下游导航墙建基面高程为–4.00m。由于主航道的限制，基坑开挖同钢板桩围堰通盘考虑。

为避免纵向围堰打设后对现状主航道的占压，第三阶段纵向围堰尽量靠近连接段基坑，结合钢板桩围堰的布置，在导航墙及过渡段挡墙后打设一排钢板桩。由于开挖深度较大，为保证基坑及围堰的稳定，于–1.80m高程设置一道支撑，支撑采用HW300×300型钢，水平间距6.00m。导航墙后侧钢板桩采用FSP-Ⅳ型拉森钢板桩，桩长12.00m，支护顶高程为–1.50m。–1.50m高程至现状地面采用两级放坡的方式，于1.50m高程设3.00m宽马道，1.50m高程以上开挖坡比为1∶3，1.50m高程以下开挖坡比为1∶4/1∶3.5（上/下游）。

2. 斗门闸

（1）顺水流方向开挖

斗门闸位于马渚中河，现状河底高程约为–1.50m。顺水流方向建基面底高程

为 –2.57～–3.17m，开挖深度较小，按1∶4的坡比采用一级放坡开挖。

（2）垂直水流方向开挖与支护

考虑到施工场地及导流明渠的布置，为减少对左岸居民区绿化及右岸堤防的影响，采用"排桩＋内支撑＋表层放坡"的围护方式，排桩与工程桩一致，采用钻孔灌注桩。

斗门闸闸室段开挖底高程为–3.17m，支护方式采用"混凝土钻孔灌注桩＋内撑"。在闸室两侧打设Φ800、C30混凝土钻孔灌注桩，间距1.00m，支护顶高程为2.50m，桩长23.60m。排桩顶部采用冠梁连接形成整体，宽1.00m，高0.80m。止水帷幕采用Φ700双轴水泥搅拌桩，桩长7.50m。右岸于2.50m高程设置5.00m宽施工平台，平台后以1∶2放坡至3.70m堤顶高程；左岸于2.50m高程设置2.00m宽平台，平台后以1∶1.5放坡至左岸3.50m场平高程。为控制基坑桩顶位移，保证基坑稳定，在排桩内侧2.10m高程设置一道0.80m×0.80m钢筋混凝土水平支撑，水平间距9.00m，支撑中部设置一根钢格构柱。

斗门闸上、下游连接段翼墙采用永临结合的结构，即支护桩兼作永久性挡墙，采用双排钻孔灌注桩的结构形式。前后排桩采用Φ800、C30钻孔灌注桩，桩长27.50m，排距为3.20m，前排桩间距1.00m，后排桩间距3.00m，前后排桩顶均采用1.00m×0.80m、C30钢筋混凝土冠梁连成整体，冠梁顶高程为2.50m。为满足防洪高程，前排桩冠梁顶部设置0.30m宽悬臂挡墙，挡墙顶高3.70m。后排桩通过C30钢筋混凝土连梁与前排桩连接，连梁间距3.00m，连梁尺寸为2.20m×0.80m×0.60m（长×宽×高）。为防止桩间土流失，双排桩间采用Φ700水泥搅拌桩加固，前排桩临水侧采用钢筋混凝土护面。

3. 基坑开挖施工要求

（1）基坑开挖原则与要求

工程基坑开挖深度较大，采用安全可靠措施，严密组织，科学施工。坚持"慎开挖、勤监测、早处理"的原则，确保基坑边坡稳定和基坑工程的安全。

基坑开挖施工期间，严格控制基坑边荷载，避免因重车行走而带来较大地面超载造成围护体变形；应用时空效应原理，充分发挥土体自身的抗变形能力以减少土体位移。

基坑开挖与基坑围护和降水方案的实施保持一致，遵循"分层分块、限时开挖"的原则，控制基坑变形。土方开挖充分考虑时空效应，合理确定土方开挖层数、每层开挖时间限制等。基坑土方开挖采用机械开挖和人工清挖相配合，开挖机械不得碰撞围护结构、降水系统和监测系统，严禁碰撞、挤压、拖动工程桩。

围护钻孔灌注桩达到设计强度后方可进行基坑土方开挖。开挖时，基坑边不得堆放重物（土方、材料等）及长时间停放重型机械。土方开挖前做好必要的准备工作，如沙袋、木桩、竹片板等排险材料，以备基坑开挖时出现紧急情况之需。

土方开挖必须严格控制挖土量，严禁超挖。开挖结束后随即浇捣垫层。基坑开挖施工至基础底板高程时，在24小时内必须完成素混凝土垫层，垫层必须延伸至围护结构边以提高基坑的整体性。

（2）基坑排水

工程基坑主要控制土层为淤泥质粉质黏土，为弱透水性，且富水条件较差，水量较贫乏。根据宁波地区施工经验，淤泥质粉质黏土渗透系数小，采用轻型井点或者管井降水等方法效果不明显，基坑降水主要以排水为主。本工程采用地表截水沟和坑底排水沟的方式。

地表截水沟：沿基坑顶及马道设置30cm×30cm截水沟，沟底坡度为3%，沟底采取防渗措施。

坑底排水沟：基坑开挖至坑底高程后，在坑底四周留设30cm×30cm排水沟，沟底坡度为3%；沿排水沟每隔20m设置一口集水井，集水井尺寸为0.50m×0.50m×1.00m（长×宽×深）；用潜水泵将坑底水抽排至围堰外侧的内河或外江。

（3）应急措施

在基坑开挖期间，设专人检查基坑稳定情况，并对周边建筑物、管线的变形进行24小时轮流监控，发现问题立即报告有关负责人员，及时处理。基坑周围严禁堆放重物及行驶载重车辆。

施工中若发现局部围护边坡壁突然发生位移增大时，须立即停止开挖，撤离基坑内的工作人员，根据现场监测的变形数据及时做好基坑加固措施，待基坑变形稳定后才能继续开挖。

4. 基坑监测

（1）一般要求

按照《建筑基坑工程监测技术规范》（GB 50497—2009），开挖深度大于5m或小于5m但现场地质情况和周围环境较复杂的基坑工程，应实施基坑工程监测。

基坑工程施工前，应委托具备相应资质的第三方对基坑工程实施现场监测。监测单位应编制监测方案，监测方案需经建设方、设计方、监理方等认可，必要时还需与基坑周边环境涉及的有关管理单位协商一致后方可实施。监测单位应及时处理、分析监测数据，并将监测结果及时向建设方及相关单位报告反馈，当监测数据达到监测报警值时，必须立即通报建设方及相关单位。

（2）监测项目

根据工程周边环境保护要求，针对基坑自身及周边建筑物的监测项目包括：

①支护桩（边坡）顶部水平、竖向位移；

②深层水平位移；

③基坑周边地表竖向位移。

（3）监测点布置

①支护桩（边坡）顶部水平、竖向位移监测点

沿基坑周边布置，在周边中部、阳角处布置监测点。监测点水平间距15～20m，每边监测点不少于3个。监测点设置在支护桩冠梁或基坑坡顶。

②深层水平位移监测点

支护桩或土体深层水平位移监测点布置在基坑周边的中部、阳角处及有代表性的部位。监测点水平间距为20～30m，每边监测点不少于1个。

③基坑周边地表竖向位移监测点

监测剖面设在坑边中部或其他有代表性的部位。监测剖面与坑边垂直，每个监测剖面上的监测点不少于5个。

（4）监测频率及报警值

根据设计计算成果、基坑工程安全等级及相关技术规范要求，基坑支护及周边环境监测频率见表1-11，基坑支护及周边环境监测报警值见表1-12。

表1-11　基坑支护及周边环境监测频率

监测内容	监测频率					
	土方开挖深度（m）			底板浇筑完后时间（d）		
	≤5	5～10	>10	≤7	7～14	14～28	>28
一级	1次/2d	1次/1d	2次/1d	2次/1d	1次/1d	1次/2d	1次/3d
二级	1次/2d	1次/1d	—	1次/2d	1次/3d	1次/5d	1次/10d

表 1-12 基坑支护及周边环境监测报警值

序号	项目		报警指标 二级		
			累计值（mm）		变化速率（mm/d）
			绝对值	控制值	
1	支护桩顶部水平位移	钢板桩	50	0.9%h	/
		灌注桩	45	0.7%h	4
2	支护桩顶部竖向位移	钢板桩	30	0.5%h	3
		灌注桩	30	0.3%h	3
3	边坡顶部水平位移		60	0.7%h	8
4	边坡顶部竖向位移		60	0.8%h	8
5	深层水平位移	钢板桩	85	0.8%h	6
		灌注桩	75	0.6%h	4
6	基坑周边地表竖向位移		60	—	6

注：1. h 为基坑设计开挖深度；
2. 累计值取绝对值和相对基坑设计开挖深度（h）控制值两者的较小值；
3. 当监测项目的变化速率达到表中的规定值或连续3d超过该值的70%时应报警。

（五）主体工程施工

1.施工有效时间分析

工程所在区域降雨量年内分配不均，4—7月阴雨绵绵，7—10月台风活动频繁，常发生大暴雨，10月—次年3月除少数雨雪天气外，多以晴朗天气为主，是施工的黄金时间。日降水量大于5mm时不能施工。扣除法定节假日和对施工有影响的天数，本工程平均月有效施工天数：土方开挖22天，土方回填15天，其余考虑每月22天。

2.施工程序

（1）瑶街弄调控枢纽

根据项目主体工程及导流工程布置，瑶街弄调控枢纽施工的关键线路为：三通一平→导流明渠施工→枢纽工程导流围堰施工→枢纽工程基坑抽水，基础处理，基坑支护，基坑开挖→枢纽工程混凝土浇筑，金结机电安装工程施工→横向围堰拆除→导流明渠回填，纵向围堰施工→导流明渠及横向围堰占压段及以外导航墙、堤防岸墙施工→纵向围堰拆除，管理区施工→工程完工。

（2）斗门闸

斗门闸工程施工的关键线路为：三通一平→基坑支护桩打设→围堰施工→基坑抽水，基础处理，基坑开挖→水闸工程混凝土浇筑→围堰拆除，管理区施工→金结机电安装工程→工程完工。

3.瑶街弄调控枢纽

（1）施工特性

瑶街弄调控枢纽主要施工项目包括土方开挖、土方回填、钻孔灌注桩、水泥土搅拌桩、混凝土浇筑、金结安装和机电设备安装调试等。

在基坑抽干水之后填筑施工道路至工作面进行基础处理施工，然后进行混凝土浇筑、土方回填、金结安装和机电设备安装调试等施工。

（2）土石方施工

①基础处理

基础处理为水泥土搅拌桩和钻孔灌注桩施工。

水泥土搅拌桩采用多头深层搅拌桩机施工，搅拌次数采用二次喷浆四次搅拌，最后一次提升搅拌采用慢速提升。施工工艺流程为：场地平整→布置桩位→机械就位→启动桩机，预搅下沉，同时后台拌制水泥浆液→到达设计深度后，喷浆搅拌提升钻杆，使浆液和土体充分拌和→提升至桩顶后重复搅拌下沉→重复喷浆搅拌提升直至孔口→施工完一根桩后，移动桩机至下一根桩位，重复以上步骤进行下一根桩的施工。

灌注桩施工工艺流程为：场地平整→布置桩位/埋设护筒→机械就位→成孔→清孔→放置钢筋笼→二次清孔→混凝土浇筑。钻孔灌注桩采用回旋钻机、泥浆护壁、吊车及人工辅助放置钢筋笼，采用导管法浇筑水下混凝土入仓。灌注桩施工产生泥浆排入泥浆池，通过泥浆车外运至指定围垦区。

②土方开挖

土方采用0.50～1.00m³挖掘机开挖，5～10t自卸汽车运输。开挖土方全部弃运，其中表土弃运至围垦区，北岸平均运距40km，南岸平均运距47km；余土弃运至四联村杨歧岙弃土场，北岸平均运距10km，南岸平均运距24km。

③土方填筑

土方填筑采用5～10t自卸汽车运土，进占法卸料，120马力推土机分层铺料，16～20t凸块振动碾碾压。初铺土厚度30cm，凸块振动碾顺堤线方向碾压6～8遍。具体施工参数根据现场实验确定。对于填筑面积窄小边角部位或与堤身建筑物结合面，机械碾压困难时，采用机械铺料人工夯实。

④垫层填筑

包括级配碎石和中粗砂垫层，垫层砂石料由5～10t自卸汽车运至施工区段，采用100～120HP推土机辅以人工铺料。砂石料从工程区附近就近购买，运距约15km。

⑤抛石填筑

块石料由5～10t自卸汽车运至施工区段，采用100～120HP推土机辅以人工铺料。块石料从工程区附近就近购买，运距约15km。

（3）混凝土施工

①施工程序及进度分析

瑶街弄调控枢纽主要由闸首、闸室、导航墙及护坦等组成，各部位可同时施工。以挡洪闸闸室为例，施工程序为：底板混凝土浇筑→闸墩浇筑→闸门安装→排架混凝土浇筑及封顶→启闭机安装。挡洪闸混凝土施工进度分析见表1-13。

表1-13　挡洪闸混凝土施工进度分析

项目	高差（m）	直线工期（月）
闸室底板混凝土浇筑（-6.17～-3.67m）	2.50	1
闸室墩墙混凝土浇筑（-3.67～11.00m）	13.67	3
闸门安装		6
排架及封顶（11.00～29.5m）	19.50	4
启闭机安装		1
合计		15

②施工方法

除挡洪闸底板仓面较大外，其他部位均为板、墙、梁结构，仓面较小。各部位混凝土采用汽车泵浇筑。基坑内布置1台塔吊，模板钢筋等采用塔式起重机结合小型汽车吊吊装。

③混凝土供应

混凝土全部采用商品混凝土。混凝土水平运输主要采用6m³混凝土搅拌运输车。

④混凝土技术要求

工程混凝土均在工程区附近的商品混凝土拌合站购买，混凝土原材料品质均满足有关规范及设计要求。混凝土拌制用水泥采用强度等级为42.5的普通硅酸盐水泥。外加剂为普通减水剂，在所掺用的外加剂中，氯离子含量（占水泥重量比）小于0.02%。混凝土拌和用水不含影响水泥正常凝结与硬化的有害杂质或油脂、糖类及游离酸类等。

混凝土级配为二级配。粗骨料最大粒径为40mm，分为40～20mm、20～5mm二级，要求使用连续级配。最优配合比应满足混凝土的各项性能指标并经试验确定。混凝土设计强度及主要设计指标见表1-14。

表1-14 混凝土设计强度及主要设计指标

部　位	混凝土设计强度（28d）	限制最大水灰比	级配	极限拉伸值（×10^{-4}）
垫层	C20	0.55	二	≥0.70
排水沟	C25	0.50	二	
底板、闸墩、胸墙、翼墙、工作平台、检修平台、启闭机排架	C30	0.45	二	≥0.85
闸门槽	C35	0.42	二	≥0.85

为保证混凝土施工质量满足设计要求，应对混凝土原材料、配合比、施工中各主要环节及硬化后的混凝土质量进行控制和检查。混凝土施工质量控制采用混凝土强度标准差 σ ＜3.0～4.0MPa（因混凝土强度等级为C7.5～C60，故其标准差也为一个区间值）。强度保证率P≥90%，且最小强度应大于混凝土设计强度的90%。

混凝土初凝后应及时用草袋覆盖并洒水养护，直至浇筑上层混凝土为止。混凝土侧面拆模后立即进行喷水养护，养护时间不少于28天。

（4）浆砌石挡墙施工

墙基混凝土垫层采用商品混凝土，由混凝土搅拌车溜槽卸料至双轮手推车运输，直接入仓，模板采用木模板。待墙基混凝土达到70%设计强度后进行浆砌石挡墙施工。

浆砌块石采用铺浆法砌筑，砌筑所用砂浆采用0.40m³砂浆搅拌机拌和，严格按设计标号进行配料和计量。水平运输均由1t机动翻斗车完成。浆砌石采用人工砌筑，块石料从工区附近料场购买。

（5）板桩施工

预制板桩达到设计强度的100%方可起吊。板桩堆放场地应平整坚实，不得产生不均匀沉陷，堆放层数不得超过两层，不同规格的板桩应分别堆放。

初打时应采用小落距轻击桩顶数锤，观察桩身、桩锤、桩架是否在同一中心线上，待桩身入土一定深度后，桩尖不易位移时，再全距施打。打桩时入土速度应均匀，锤击间隙时间不宜过长，避免桩身与土层之间摩擦力恢复，造成固结而使打桩困难。

(6) 河道清淤施工

①河道清淤采用抓斗式挖泥船，配套一定数量适航小型运泥驳船。

②驳船将淤泥运至指定弃淤场，平均运距24km，采用泥浆泵将淤泥抽至淤泥池中。

③挖泥船必须按导标的指示挖泥，并经常检查导标的位置。

④应经常检查水尺的零点，挖泥船应及时根据水位变化及实际挖深调整下斗深度，并定期进行水深测量。

⑤挖泥船要注意准确定位，勤对标，保证挖泥的准确，做到不漏挖、不欠挖。超挖工程量按30cm计入。

⑥若局部现状河床高程低于设计清淤高程，则保持现状河床高程，不予清淤。

⑦施工过程中注意对沿线护岸挡墙及桥梁的保护。

(7) 金属结构及机电设备安装

①挡洪闸工作闸门

瑶街弄挡洪闸宽45.3m（兼做通航孔，净宽45.00m），设工作闸门1扇，门型为提升式露顶平面滑动钢闸门，门宽47.06m，门高8.30m，门厚3.814m，重量约340t，采用固定式卷扬机操作。挡洪闸上部为封闭结构，若在上部启闭机房的土建施工完成后再安装工作闸门，由于固定式卷扬机启闭可调整空间小，不能按照惯例采用启闭机整体入槽；若采用大型汽车吊整体入槽，由于闸门尺寸大、重量重，需两台大型汽车吊抬吊并配一台汽车吊翻身，安装空间有限，不能实现。为保证挡洪闸安装质量，对挡洪闸安装方案进行了提前整体入槽、分体入槽和分件槽内拼装焊接三个方案的比较。经比较，从工期、费用、安全、质量、现场条件等方面综合考虑，采用分件槽内拼装焊接方案，即各分件在工厂加工制造，运输至现场，采用200t汽车吊直接吊装入槽，在门槽内焊接形成整体。

②应急船闸闸门

上下闸首工作门和检修门门体尺寸较大，不能满足公路整体运输的要求，所以在工厂内分成上下节制造，再分节运输至工地现场。在工地现场焊接成整体后，运输至安装部位，采用200t汽车吊整体吊装到位。

③削峰调控闸闸门

工作门和检修门门体尺寸满足公路整体运输的要求，在工厂内整体制造，整体运输至安装部位，采用50t汽车吊整体吊装到位。

金结埋件、启闭卷扬机和电动葫芦等采用50t汽车吊分件吊装。

4. 斗门闸

斗门闸施工与瑶街弄调控枢纽施工基本相同。

5. 混凝土温控措施

（1）本工程各建筑物基础均为软基，桩基和基础对混凝土约束小，混凝土温度控制以控制内外温差为主。

（2）非高温季节采取自然入仓方式浇筑混凝土，高温季节控制混凝土浇筑温度不超过28℃，同时应在浇筑仓面采取遮阳或喷洒水雾等措施降低周围环境温度。降低浇筑温度主要采用以下方法：

①采用低温水喷洒粗骨料和拌制混凝土，降低混凝土出机口温度；

②安排在早晚或夜间气温较低时段浇筑；

③缩短混凝土运输时间，加快混凝土入仓覆盖速度；

④混凝土运输工具设置必要的隔热遮阳措施。

（3）考虑到工程采用商品混凝土，且运距较长，混凝土浇筑温度较难完全控制在理想范围，特别是对于闸室底板以及厚度大于3.00m的墩墙等大体积混凝土部位，控制不好会导致内部温度过高、温差过大，温控防裂难度及开裂风险都会较其他部位更大，需要通过埋设冷却水管进行初期通水等措施解决。

（4）施工过程中混凝土层间间歇期控制在14天以内，最长不超过21天。在冬季低温季节以及发生寒潮或气温骤降等极端气候时，混凝土表面及时覆盖保温材料。

（六）施工交通与施工总布置

1. 对外交通运输

（1）现有交通条件

瑶街弄调控枢纽工程位于余姚市，左、右岸分别隶属马渚镇、兰江街道，工程区距离余姚市区约15km。杭甬高速（G92）、沈海高速（G15）经过余姚市，杭甬高速（G92）、S319省道和余姚大道从工程区附近经过，工程沿线有县乡道路和村村通道路，对外交通十分便利。

工程对外交通主要有以下线路：

①瑶街弄调控枢纽→余马线乡村道路→余姚城区（全程15km）；

②斗门闸→余马线乡村道路→余姚城区（全程9km）；

③铁路：余姚火车站和上虞火车站能装卸100t以下的单件货物，满足本工程的转运要求；

④水路：余姚港西作业区位于肖东镇菁江渡村河段，紧靠余姚市铁路货栈，位于老菁城区西侧5～6km，主要为余姚市至杭州及其间各县市的物资运输服务，共设有500吨级泊位18个，码头岸线长约1.0km。余姚港东作业区建于杭甬运河裁弯取直后废弃河道右岸的蜀山镇，陆路距余姚城区约7km，距宁波58km，水路距宁波47km，主要为余姚市至宁波港及其区间的物资运输和交流服务，共设有500吨级泊位20个，码头岸线长1.8km，能满足工程的转运要求。

（2）物资来源

根据工程规模和施工组织设计，施工期主要外来物资水泥、钢材、木材、砂、块石等从本地建材市场或料场购买，混凝土采用商品混凝土，从工区附近的商品混凝土拌合站购买。

（3）对外交通运输方案

瑶街弄调控枢纽右岸进场道路为谭家岭西路—当地村道夏巷路—施工场内道路—施工现场，其中夏巷路长约3.5km，宽为6m。左岸进场道路包括新建贝雷桥（长18m，宽6m）、塘渣道路（长1km，宽6m）。

斗门闸左岸可通过村道与舜丰路相连，但存在施工扰民问题。为避免施工干扰，在右岸设置约1.5km长的进场道路，与街路江路相连。

2. 场内交通运输

场内施工道路部分利用原有堤顶路，并根据不同施工阶段新建部分塘渣道路。瑶街弄调控枢纽导流明渠施工时新建塘渣道路约2km，枢纽工程施工时新建塘渣道路2.5km，连接段施工时新建塘渣道路1km，南岸施工营地采用混凝土路面硬化。斗门闸施工时新建塘渣道路约0.3km。

3. 施工总布置

施工总布置包括瑶街弄调控工程施工区及斗门闸施工区。工程施工供电、通信、机械修理等主要利用当地已有设施，施工现场不另设施工机械及汽车维修和保养厂。由于征地范围有限，施工现场不设土方周转场，仅设土泥浆池、砂石料堆放场、综合加工厂、材料仓库、办公生活营地及施工机械停放场和机电、金结拼装厂等，施工临时设施分两岸布置。

4.土石方调配与平衡

（1）瑶街弄调控枢纽

瑶街弄调控枢纽所需各种填筑料总计41.94万m³（压实方），其中土方回填29.18万m³（压实方，折成自然方34.33万m³），塘渣及石料12.19万m³（压实方，折成堆方14.24万m³），粗砂及碎石垫层料0.57万m³（压实方，折成堆方0.63万m³）。

工程开挖总量52.68万m³（自然方），为土方开挖、河道清淤、围堰拆除及临时道路挖除工程量。

调配结果为：

①工程需砂砾石垫层料0.63万m³（堆方），全部就近外购；

②工程需塘渣和抛石等块石料合计12.19万m³（压实方，折成堆方14.24万m³），全部就近外购；

③工程土方回填约29.18万m³（压实方），其中种植土3.70万m³（压实方）外购，围堰填筑1.65万m³（压实方）利用导流明渠开挖土转运填筑，导流明渠回填15.16万m³（压实方）利用Ⅱ标段新开河道开挖土方，右岸部分堤防回填利用右岸开挖的粉土1.62万m³（压实方）在基坑内转运回填，其余部分利用开挖土方回填（从四联村杨歧岙弃土场运回），开挖的淤泥质土禁止作为回填料；

④工程表土开挖约2.94万m³（自然方），全部弃运至指定围垦区，北岸平均运距40km，南岸平均运距47km；

⑤工程其他土方开挖约42.02万m³（自然方），全部运至四联村杨歧岙弃土场，北岸平均运距约10km，南岸平均运距约24km，开挖土方部分用于回填，最终弃土为31.82万m³（自然方）；

⑥工程河道清淤约2.47万m³（自然方），采用适航小型运泥驳船弃运至指定弃淤场，平均运距21km，排泥距离1km；

⑦工程开挖弃渣约5.25万m³（自然方），全部运至四联村杨歧岙弃土场，北岸运距约10km，南岸运距约24km；

⑧工程钻孔灌注桩共产生泥浆量约11.34万m³，全部弃运至低塘街道黄湖农场，北岸平均运距33km，南岸平均运距28km。

（2）斗门闸

斗门闸所需各种填筑料总计1.75万m³（压实方），其中土方回填1.61万m³（压实方，折成自然方1.89万m³），塘渣及石料0.14万m³（压实方，折成堆方0.16万m³），粗砂及碎石垫层料量较少，可忽略不计。

工程开挖总量1.82万 m³（自然方），为土方开挖、临时道路挖除及围堰拆除工程量。

调配结果为：

①工程需塘渣和抛石等块石料合计0.14万 m³（压实方，折成堆方0.16万 m³），全部就近外购；

②工程土方回填约1.61万 m³（压实方），除了围堰填筑土方0.06万 m³（压实方）就近利用开挖土回填，种植土0.11万 m³（压实方）外购，其余土方回填从四联村杨歧岙弃土场运回及利用临时土堤回填；

③工程表土开挖约0.72万 m³（自然方），全部弃运至指定围垦区，平均运距42km；

④工程其他土方开挖（含围堰弃土）约0.99万 m³（自然方），除了导流明渠开挖填筑土堤部分土方（0.17万 m³）及围堰填筑土方0.06万 m³（压实方）无需外运，其余全部运至四联村杨歧岙弃土场，平均运距约12km，其中部分用于回填，最终弃土量为0.28万 m³（自然方）；

⑤工程开挖弃渣约0.11万 m³（自然方），全部运至四联村杨歧岙弃土场，平均运距约12km；

⑥工程灌注桩造孔共产生泥浆约0.88万 m³，全部运至低塘街道黄湖农场，平均运距35km。

（七）施工总进度

工程合同总工期为42个月，其中临时航道工期为6个月，挡洪闸、削峰调控闸、应急船闸、斗门闸工期为24个月。

1. 瑶街弄调控工程

（1）施工准备

2017年9月—2018年2月进行施工准备，主要完成"三通一平"、施工辅助企业、办公生活设施建设等。

（2）临时航道（兼导流明渠）工程

2017年9月—2018年2月施工，工期6个月。

（3）瑶街弄挡洪闸、削峰调控闸、应急船闸工程

主要包括围堰工程、基坑开挖、支护、基础处理、主体工程，2018年3月—2020年2月施工，工期24个月。

（4）连接段工程

主要包括左岸上、下游导航墙及右岸部分岸墙的施工，2020年10月前完成。

（5）导流明渠回填

枢纽工程通水后进行导流明渠的回填，2020年3月—2020年5月施工，结合导航墙施工进行部分回填，导航墙完成后进行剩余部分的回填，2020年12月底前完成全部回填。

（6）管理区及配套工程施工

2020年6月—2021年1月施工，工期为8个月。

（7）收尾工程及其他

2021年2月，进行工程收尾及场地清理，工期1个月。

2. 斗门闸

（1）施工准备

2018年7月，进行施工准备，主要完成"三通一平"、施工辅助企业建设等。

（2）导流明渠工程

2018年8月—2018年9月，进行导流明渠开挖及支护工程；

2019年12月，完成导流明渠回填。

（3）水闸工程

主要包括围堰工程、基坑开挖、支护、基础处理以及主体工程，2018年8月—2019年11月施工，工期16个月。

3. 管理区及配套工程施工

2019年5月—2019年11月施工，工期为6个月。

4. 收尾工程及其他

2020年1月，进行工程收尾及场地清理，工期1个月。

（八）施工劳动力及主要技术供应

工程劳动力高峰人数约350人/日，平均人数约280人/日，施工总工日数约28万。

第三章　工程关键技术研究及应用

（一）高性能水工混凝土与温控防裂研究与应用

1.研究目的与意义

姚江上游余姚"西分"工程瑶街弄调控枢纽主要建筑物为挡洪闸、削峰调控闸及应急船闸等，大体积混凝土浇筑部位主要为闸室底板及墩墙，除二期混凝土采用C35W4F100外，其余均采用C30W4F50、C30W4F100。

为提高工程建设工效，保障建设现场文明施工，减少环境污染，工程所需混凝土采用商品混凝土，混凝土搅拌车运输，汽车泵浇筑。工程区附近的余姚市有多家商品混凝土公司，运距约4～20km，生产规模能满足本工程的施工需要。

混凝土是由水、水泥、粉煤灰、骨料和外加剂等原材料按不同比例配制成的多相非匀质性材料，混凝土质量的好坏直接影响到水工建筑物的安全运行和服务寿命。商品混凝土与水工混凝土在配合比设计理念上是有一定差别的，商品混凝土更关注混凝土强度，而水工混凝土对混凝土的耐久性能和抗裂性能提出了更高的要求。为使商品混凝土公司提供的混凝土质量满足工程需要，项目设计方与施工方联合开展了高性能水工混凝土试验研究工作。通过调研优选商品混凝土公司，试验复核拟提供混凝土的原材料、配合比、工作性、全面性能等各项指标，提出满足混凝土强度和耐久性要求、抗裂性能提高的高性能混凝土配合比。在此研究成果基础上，为做好瑶街弄调控枢纽工程大体积混凝土温控与防裂工作，对枢纽建筑物大体积混凝土温度及温度应力进行仿真分析，合理确定主要温控抗裂措施，从而确保工程质量与安全。

研究成果对宁波地区大体积混凝土工程，尤其是水利行业大体积混凝土工程在采用商品混凝土过程中，如何改善混凝土性能、科学合理确定商品混凝土配合比以满足水工混凝土性能要求，以及如何在施工期选择合理可行的温控和防裂措施以保证混凝土质量和工程安全，具有参考和借鉴价值。

2. 主要研究内容

（1）商品混凝土原材料及性能研究

根据工程各部位混凝土强度等级及主要设计指标要求，调研优选商品混凝土公司，对商品混凝土公司的混凝土原材料进行现场取样检测，对所提供的混凝土配合比进行性能复核。

（2）高性能水工混凝土研究

对商品混凝土公司提供的混凝土配合比进行掺加引气剂试验，提高混凝土抗冻耐久性能；对所提供的混凝土配合比进行掺加纤维试验，提高混凝土抗裂性能；研究提出推荐配合比。

（3）混凝土温度控制标准和应力控制标准研究

依据规范，参考国内其他工程，确定水闸、船闸混凝土温控防裂的安全系数和应力控制标准。综合考虑规范和有限元计算分析结果，确定水闸、船闸大体积混凝土基础允许温差、内外允许温差、上下层允许温差以及设计允许最高温度。

（4）混凝土早期最高温度计算及通水冷却方案

对水闸、船闸闸墩及底板混凝土在不同季节、不同浇筑温度、不同的浇筑层厚度、不同的初期通水情况下的早期最高温度进行计算分析，根据拟定的温控标准要求，提出混凝土浇筑初期的温度控制措施。

（5）混凝土不同温控措施敏感性分析

针对典型浇筑块，通过三维仿真计算，对浇筑季节、浇筑块尺寸、地基弹模等进行敏感性分析。分析各温控措施对浇筑块温度及温度应力的影响程度，确定敏感性较大的因素作为重点控制对象。

（6）气温骤降等极端气候条件问题与相关措施研究

气温骤降对混凝土温控防裂是不利的，而在施工过程中，受气候变化等影响，气温骤降等现象往往不可避免，通过仿真计算定量分析研究气温骤降等对温控防裂的不利影响，提出相应的控制措施。

（7）典型建筑物施工期及运行期温度场和应力场仿真计算分析

选取瑶街弄挡洪闸主要建筑物，结合实际结构尺寸、各月气温边界条件、工程进度计划等因素建立三维有限元模型，对拟推荐的温控措施方案进行施工全过程仿真分析，复核水闸混凝土底板和墩墙的温度及温度应力情况，分析温控措施的合理性。

（8）综合计算分析成果，结合相关工程经验，针对本工程特点，提出合适的温度控制措施及建议。

3.基本资料

（1）气象

据余姚站统计，流域多年平均气温为16.3℃，无霜期240天左右，平均相对湿度80%，平均风速3.8m/s，最大风速17.0m/s（相应风向NNE）。根据流域内余姚、慈溪、宁波、奉化等气象站统计资料，本区多年平均气温16～17℃，月平均气温7月最高，多年平均值为28～29℃，极大值38～40℃，1月最低，多年平均值为3～4℃，最低值为-9～-10℃。月平均气温特征值见表1-15。

表1-15 月平均气温特征值

单位：℃

月份	1月	2月	3月	4月	5月	6月	7月	8月	9月	10月	11月	12月	年均
气温	4.2	5.2	9.3	15.2	20.2	23.9	28.3	27.9	23.5	18.2	12.6	6.5	16.3
极端最高气温	27.1	29.5	32.1	34.0	36.3	37.1	39.5	38.9	37.0	35.4	31.5	35.6	
极端最低气温	-9.8	-9.2	-3.1	0.1	7.8	13.3	17.5	19.4	12.2	2.9	-2.0	-8.1	

（2）混凝土类型与浇筑方式

枢纽混凝土浇筑部位主要有闸室和上、下游钢筋混凝土护坦等，混凝土类型为C30W4F50、C30W4F100，金属结构二期混凝土类型为C35W4F100。采用商品混凝土，6m³混凝土搅拌车运输，汽车泵浇筑。混凝土人工平仓，振捣采用插入式振捣器和平板振捣器进行。

余姚"西分"工程Ⅰ标段主要混凝土强度等级及主要设计指标见表1-16。

表1-16 余姚"西分"工程Ⅰ标段主要混凝土强度等级及主要设计指标

强度	级配	抗冻	抗渗	限制最大水灰比	最小胶凝材料用量（kg/m³）	最大掺合料掺量（%）	28d极限拉伸值（10⁻⁶）	掺改性聚丙烯纤维	使用部位
C35		F100		0.40	360	20	85	√	二期混凝土
C30	二	F100（水位变化区）/F50（其余）	W4	0.45	340	20	85	√	其余
C20		F50		0.60	220	20			垫层

（3）混凝土施工程序

瑶街弄调控枢纽工程主要由挡洪闸、削峰调控闸及应急船闸等组成，各部位可同时施工。以挡洪闸闸室为例，施工程序为：底板混凝土浇筑→闸墩浇筑→闸门安装→上部房建混凝土浇筑及封顶→启闭机安装。挡洪闸施工进度分析见表1-17。

表1-17 挡洪闸施工进度分析

项目	高差（m）	直线工期（月）
闸室底板混凝土浇筑（-6.17m～-3.67m）	2.5	1
闸室墩墙混凝土浇筑（-3.67m～10.00m）	13.67	3
闸门安装		6
房建及封顶（10.00m～29.5m）	19.5	4
启闭机安装		1
合计		15

（4）施工进度安排

瑶街弄调控枢纽工程主体结构于2018年11月—2020年2月施工，工期15个月。其中，挡洪闸底板浇筑于2018年11月施工，工期1个月。挡洪闸墩墙浇筑于2018年12月—2019年2月施工，工期3个月，同步进行应急船闸闸首、削峰调控闸室底板及上、下游钢筋混凝土护坦的施工。挡洪闸闸门于2019年3月—2019年8月安装，工期6个月，同步进行船闸闸室、闸首墩墙及削峰调控闸墩墙的施工。2019年4月—2019年10月进行上部房建的施工，工期7个月，同步进行船闸闸室墩墙、导航墙及上、下游护坦的施工。2019年11月进行启闭机的安装，工期1个月。2019年12月—2020年2月进行围堰内收尾工程施工，2020年2月底具备通水条件。

4.商品混凝土拌合站调研

商品混凝土拌合站的规模、生产能力、原材料来源及可靠性、运行情况、质量保证体系直接影响到所提供商品混凝土质量的稳定性。经调查，余姚市具有各种生产规模、资质等级的预拌混凝土拌合站11家。商品混凝土在拌合、卸料、运输、浇筑施工过程中，受到凝结时间限制，为了防止由于从拌合站到工程所在地距离太远而导致混凝土拌合物在运输过程中质量产生较大变化，从而影响混凝土的浇筑质量，故拌合站离工程所在地不宜太远，离工地运距超过30km的拌合站均不予考虑。以"西分"工程瑶街弄调控枢纽工程为中心点，辐射30km以内的拌合站有三家。经过实地调研和考察，C公司复核水闸混凝土底板和墩墙的温度及温度应力情况，分析温控措施的合理性。

（8）综合计算分析成果，结合相关工程经验，针对本工程特点，提出合适的温度控制措施及建议。

3.基本资料

（1）气象

据余姚站统计，流域多年平均气温为16.3℃，无霜期240天左右，平均相对湿度80%，平均风速3.8m/s，最大风速17.0m/s（相应风向NNE）。根据流域内余姚、慈溪、宁波、奉化等气象站统计资料，本区多年平均气温16～17℃，月平均气温7月最高，多年平均值为28～29℃，极大值38～40℃，1月最低，多年平均值为3～4℃，最低值为-9～-10℃。月平均气温特征值见表1-15。

表1-15 月平均气温特征值

单位：℃

月份	1月	2月	3月	4月	5月	6月	7月	8月	9月	10月	11月	12月	年均
气温	4.2	5.2	9.3	15.2	20.2	23.9	28.3	27.9	23.5	18.2	12.6	6.5	16.3
极端最高气温	27.1	29.5	32.1	34.0	36.3	37.1	39.5	38.9	37.0	35.4	31.5	35.6	
极端最低气温	-9.8	-9.2	-3.1	0.1	7.8	13.3	17.5	19.4	12.2	2.9	-2.0	-8.1	

（2）混凝土类型与浇筑方式

枢纽混凝土浇筑部位主要有闸室和上、下游钢筋混凝土护坦等，混凝土类型为C30W4F50、C30W4F100，金属结构二期混凝土类型为C35W4F100。采用商品混凝土，6m³混凝土搅拌车运输，汽车泵浇筑。混凝土人工平仓，振捣采用插入式振捣器和平板振捣器进行。

余姚"西分"工程Ⅰ标段主要混凝土强度等级及主要设计指标见表1-16。

表1-16 余姚"西分"工程Ⅰ标段主要混凝土强度等级及主要设计指标

强度	级配	抗冻	抗渗	限制最大水灰比	最小胶凝材料用量（kg/m³）	最大掺合料掺量（%）	28d极限拉伸值（10⁻⁶）	掺改性聚丙烯纤维	使用部位
C35		F100		0.40	360	20	85	√	二期混凝土
C30	二	F100（水位变化区）/F50（其余）	W4	0.45	340	20	85	√	其余
C20		F50		0.60	220	20			垫层

（3）混凝土施工程序

瑶街弄调控枢纽工程主要由挡洪闸、削峰调控闸及应急船闸等组成，各部位可同时施工。以挡洪闸闸室为例，施工程序为：底板混凝土浇筑→闸墩浇筑→闸门安装→上部房建混凝土浇筑及封顶→启闭机安装。挡洪闸施工进度分析见表1-17。

表1-17 挡洪闸施工进度分析

项目	高差（m）	直线工期（月）
闸室底板混凝土浇筑（-6.17m～-3.67m）	2.5	1
闸室墩墙混凝土浇筑（-3.67m～10.00m）	13.67	3
闸门安装		6
房建及封顶（10.00m～29.5m）	19.5	4
启闭机安装		1
合计		15

（4）施工进度安排

瑶街弄调控枢纽工程主体结构于2018年11月—2020年2月施工，工期15个月。其中，挡洪闸底板浇筑于2018年11月施工，工期1个月。挡洪闸墩墙浇筑于2018年12月—2019年2月施工，工期3个月，同步进行应急船闸闸首、削峰调控闸室底板及上、下游钢筋混凝土护坦的施工。挡洪闸闸门于2019年3月—2019年8月安装，工期6个月，同步进行船闸闸室、闸首墩墙及削峰调控闸墩墙的施工。2019年4月—2019年10月进行上部房建的施工，工期7个月，同步进行船闸闸室墩墙、导航墙及上、下游护坦的施工。2019年11月进行启闭机的安装，工期1个月。2019年12月—2020年2月进行围堰内收尾工程施工，2020年2月底具备通水条件。

4.商品混凝土拌合站调研

商品混凝土拌合站的规模、生产能力、原材料来源及可靠性、运行情况、质量保证体系直接影响到所提供商品混凝土质量的稳定性。经调查，余姚市具有各种生产规模、资质等级的预拌混凝土拌合站11家。商品混凝土在拌合、卸料、运输、浇筑施工过程中，受到凝结时间限制，为了防止由于从拌合站到工程所在地距离太远而导致混凝土拌合物在运输过程中质量产生较大变化，从而影响混凝土的浇筑质量，故拌合站离工程所在地不宜太远，离工地运距超过30km的拌合站均不予考虑。以"西分"工程瑶街弄调控枢纽工程为中心点，辐射30km以内的拌合站有三家。经过实地调研和考察，C公司所处地理位置与工程所在地的运距最短，其生产能力满足要求且质量稳定，工程施工及调度容易把控，对保障工程质量有益。所以基于运距、质量可靠性、供应能力等因素考虑，选择该公司作为工程的主供拌合站。

5.原材料性能试验研究

（1）水泥

拌合站使用的水泥为D公司生产的普硅42.5水泥，水泥的物理力学性能检验结果表明，水泥的物理力学性能各项指标符合《通用硅酸盐水泥》（GB 175—2020）的技术要求，强度等级达到了42.5MPa。

（2）粉煤灰

粉煤灰特别是优质粉煤灰因具有形态效应、微集料效应和火山灰效应，作为水工大体积混凝土重要的掺合料，能有效改善混凝土的和易性，降低混凝土水化热温升，减小干缩，在提高混凝土性能方面起着不可或缺的作用。拌合站使用的粉煤灰为E公司供应的Ⅱ级粉煤灰，检验结果表明，粉煤灰品质符合《水工混凝土掺用粉煤灰技术规范》（DL/T 5055—2007）F类Ⅱ级粉煤灰要求。

（3）矿粉

矿粉即矿渣微粉，有较高的活性，混凝土中掺入一定量的矿粉后，能改善混凝土拌合物和易性，故矿渣微粉在改善混凝土性能方面起着重要的作用。拌合站使用的矿粉为绍兴远征S95矿粉，检验结果表明，矿粉品质符合国标《用于水泥和混凝土中的粒化高炉矿渣粉》（GB/T 18046—2000）S95矿粉要求。

（4）骨料

①细骨料

拌合站采用的细骨料分别有F公司供应的天然河砂及G公司供应的人工机制砂。分别对这两种砂进行了颗粒筛分及品质检验，检验结果表明，除人工机制砂的细度模数稍超过《水工混凝土施工规范》（DIT 5144—2015）规定的上限要求外，其余指标均符合标准要求。

②粗骨料

拌合站采用的粗骨料为II采石场供应的人工粗骨料。粗骨料是按照建工行业标准进行生产的，其粒径范围分别是：小石为5～16mm，中石为16～31.5mm。分别对这两种粒径的粗骨料进行了颗粒筛分及品质检验，品质检验结果表明，由丁粗骨料中的小石（5～16mm）、中石（16～31.5mm）粒径范围与水工混凝土中小石（5～20mm）、中石（20～40mm）粒径范围不一致，导致逊径值均偏大，其余指标均符合《水工混凝土施工规范》（DlT 5144—2015）要求。

③骨料碱活性

按《水工混凝土试验规程》（SL/T 352—2020）有关规定进行。砂浆棒快速法试验结果表明，粗骨料为非活性骨料。

（5）外加剂

拌合站使用的减水剂为萘系HF-700型缓凝高效减水剂，由于拌合站供应的商品混凝土主要用于工业与民用建筑的建设，故未在混凝土中掺加引气剂。考虑到本工程混凝土有抗冻要求，所以要求拌合站提供了引气剂样品，引气剂为松香树脂206型引气剂。按照《水工混凝土外加剂技术规程》，对试验所用外加剂进行了品质检验。试验结果表明，高效减水剂和引气剂的品质指标均满足《水工混凝土外加剂技术规程》的技术要求。

6.混凝土性能试验

（1）混凝土的配制强度

根据《水工混凝土配合比设计规程》（DL/T 5330—2015），混凝土配制强度按 $f_{cu,O} = f_{cu,k} + t\sigma$ 计算，式中 $f_{cu,O}$ 为混凝土配制强度，以MPa计；$f_{cu,k}$ 为混凝土设计龄期立方体抗压强度标准值，以MPa计；t 为概率度系数，由给定的保证率P选定；σ 为混凝土立方体抗压强度标准差，以MPa计。

余姚"西分"工程I标段混凝土配制强度见表1-18。

表1-18　余姚"西分"工程I标段混凝土配制强度

强度等级	C20	C30	C35
设计龄期（d）	28	28	28
强度保证率（%）	95	95	95
概率度系数	1.645	1.645	1.645
标准差（MPa）	4.0	4.5	5.0
配制强度（MPa）	26.6	37.4	43.2

（2）混凝土配合比复核试验

对拌合站提供的配合比进行复核，复核试验配合比（砂石骨料以自然干燥状态作为基准重量）见表1-19。表中砂石骨料重量按照建工标准以自然干燥状态为基准，混凝土均为泵送混凝土，坍落度控制在180～200mm；对C20、C30、C35混凝土进行了复核试验，复核指标有混凝土拌和物的坍落度、含气量、硬化混凝土的抗压强度、抗渗、弹模、极限拉伸等。按照《水工混凝土试验规程》（SL/T 352—2020），砂石骨料的重量以饱和面干状态作为基准，复核试验配合比（砂石骨料以饱和面干状态作为基准重量）见表1-20。

表1-19　复核试验配合比（砂石骨料以自然干燥状态作为基准重量）

编号	强度等级	水胶比	材料用量（kg/m³）							
			水泥	矿粉	粉煤灰	细骨料（混合砂）		粗骨料		水	减水剂
						天然砂	人工砂	小石 5～16mm	中石 16～31.5mm		
XF1	C20	0.60	200	50	60	336	502	296	688	185	6.5
XF2	C30	0.48	290	50	50	303	455	299	697	185	8.2
XF3	C35	0.41	350	50	50	184	523	100	900	185	9.5

注：①减水剂的掺量为2.1%；②表中砂石骨料的重量为自然干燥状态下的重量。

表1-20　复核试验配合比（砂石骨料以饱和面干状态作为基准重量）

编号	强度等级	水胶比	材料用量（kg/m³）							
			水泥	矿粉	粉煤灰	细骨料（混合砂）		粗骨料		水	减水剂
						天然砂	人工砂	小石 5～16mm	中石 16～31.5mm		
XF1	C20	0.55	200	50	60	339	508	298	693	169	6.5
XF2	C30	0.43	290	50	50	306	461	301	702	169	8.2
XF3	C35	0.38	350	50	50	186	529	101	906	170	9.5

注：①减水剂的掺量为2.1%；②表中砂石骨料的重量为饱和面干状态下的重量。

混凝土拌合坍落度、含气量及硬化混凝土各龄期抗压强度、弹模、极限拉伸值及抗渗、抗冻试验结果表明：

①混凝土坍落度为167～181mm，满足泵送混凝土的要求。

②C20、C30、C35的28天龄期试验抗压强度分别为32.1MPa、44.7MPa、50.2MPa，分别比所需配制强度高5.5MPa、7.3MPa、7.0MPa，抗压强度满足要求且偏于安全；拉压比为0.076～0.1，符合一般混凝土规律。

③C20、C30、C35的28天龄期极限拉伸值分别为86×10^{-6}、96×10^{-6}、107×10^{-6}，

均满足设计要求。

④由于复核配合比中未掺入引气剂，混凝土的含气量较低，C20混凝土不能满足F50的抗冻要求；C30混凝土虽然达到了F50的抗冻等级，但不能满足F100的抗冻要求。

⑤各强度等级混凝土抗渗指标满足设计要求。

（3）掺引气剂混凝土抗冻试验

良好的抗冻性是评定高性能水工混凝土耐久性的重要指标之一。混凝土配合比复核试验表明：由于复核配合比中未掺入引气剂，混凝土的含气量较低，C20混凝土不能满足F50的抗冻要求；C30混凝土虽然达到了F50的抗冻等级，但不能满足F100的抗冻要求。根据《水工混凝土施工规范》（DIT 5144—2015）"有抗冻性要求的混凝土应掺加引气剂"的规定，本工程对有抗冻要求的混凝土，在不改变混凝土其他参数的情况下，优化调整混凝土配合比，进行了掺引气剂混凝土的拌合物性能试验。经过试拌，发现当松香树脂206型引气剂的掺量为1.3/万时，各配合比混凝土拌和物含气量均在3.5%～4.5%，混凝土拌合物和易性均较好。对掺加引气剂的混凝土进行了力学性能和抗渗试验，试验结果表明：

①混凝土坍落度为189～191mm，满足泵送混凝土的要求；

②C20、C30、C35的28天龄期试验抗压强度分别为30.3MPa、42.9MPa、48.5MPa，与不掺引气剂混凝土相比，各龄期抗压强度均有所降低，降低值在2MPa左右，但仍分别比所需配制强度高3.7MPa、5.5MPa、5.3MPa，抗压强度仍满足要求且有合适的安全裕度；

③C30、C35的28天龄期极限拉伸值分别为98×10^{-6}、109×10^{-6}，极限拉伸值均满足设计要求；

④各强度等级混凝土抗渗指标满足设计要求。

对掺引气剂混凝土进行抗冻试验，试验结果见表1-21。试验结果表明，混凝土的抗冻等级均达到了F100的抗冻要求。

表1-21 掺引气剂混凝土抗冻试验结果

编号	强度等级	含气量（%）	级配	质量损失率（%）			相对动弹性模量（%）			抗冻等级
				50次	75次	100次	50次	75次	100次	
XF4	C20	3.7	二	0.7	1.6	2.8	93.9	91.1	84.9	＞F100
XF5	C30	4.3	二	0.1	0.9	1.3	95.3	92.1	87.3	＞F100
XF6	C35	4.1	二	0.2	0.7	1.3	98.6	95.5	90.1	＞F100

（4）掺引气剂混凝土绝热温升试验

混凝土的绝热温升是指混凝土在绝热条件下，由水泥的水化热引起的混凝土的温度升高值。一般而言，水工结构混凝土由于断面尺寸较大、热传导率低，浇筑过程中胶凝材料水化释放出的水化热容易聚集在结构内部难以散发出去，产生内外温差，导致结构出现温度裂缝，严重者甚至危及工程安全运行。因此，应该重视大体积混凝土的温度裂缝，严控混凝土的绝热温升。

试验结果表明，各组配合比相关系数较高，拟合效果良好；胶凝材料用量越大，混凝土绝热温升越高。掺引气剂混凝土绝热温升试验结果见表1-22，掺引气剂混凝土绝热温升的双曲线表达式及相关系数见表1-23。

表1-22 掺引气剂混凝土绝热温升试验结果

编号	强度等级	水胶比	胶材用量（kg/m³）	各龄期混凝土绝热温升（℃）										
				1d	2d	3d	4d	5d	6d	7d	8d	14d	21d	28d
XF4	C20	0.55	310	17.5	21.3	26.7	29.2	31.1	32.7	33.1	34.3	36.7	38.3	41.5
XF5	C30	0.43	390	22.7	29.3	33.7	35.2	36.7	37.6	38.9	40.1	42.5	44.3	45.7
XF6	C35	0.38	450	25.5	31.1	35.1	37.9	39.1	40.1	41.3	42.7	44.7	46.0	48.3

表1-23 掺引气剂混凝土绝热温升的双曲线表达式及相关系数

编号	强度等级	水胶比	胶材用量（kg/m³）	双曲线表达式	相关系数
XF4	C20	0.55	310	$Y = 42.61 \times T/(0.75 + T)$	0.991
XF5	C30	0.43	390	$Y = 46.83 \times T/(1.24 + T)$	0.997
XF6	C35	0.38	450	$Y = 49.06 \times T/(1.15 + T)$	0.996

水工混凝土结构设计中，混凝土的热学性能是分析混凝土内的温度、温度应力和温度变形以及采取有效温控措施的主要依据，除绝热温升外，混凝土的热学性能参数主要有导温系数、导热系数、比热和线膨胀系数。掺引气剂混凝土的导温、导热、比热和线膨胀系数试验结果见表1-24。

表1-24 掺引气剂混凝土的导温、导热、比热和线膨胀系数试验结果

编号	导温系数 a ($10^{-3} \cdot m^2/h$)	比热 C (kJ/(kg·K))	导热系数 k (kJ/(m²·h·℃))	线膨胀系数 α (×10^{-6}/℃)
XF4	3.365	0.889	6.12	7.58
XF5	3.125	0.836	5.73	7.91
XF6	3.412	0.871	7.17	8.05

（5）掺纤维混凝土试验

纤维对混凝土抗裂性能的提高效果是明显的，尤其是混凝土强度较高且胶凝材料用量较多时。从技术经济角度考虑，在混凝土中掺入适量的高性能合成纤维是解决混凝土抗裂能力不足的一个可行有效的方案。

水布垭、构皮滩、瀑布沟及溪洛渡、沙沱等工程的混凝土试验表明，抗裂性能是高性能水工混凝土最重要的特性之一。在混凝土中掺入适量聚丙烯纤维或聚乙烯醇纤维，可明显改善混凝土早期的抗裂性能。近几年来，混凝土中多掺加聚丙烯纤维。掺入聚丙烯纤维时，在施工中应加强混凝土的养护措施，注意纤维在混凝土中是否均匀分布，防止局部结团。

①掺纤维混凝土力学性能

本工程使用的混凝土为商品混凝土，且均为坍落度较大的泵送混凝土，水泥为普通硅酸盐水泥，虽然混凝土中掺加了掺合料，但总体而言，胶凝材料用量较高，混凝土绝热温升较高，增加了由于温度应力而导致混凝土开裂的风险。为了有效提高混凝土抗裂性能，设计提出混凝土中掺纤维，故进行了掺聚丙烯纤维混凝土试验。

试验使用的纤维为维克聚丙烯纤维（简称维克PP）。纤维品种及主要技术参数参见表1-25。

表1-25 纤维品种及主要技术参数

厂家	纤维品种	直径（μm）	纤维长度（mm）	断裂强度（MPa）	断裂伸长率（%）	密度（g/cm³）	初始模量（MPa）	耐碱性能（%）
维特耐	聚丙烯	31.070	18.6	577	20.1	0.91	4700	99.5
GB/T21120—2007		30.5±10%	19±10%	≥550	≥15	0.91±10%	≥3900	≥99

经过试拌，加入聚丙烯纤维后，引气剂的掺量需适当提高，混凝土才能达到相应的含气量。当松香树脂206型引气剂的掺量为1.5/万时，各配合比混凝土拌和物含气量均在3.5%～4.5%。试验表明，混凝土拌合物和易性均较好，掺入纤维后，混凝土坍落度

均有所降低，降低值在10mm左右，但基本都能达到180mm的下限要求，纤维分布均匀。掺微纤维配合比见表1-26，掺纤维混凝土试验结果见表1-27。试验结果表明：掺入聚丙烯纤维后，混凝土强度、弹模值变化不大，28天极限拉伸值略有提高。

表1-26 掺微纤维配合比

编号	强度等级	水胶比	材料用量（kg/m³）							减水剂	引气剂	纤维
			水泥	矿粉	粉煤灰	细骨料（混合砂）		粗骨料		水		
						天然砂	人工砂	小石 5~16mm	中石 16~31.5mm			
XF7	C20	0.55	200	50	60	339	508	298	693	169	6.5	0.047	0.9
XF8	C30	0.43	290	50	50	306	461	301	702	169	8.2	0.059	0.9
XF9	C35	0.38	350	50	50	186	529	101	906	170	9.5	0.068	0.9

注：①减水剂的掺量为2.1%；②引气剂掺量为1.5/万，由于引气剂掺量很小，为了便于准确计量，将引气剂配制成浓度为1%的溶液后再加入；③表中砂石骨料的重量为饱和面干状态下的重量。

表1-27 掺纤维混凝土试验结果

编号	强度等级	拌合物坍落度（mm）	拌合物含气量（%）	抗压强度（MPa）		28天弹模值（GPa）	28天极限拉伸		抗渗试验	
				7天	28天		轴拉强度（MPa）	极限拉伸值（×10⁻⁶）	平均渗水高度（mm）	抗渗等级
XF7	C20	182	3.5	19.1	31.3	33.3	3.37	86	23	>W4
XF8	C30	179	4.1	32.3	41.7	36.1	3.61	102	19	>W4
XF9	C35	181	3.9	35.9	49.6	37.1	3.77	113	21	>W4

②掺纤维混凝土抗冻试验

试验结果表明，掺纤维混凝土的抗冻等级均达到了F100的抗冻要求。

③掺纤维混凝土绝热温升试验

试验结果表明，各组配合比相关系数较高，拟合效果良好；胶凝材料用量越大，混凝土绝热温升越高，掺入纤维后，混凝土绝热温升变化不大。

④掺纤维混凝土抗裂性能试验

掺纤维混凝土抗裂性能试验采用《混凝土结构耐久性设计与施工指南》(CCES 01—2004)附录A2推荐的平板法，掺纤维混凝土平板法抗裂试件的试验结果见表1-28，掺纤维混凝土平板法试件的开裂参数见表1-29。抗裂试验结果表明，掺入纤维后，仅出现非常细的裂纹，抗裂性等级均为Ⅲ级。

表1-28 掺纤维混凝土平板法抗裂试件的试验结果

编号	开裂时间（min）	裂缝条数（条）	最大裂缝宽度（mm）	开裂面积（mm²）
XF7	415	1	0.8	198
XF8	395	2	0.7	375
XF9	360	2	1.0	450

表1-29 掺纤维混凝土平板法试件的开裂参数

编号	平均开裂面积 a（mm²/根）	单位面积的裂缝数目 b（根/m²）	单位面积的开裂面积 c（mm²/m²）	抗裂性等级
XF7	174	2.7	550	Ⅲ
XF8	188	5.6	1041	Ⅲ
XF9	225	5.6	1250	Ⅲ

7.推荐配合比

综合瑶街弄调控枢纽各主要部位混凝土设计强度等级、极限拉伸值、抗渗、抗冻等主要技术指标要求，根据试验结果，提出姚"西分"工程Ⅰ标段混凝土推荐配合比，参见表1-30。为了提高混凝土抗裂能力，有效降低开裂风险，在混凝土中掺入聚丙烯纤维。

表1-30 姚"西分"工程Ⅰ标段混凝土推荐配合比

强度等级	水胶比	水泥	矿粉	粉煤灰	天然砂	人工砂	5~16mm 小石	16~31.5mm 中石	水	减水剂	引气剂	聚丙烯纤维
C20	0.55	200	50	60	339	508	298	693	169	6.5	0.047	
C30	0.43	290	50	50	306	461	301	702	169	8.2	0.059	0.9
C35	0.38	350	50	50	186	529	101	906	170	9.5	0.068	0.9

注：①减水剂的掺量为2.1%；②引气剂掺量为1.5/万，由于引气剂掺量很小，为了便于准确计量，建议将引气剂配制成浓度为1%的溶液后再加入；③表中砂石骨料的重量为饱和面干状态下的重量。

8.混凝土温控标准

（1）准稳定温度

结构底板混凝土厚度0.80~2.50m，结构墩墙厚度多为0.80~3.50m，总体来说结构厚度较薄，不存在稳定温度场，而存在施工期或运行期的准稳定温度。以施工期准稳定温度（受气温影响而发生的最低温度）为控制，底板施工期准稳定温度参见表1-31，其中0.80～1.50m厚水闸底板的准稳定温度取为6～7℃，2.50m厚水闸底板的准稳定温度取为8℃。采用无限平板计算式计算得到0.80～3.50m厚墩墙施工期准稳定温度为4.2℃。

表1-31 半无限平板施工期准稳定温度

厚度（m）	0.8	1.0	1.2	1.5	2.0	2.5
温度（℃）	5.8	6.1	6.5	6.9	7.5	8.0

（2）设计允许最高温度控制标准

根据工程结构特点、特性及当地气象条件，同时参照国内外有关规程规范和工程经验，经计算分析，拟定本工程混凝土温度控制标准如下。

①基础允许温差标准

水闸底板均为钢筋混凝土结构，且水闸下部基础为软基，基础约束相对较小，因基础温差而产生的温度应力较小，可不作为温度控制标准的主要控制指标。

②混凝土内外温差标准

为限制混凝土温度梯度，防止产生表面裂缝，应控制混凝土内外温差，规范规定的内外温差一般取20～25℃控制。

混凝土设计允许内外温差主要设计原则是混凝土出现最大内外温差时表面拉应力（或应变）不超过混凝土抗拉强度（或极限拉伸值）。

根据计算，内外温差分别为20℃、23℃、25℃时，C30混凝土表面温度应力及抗裂安全系数见表1-32。

表1-32 不同内外温差条件下表面温度应力

混凝土种类	内外温差（℃）	表面温度应力（MPa）		表面抗裂安全系数	
		无保温	有保温	无保温	有保温
C30混凝土	20	1.82	0.87	1.92	4.00
	23	2.10	1.00	1.67	3.48
	25	2.28	1.09	1.53	3.20

计算成果表明，不考虑保温情况下，当混凝土内部最高温度与混凝土表面温度温差在23℃以内时，设计龄期的混凝土表面抗裂安全系数可达到1.65及以上，满足规范要求；考虑保温情况下，混凝土表面抗裂安全系数均达到3.0以上。

综合以上计算成果，结合规范及相关工程经验，本工程内外温差按23～25℃控制，其中表面不保温时取低值。

③表面保护标准

新浇混凝土遇日平均气温在3天内连续下降6℃以上时，以及低温季节浇筑的混凝土，必须进行表面保护。有效的保温保护措施包括覆盖保温材料、仓面蓄水保温、流水养护等。

④最高温度控制标准

参照部分已建工程经验并兼顾内外温差要求、实际地基及施工条件，底板及墩墙混凝土设计最高温度按表1-33控制。

其中，考虑冬季低温季节进行混凝土表面保温（保护）等措施后，一般混凝土外部温度较外界环境气温约高8～12℃，按此计算得出混凝土考虑保温保护条件下最高温度控制标准为40～52℃。

表1-33 设计允许最高温

单位：℃

部位	月份											
	1月	2月	3月	4月	5月	6月	7月	8月	9月	10月	11月	12月
月平均气温	4.2	5.2	9.3	15.2	20.2	23.9	28.3	27.9	23.5	18.2	12.6	6.5
内外温差标准	23～25												
设计允许最高温度（不考虑保温）	27	27	32	38	43	46	50	50	46	43	35	29
设计允许最高温度（考虑保温保护）	40	40	45	45	48	48	52	52	48	48	45	40

（3）温度应力控制标准

按照《混凝土重力坝设计规范》（SL 319—2005），温度应力控制标准（或抗裂安全系数）按 $\sigma \leqslant \frac{\varepsilon_p E_c}{K_f}$ 确定，式中 σ 为各种温差所产生的温度应力之和，单位MPa；ε_p 为混凝土极限拉伸值；E_c 为混凝土弹性模量，单位MPa；K_f 为抗裂安全系数，本工程取1.65。

采用弹模与极拉值的乘积 $E_c \cdot \varepsilon_p$ 作为控制指标。根据混凝土力学性能试验成果，计算得到本工程C30混凝土28天龄期下 $E_c \cdot \varepsilon_p$ 近似取为3.5MPa。

9.闸室混凝土早期最高温度计算

根据工程区的气温水温条件，以及混凝土热学性能参数，分别对不同月份开浇情况下的早期最高温度进行了计算。计算中，混凝土类型为C30，混凝土热力学参数参见"混凝土性能试验"内容，底板混凝土厚度分别取1.00m、1.50m、2.00m、2.50m，墩墙浇筑层厚分别取1.50m、3.00m、4.50m，各月按自然入仓考虑，浇筑温度近似取为当月平均气温加2～4℃，裸露混凝土表面散热系数取为54kJ/($m^2 \cdot h \cdot ℃$)。

（1）底板混凝土早期最高温度

C30底板混凝土不同厚度条件下不考虑初期通水以及考虑初期通水的早期最高温度计算结果，参见C30底板混凝土早期最高温度（无通水冷却）成果表（表1-34）、C30底板混凝土早期最高温度（有通水冷却）成果表（表1-35），其中冷却水管间距按1.5m×1.5m布置考虑。计算结果表明：

①底板厚度越大，混凝土内部最高温度越高。平均情况下，混凝土厚度由1.0m增加至1.5m，最高温度约增加5.0～5.5℃；混凝土厚度由1.50m增加至2.00m，最高温度约增加3.8～4.2℃；混凝土厚度由2.00m增加至2.50m，最高温度约增加2.8～3.2℃。

②浇筑温度每增加2℃，底板混凝土最高温度约增加1.1～1.3℃。

③考虑初期通水以后，底板混凝土最高温度有一定降低。平均情况下，混凝土厚度1.00m时，与不通水相比，考虑通水时混凝土最高温度约降低0.5～0.8℃；混凝土厚度1.50m时，与不通水相比，考虑通水时混凝土最高温度约降低1.1～1.5℃；混凝土厚度2.00m时，与不通水相比，考虑通水时混凝土最高温度约降低1.5～1.8℃；混凝土厚度2.50m时，与不通水相比，考虑通水时混凝土最高温度约降低2.0～2.8℃。厚度越大，通水冷却降温效果越显著。

④底板厚度为2.50m时，在考虑自然入仓并设置初期通水的情况下，11月—次年4月浇筑的混凝土最高温度基本满足设计允许最高温度控制标准，5—10月高温季节浇筑的底板混凝土，最高温度将接近或超过设计允许最高温度控制标准。

⑤对于5月、10月次高温季节浇筑的混凝土，需采取控制浇筑层厚度、表面增加流水养护等措施控制最高温度。计算结果表明，采用2.00m层厚底板，采取通水冷却及表面流水等措施后，底板混凝土最高温度可满足温控要求。

⑥对于6—9月高温季节浇筑的混凝土，需采取控制浇筑层厚度、降低混凝土浇筑温度、表面增加流水养护等措施控制最高温度。计算结果表明，采用1.50m层厚底板，

浇筑温度控制在28℃以内，采取通水冷却及表面流水等措施后，6—9月高温季节浇筑的底板混凝土最高温度可满足温控要求。

表1-34 C30底板混凝土早期最高温度（无通水冷却）成果

单位：℃

月份	月平均气温	浇筑温度	底板浇筑层厚度				设计允许最高温度
			1.00m	1.50m	2.00m	2.50m	
12月、1月、2月	4.2～6.5	10	27.0	32.7	36.7	40.3	40
		12	28.2	34.0	38.2	42.0	
		14	29.4	35.4	39.7	43.6	
3月	9.3	14	30.5	36.3	40.4	44.1	45
		16	31.7	37.6	41.9	45.7	
		18	32.8	39.0	43.4	47.4	
11月	12.6	16	32.9	38.6	42.6	46.3	45
		18	34.1	39.9	44.1	47.9	
		20	35.3	41.4	45.7	49.6	
4月	15.2	18	35.1	40.8	44.7	48.4	45
		20	36.3	42.1	46.3	50.0	
		22	37.5	43.5	47.8	51.7	
5月、10月	18.2～20.2	22	39.4	45.0	48.9	52.5	48
		24	40.6	46.3	50.4	54.1	
		26	41.8	47.7	51.9	55.8	
6月、9月	23.5～23.9	26	43.2	48.8	52.7	56.4	48
		28	44.4	50.1	54.3	58.0	
		30	45.6	51.5	55.8	59.7	
7月、8月	27.9～28.3	28	46.0	51.4	55.2	58.7	52
		30	47.1	52.7	56.7	60.3	
		32	48.3	54.1	58.2	62.0	

注：各月采取自然入仓方式浇筑时，混凝土浇筑温度一般可取月平均气温加2～4℃。

表 1-35 C30 底板混凝土早期最高温度（有通水冷却）成果

单位：℃

月份	月平均气温	浇筑温度	底板浇筑层厚度				设计允许最高温度
			1.00m	1.50m	2.00m	2.50m	
12月、1月、2月	4.2～6.5	10	26.7	31.8	35.7	38.8	40
		12	27.8	33.2	37.2	40.4	
		14	28.9	34.6	38.7	42.0	
3月	9.3	14	30.0	35.3	39.7	42.3	45
		16	31.2	36.7	40.8	44.0	
		18	32.3	38.1	42.3	45.6	
11月	12.6	16	32.4	37.5	41.3	44.3	45
		18	33.6	38.9	42.9	46.0	
		20	34.7	40.3	44.5	47.7	
4月	15.2	18	34.6	39.6	43.4	46.2	45
		20	35.7	41.0	44.9	47.9	
		22	36.9	42.4	46.5	49.6	
5月、10月	18.2～20.2	22	38.8	43.6	47.3	50.1	48
		24	39.9	45.0	48.9	51.8	
		26	41.1	46.4	50.4	53.4	
6月、9月	23.5～23.9	26	42.5	47.4	51.1	53.8	48
		28	43.7	48.8	52.7	55.5	
		30	44.9	50.2	54.2	57.2	
7月、8月	27.9～28.3	28	45.2	49.8	53.3	55.9	52
		30	46.3	51.2	54.9	57.6	
		32	47.5	52.6	56.5	59.3	

注：各月采取自然入仓方式浇筑时，混凝土浇筑温度一般可取月平均气温加2～4℃。

（2）墩墙混凝土早期最高温度

墩墙混凝土宽度分别为1.50m、3.50m，浇筑层厚1.50m、3.00m、4.50m情况下早期最高温度计算结果见表1-36，分析表明：

①墩墙宽度为1.50m时，在考虑自然入仓情况下，浇筑层厚分别取1.50～4.50m，

最高温度均能满足设计允许最高温度控制标准。

②墩墙宽度达到3.50m及以上时，浇筑层厚取1.50m，在自然入仓情况下，最高温度可满足设计允许最高温度控制标准；浇筑层厚取3.00m，6—9月自然入仓条件下最高温度将超过设计允许最高温度控制标准。故墩墙宽度达到3.50m及以上时，6—9月高温季节浇筑的混凝土宜采用1.5m浇筑层厚，其他月份可采用3.00～4.50m。

表1-36　C30墩墙混凝土早期最高温度成果

单位：℃

月份	月平均气温	浇筑温度	墩墙宽1.50m 浇筑层厚1.50m	墩墙宽1.50m 浇筑层厚3.00m	墩墙宽1.50m 浇筑层厚4.50m	墩墙宽3.50m 浇筑层厚1.50m	墩墙宽3.50m 浇筑层厚3.00m	墩墙宽3.50m 浇筑层厚4.50m	设计允许最高温度
12月、1月、2月	4.2～6.5	10	26.5	29.3	29.5	30.0	36.2	37.5	40
		12	27.6	30.6	30.8	31.3	37.7	39.0	
		14	28.8	31.9	32.0	32.5	39.2	40.5	
3月	9.3	14	30.0	32.9	33.1	33.5	39.9	41.2	45
		16	31.1	34.1	34.3	34.8	41.4	42.7	
		18	32.2	35.5	35.6	36.1	42.9	44.2	
11月	12.6	16	32.5	35.4	35.6	36.0	42.2	43.5	45
		18	33.6	36.6	36.8	37.2	43.7	45.0	
		20	34.7	37.9	38.1	38.5	45.2	46.5	
4月	15.2	18	34.8	37.6	37.8	38.2	44.3	45.6	45
		20	35.9	38.8	39.1	39.4	45.8	47.1	
		22	37.0	40.1	40.3	40.7	47.4	48.6	
5月、10月	18.2～20.2	22	39.2	42.0	42.2	42.5	48.6	49.9	48
		24	40.3	43.2	43.4	43.7	50.1	51.4	
		26	41.4	44.4	44.7	45.0	51.6	52.9	
6月、9月	23.5～23.9	26	43.0	45.9	46.1	46.4	52.5	53.7	48
		28	44.2	47.1	47.3	47.6	54.0	55.2	
		30	45.3	48.3	48.5	48.9	55.5	56.7	
7月、8月	27.9～28.3	28	45.9	48.7	48.9	49.0	55.1	56.3	52
		30	47.0	49.9	50.1	50.3	56.5	57.7	
		32	48.1	51.1	51.3	51.5	58.0	59.2	

注：各月采取自然入仓方式浇筑时，混凝土浇筑温度一般可取月平均气温加2～4℃。

10.混凝土温度及温度应力敏感性分析

通过建立三维有限元模型，对闸室混凝土温度及温度应力进行敏感性计算分析，验证相关不确定因素条件下的混凝土抗裂安全性。

（1）C30底板混凝土温度及温度应力敏感性分析

根据工程区的气温水温条件，以及混凝土热学性能参数，分别对不同月份开浇底板的早期最高温度进行了计算。计算中，底板混凝土浇筑层厚度取2.50m，浇筑块尺寸取24m×20m，各月按自然入仓考虑，浇筑温度取当月平均气温加2～4℃，裸露混凝土表面散热系数取54kJ/（m²·h·℃）。底板混凝土设置冷却水管进行通水冷却，水管间距1.50m×1.50m，通河水冷却。浇筑的混凝土终凝后即增加流水养护措施，施工过程中可在混凝土表面放置带有小孔的水管喷水，并在混凝土面上形成约5～10mm厚流动水层，流水可取自冷却水管回水或干净的河水，水温按24℃考虑。计算结果见C30底板混凝土温控仿真计算成果表（表1-37）。计算结果表明：

①厚度为2.50m底板，开浇时间分别为1月、4月、7月、10月时，按自然入仓考虑（高温季节控制浇筑温度不超过28℃），混凝土最高温度分别为40.5℃、47.3℃、55.8℃、51.8℃，略高于相应月份设计允许最高温度控制要求。

②厚度为2.50m底板，开浇时间分别为1月、4月、7月、10月时，各方案最大拉应力分别为1.23MPa、1.20MPa、1.49MPa、1.43MPa，其中夏季浇筑底板拉应力最大。

③由于基础为软基，计算得出的混凝土温度应力均不大，抗裂安全系数均能达到1.65以上。

④在混凝土采用自然入仓，高温季节适当考虑表面流水养护及通水冷却等措施以后，闸室底板混凝土最高温度略超设计允许最高温度标准，但超标值范围不大，同时最大拉应力及相应抗裂安全系数能满足混凝土抗裂要求，表明温控措施可行。

表1-37　C30底板混凝土温控仿真计算成果

厚度（m）	开浇月份	最高温度（℃）	最大拉应力（MPa）	设计允许最高温度（℃）	抗裂安全系数
2.50	1月	40.5	1.23	40	2.85
	4月	47.3	1.20	45	2.92
	7月	55.8	1.49	52	2.35
	10月	51.8	1.43	48	2.45

(2)底板长边尺寸对混凝土温度应力影响分析

计算中，底板混凝土浇筑层厚度取2.50m，浇筑块长边尺寸根据建筑物规模分别取为24m、52m，各月按自然入仓考虑，浇筑温度取当月平均气温加2～4℃（高温季节控制浇筑温度不超过28℃），裸露混凝土表面散热系数取54kJ/（m²·h·℃）。底板混凝土设置冷却水管进行通水冷却，水管间距1.50m×1.50m，通河水冷却。高温季节浇筑的混凝土终凝后即增加流水养护措施。地基按软基考虑，地基弹模取50MPa。

不同尺寸C30底板混凝土温控仿真计算成果见表1-38，分析表明：

①软基上的闸室底板混凝土，在相同温度场条件下，浇筑块长边尺寸变化对温度应力影响不大。长边尺寸由24m增大至52m，相同温度情况下温度应力仅增大2%～6%，抗裂安全系数仅变化0.1～0.2，且均满足抗裂安全。

②事实上，底板长边尺寸变化主要影响的是基础温差应力，而软基上底板基础温差应力较小，故最大拉应力受长边尺寸影响相对较小。

表1-38 不同尺寸C30底板混凝土温控仿真计算成果

厚度（m）	长边尺寸（m）	开浇月份	最高温度（℃）	最大拉应力（MPa）	抗裂安全系数
2.50	24	1月	40.5	1.23	2.85
		4月	47.3	1.20	2.92
		7月	55.8	1.49	2.35
		10月	51.8	1.43	2.45
2.50	52	1月	40.5	1.29	2.71
		4月	47.3	1.24	2.82
		7月	55.8	1.51	2.32
		10月	51.8	1.49	2.35

(3)地基弹模对底板混凝土温度应力影响分析

计算中，底板混凝土浇筑层厚度取2.50m，浇筑块长边尺寸取24m，各月按自然入仓考虑，浇筑温度取当月平均气温加2～4℃（高温季节控制浇筑温度不超过28℃），裸露混凝土表面散热系数取54kJ/（m²·h·℃）。底板混凝土设置冷却水管进行通水冷却，水管间距1.50m×1.50m，通河水冷却。高温季节浇筑的混凝土终凝后即增加流水养护措施。敏感性分析中弹模取50MPa、100MPa、500MPa、1GPa、10GPa等不同工况。不同地基弹模C30底板混凝土温控仿真计算成果见表1-39。分析结果表明：

①相同温度条件下，地基弹模越高，底板混凝土温度应力越大。

②对于2.50m厚度下的C30混凝土底板，当考虑基础为软基时（地基弹模按不超过100MPa计），算得水闸底板最大温度应力仅为1.20～1.51MPa，且最大应力发生在高温季节，根据混凝土变形规律来看，高温季节底板混凝土温度升高产生膨胀，中心部位将产生一定拉应力。

当地基弹模分别取500MPa、1GPa、2GPa时，高温季节浇筑的混凝土最大拉应力分别为1.79MPa、2.05MPa、2.59MPa，相应的混凝土抗裂安全系数分别为1.96、1.71、1.35。根据混凝土抗裂要求，地基弹模超过1GPa时，仍按当前温度控制标准及温控措施控制，温度应力将有超标风险。

③综合而言，软基上混凝土底板温度应力均不大，施工中把按内外温差标准制定的设计允许最高温度作为主要温控指标，可满足闸室底板大体积混凝土抗裂安全。

表1-39 不同地基弹模C30底板混凝土温控仿真计算成果

厚度（m）	地基弹模	开浇月份	最高温度（℃）	最大拉应力（MPa）	抗裂安全系数
2.50	50MPa	1月	40.5	1.23	2.8
		4月	47.3	1.20	2.9
		7月	55.8	1.49	2.3
		10月	51.8	1.43	2.4
2.50	100MPa	1月	40.5	1.26	2.8
		4月	47.3	1.22	2.9
		7月	55.8	1.51	2.3
		10月	51.8	1.46	2.4
2.50	500MPa	1月	40.5	1.24	2.8
		4月	47.3	1.33	2.6
		7月	55.8	1.79	2.0
		10月	51.8	1.62	2.2
2.50	1GPa	1月	40.5	1.17	3.0
		4月	47.3	1.41	2.5
		7月	55.8	2.05	1.7
		10月	51.8	1.73	2.0

续表

厚度（m）	地基弹模	开浇月份	最高温度（℃）	最大拉应力（MPa）	抗裂安全系数
2.50	2GPa	1月	40.5	1.16	3.0
		4月	47.3	1.73	2.0
		7月	55.8	2.59	1.4
		10月	51.8	2.00	1.8
2.50	10GPa	1月	40.5	1.77	2.0
		4月	47.3	3.24	1.1
		7月	55.8	4.98	0.7
		10月	51.8	3.44	1.0

（4）气温骤降等极端气候条件对混凝土温度应力影响分析

计算中假定气温骤降过程变化曲线如图1-10，分别计算C30混凝土表面在不同保温措施情况下的表面温度应力。

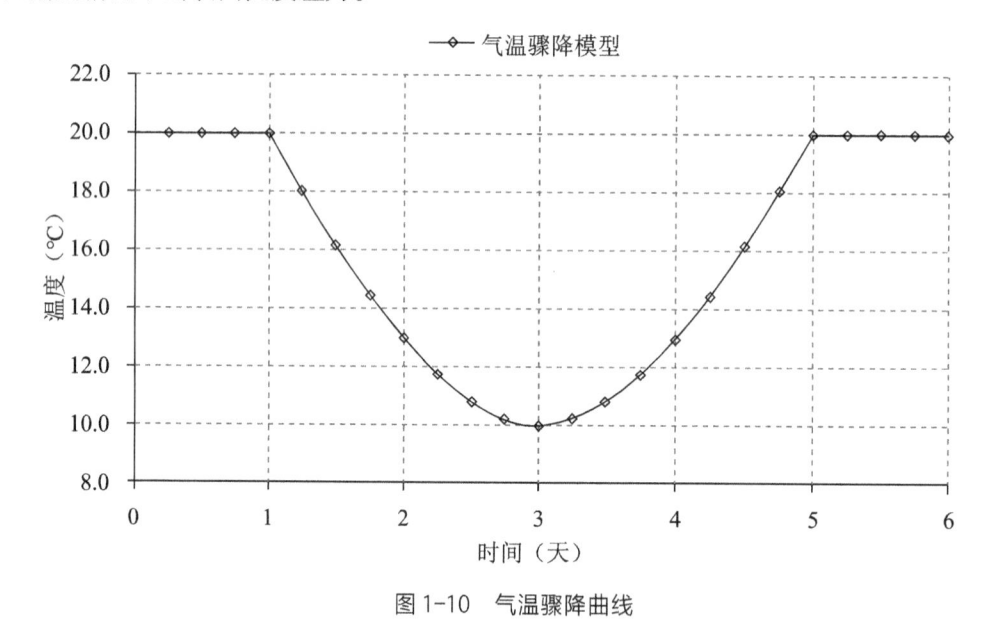

图 1-10 气温骤降曲线

气温骤降引起C30混凝土表面最大拉应力（2天降10℃）变化情况见表1-40。分析表明：

①受气温骤降的影响，混凝土外露面40～60cm深度内的混凝土都保持了一个相对较高的应力水平，表面拉应力较大；超过60cm深度的内部混凝土受气温骤降影响产生的拉应力相对较小。

表 1-40　气温骤降引起 C30 混凝土表面最大拉应力（2 天降 10℃）

表面保温措施	项目	表面拉应力（MPa）				抗裂安全系数			
		7 天	14 天	28 天	90 天	7 天	14 天	28 天	90 天
无保温	初始温度应力	0.54	0.85	1.18	1.23				
	气温骤降应力	1.05	1.21	1.34	1.53				
	总应力	1.59	2.06	2.52	2.76	1.26	1.31	1.39	1.41
5 W/（m²·℃）	初始温度应力	0.5	0.79	1.06	1.11				
	气温骤降应力	0.59	0.67	0.75	0.85				
	总应力	1.09	1.46	1.81	1.96	1.83	1.85	1.93	2.00
3 W/（m²·℃）	初始温度应力	0.49	0.77	1	1.05				
	气温骤降应力	0.41	0.46	0.52	0.59				
	总应力	0.9	1.23	1.52	1.64	2.20	2.22	2.30	2.38

②在遭遇气温骤降时，混凝土龄期越小，其抗裂安全系数相对越低，表明混凝土早期受寒潮影响更容易开裂。

③对于 C30 混凝土，在遭遇 2 天降温幅度 10℃时，无保温情况下表面拉应力为 1.05～1.53MPa，其中，考虑初始温度应力与气温骤降应力叠加后，最大拉应力为 1.59～2.76MPa，相应抗裂安全系数为 1.26～1.41，不能满足抗裂要求。

④表面保温对于混凝土表面应力的改善效果较好，相比无保温措施，气温骤降期间采用等效放热系数 3～5 W/（m²·℃）的表面保温措施，底板混凝土表面最大温度降幅降低至 3.0～4.0℃，最大拉应力降低达 40%～60%。从计算成果可以看到，混凝土在各个龄期表面应力都能保持在一个相对较低的水平，抗裂安全系数达到 1.8～2.0，大大降低了混凝土开裂的风险。

11. 挡洪闸混凝土温度及温度应力仿真

选取挡洪闸实际结构尺寸、各月气温边界条件、工程进度计划等因素建立三维有限元模型，对拟推荐的温控措施方案进行施工全过程仿真分析，复核水闸混凝土底板和墩墙的温度及温度应力情况。

在温度及温度应力仿真计算中，对挡洪闸模型进行了适当的简化，绘制了有限元计算模型，挡洪闸（底板+闸墩）有限元计算模型如图 1-11 所示，其中闸室分成三块，顺水流方向长 20m，边侧两块为闸墩与分离式底板组合而成的"L"形挡墙，闸墩宽

3.50m，底板宽10m，厚2.50m，中间一块底板宽33.30m，厚2.50m，中间底板与边侧底板通过1m宽施工后浇带进行连接。计算网格总单元数6018、节点数7204。模型坐标假定X向为顺河向，Y向为铅直向，Z向为横河向（垂直水流方向）。

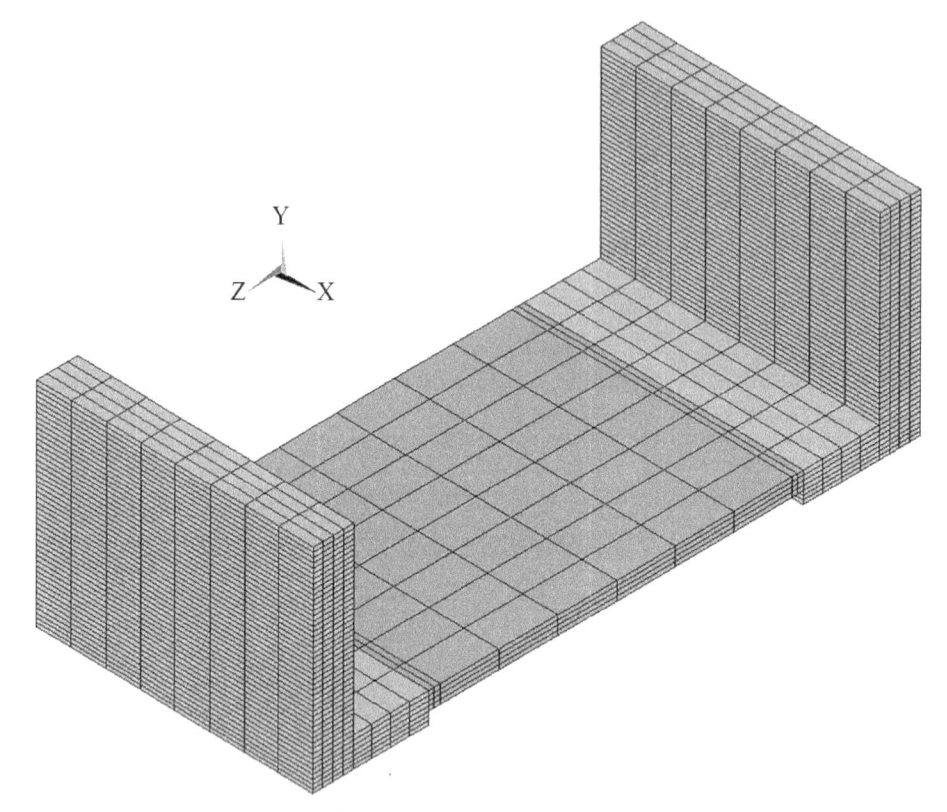

图1-11 挡洪闸（底板＋闸墩）有限元计算模型

根据施工进度计划，挡洪闸底板混凝土计划于2018年11月浇筑完成，挡洪闸墩墙计划于2018年12月—2019年2月浇筑完成。仿真计算中，中间块及边侧2块厚度2.50m底板混凝土分1层浇筑，浇筑层厚度取2.50m，层间间歇时间取10～12天；墩墙宽度3.50m，其浇筑层厚按3.00～4.50m控制，浇筑温度均取当月平均气温加2～4℃；裸露混凝土表面散热系数取54kJ/（m²·h·℃）。底板混凝土设置冷却水管进行通水冷却，水管间距1.50m×1.50m，通河水冷却。混凝土热力学参数取值见"混凝土性能试验"，地基弹模按50MPa考虑。挡洪闸温度及温度应力仿真计算成果见表1-41，分析表明：

（1）挡洪闸底板开浇时间为11月，仿真计算得到底板最高温度为46.7℃，略高于设计允许最高温度控制要求。底板最大拉应力为1.87MPa，相应抗裂安全系数为1.88，满足混凝土抗裂安全要求。

（2）墩墙浇筑时间为12月—次年2月，仿真计算得到各月墩墙最高温度分别为42.7℃、40.4℃、41.9℃，满足设计允许最高温度控制要求。由于墩墙沿顺河向尺寸相对较大，约为20m，顺河向为主拉应力方向，最大拉应力值为1.81MPa，相应抗裂安全系数为1.93，满足混凝土抗裂安全要求。

表1-41 挡洪闸温度及温度应力仿真计算成果

部位	混凝土类型	浇筑月份	最高温度（℃）	最大温度应力（MPa）	设计允许最高温（℃）	抗裂安全系数
底板	C30	11月	46.7	1.87	45.0	1.88
墩墙	C30	12月	42.7	1.81	40.0	1.93
		1月	40.4	1.71	40.0	2.05
		2月	41.9	1.66	40.0	2.11

12.研究结论

（1）高性能水工混凝土研究

①对C公司商品混凝土拌合站进行了实地调研和考察，结果表明，其生产规模、生产能力能满足余姚"西分"工程瑶街弄调控枢纽混凝土供应要求，原材料来源稳定可靠，有较为完整的质量保证体系。经检测，拌合站所取样的水泥、粉煤灰、矿粉、砂石骨料、外加剂的品质能满足现行的规程、规范及标准要求。

②对C公司提供的配合比进行了复核试验，复核试验结果表明，混凝土拌合物性能、抗压强度、极限拉伸、抗渗等级均能满足设计要求，且偏于安全。抗冻试验表明：由于复核配合比中未掺入引气剂，混凝土的含气量较低，C20混凝土不能满足F50的抗冻要求；C30混凝土虽然达到了F50的抗冻等级，但不能满足F100的抗冻要求。

③考虑到本工程混凝土有抗冻要求，进行了掺引气剂混凝土试验，试验结果表明：掺入1.2/万的引气剂后，混凝土拌合物坍落度、含气量均有所增加，抗压强度值略有降低，但混凝土28天抗压强度均超过配制强度；弹模、极限拉伸值变化均不大；抗渗及抗冻均满足设计要求。

④为了有效提高混凝土抗裂性能，对高标号混凝土进行了掺聚丙烯纤维混凝土试验。掺入聚丙烯纤维后，引气剂掺量需提高到1.5/万，混凝土拌合物的坍落度略有降低，混凝土抗压强度、弹模变化均不大；28天极限拉伸值略有提高；抗渗及抗冻均满足设计要求。

⑤平板法抗裂性试验结果表明：掺入纤维后，仅出现非常细的裂纹，抗裂性等级均为Ⅲ级，说明掺入纤维对抑制混凝土裂缝产生、提高抗裂性能有利。

综合混凝土性能试验分析，为满足混凝土设计指标要求，混凝土中应掺加引气剂，以满足其抗冻耐久性要求；为提高混凝土抗裂性能，宜在底板及墩墙等混凝土中掺加聚丙烯纤维。实际施工中，应加强原材料检测频次，严格控制砂石骨料的含水量，严格控制混凝土各组分的计量。余姚"西分"工程瑶街弄调控枢纽高性能水工混凝土推荐配合比见表1-42。

表1-42　余姚"西分"工程——瑶街弄调控枢纽高性能水工混凝土推荐配合比

强度等级	水胶比	材料用量（kg/m³）									
^	^	水泥	矿粉	粉煤灰	细骨料（混合料）		粗骨料		水	减水剂	引气剂	聚丙烯纤维
^	^	^	^	^	天然砂	人工砂	5～16mm 小石	16～31.5mm 中石	^	^	^	^
C20	0.55	200	50	60	339	508	298	693	169	6.5	0.047	0
C30	0.43	290	50	50	306	461	301	702	169	8.2	0.059	0.9
C35	0.38	350	50	50	186	529	101	906	170	9.5	0.068	0.9

注：①减水剂的掺量为2.1%；②引气剂掺量为1.5/万，由于引气剂掺量很小，为了便于准确计量，建议将引气剂配制成浓度为1%的溶液后再加入；③表中砂石骨料的重量为饱和面干状态下的重量。

（2）温控防裂研究

①余姚"西分"工程瑶街弄调控工程各建筑物地基均为软基，对基础混凝土约束小，混凝土温度控制以控制内外温差为主。

②施工时应重视混凝土表面保温，特别是在冬季低温季节，以及发生寒潮或气温骤降等极端气候时，应及时覆盖保温材料。

③根据混凝土温度及温度应力仿真分析成果，拟定瑶街弄挡洪闸、应急船闸、削峰调控闸等建筑物闸室混凝土最高温度控制措施建议见表1-43。

表 1-43　闸室混凝土最高温度控制措施建议

部位	月份	浇筑温度（℃）	浇筑层厚（m）	通水冷却	表面流水	考虑保温保护的最高温度控制值（℃）
底板	1月、2月、12月	自然入仓	≤2.50	通河水冷却，水管间距1.50m×1.50m	采用冷却水管出水口水进行养护	40
	3月—5月、10月、11月					45
	6月、9月	≤28	≤1.50		采用河水流水养护	48
	7月、8月					52
墩墙	1月、2月、12月	自然入仓	3.00~4.50	无	采用冷却水管出水口水进行养护	40
	3月—5月、10月、11月					45
	6月、9月	≤28	1.50（当墩墙厚1.50时可放宽至3.00~4.50）		采用河水流水养护	48
	7月、8月					52

其中，非高温季节可采取自然入仓方式浇筑混凝土，6—9月高温季节宜控制混凝土浇筑温度不超过28℃，同时应在浇筑仓面采取遮阳或喷洒水雾等措施降低周围环境温度。降低浇筑温度主要可采用以下方法：采用低温水喷洒粗骨料和拌制混凝土，降低混凝土出机口温度；安排在早晚或夜间气温较低时段浇筑；缩短混凝土运输时间，加快混凝土入仓覆盖速度；混凝土运输工具设置必要的隔热遮阳措施。

④按照施工进度计划，对各主要建筑物进行了施工期温度及温度应力仿真计算，结果表明，采取推荐的温控措施后，水闸、船闸底板及墩墙各部位最高温度基本能满足温度控制标准，局部略有超标，但超标幅度不大；同时，各主要建筑物的温控抗裂安全系数达1.87以上，符合设计抗裂安全系数不小于1.65的要求，表明推荐的温控防裂措施是合理可行的。

13. 成果应用（以挡洪闸为例）

（1）概况

挡洪闸采用整体式底板结构，顺水流方向20.00m，垂直水流方向52.30m。闸室水流方向分为三块（9.00m＋32.30m＋9.00m，两条1.00m宽后浇带分隔）进行浇筑，边侧两块底板与闸墩相接，立面呈"L"形；闸墩宽3.50m，顶高程为11.00m，底板顶高程为-3.67m，宽20.00m，厚2.50m；混凝土后浇带在闸墩达到11.00m高程后，在低温季节回填将底板连接成整体。挡洪闸底板混凝土强度等级为C30W4F50，闸墩混凝土强度等级为C30W4F100，后浇带混凝土强度等级为C35W4F100。

（2）混凝土施工配合比

混凝土均采用商品混凝土，由C公司商品混凝土拌合站主供，距施工现场约4km。挡洪闸底板及闸墩混凝土施工配合比见表1-44。

表1-44 挡洪闸底板及闸墩混凝土施工配合比

强度等级	水胶比	材料用量（kg/m³）										
		水泥	矿粉	粉煤灰	细骨料（混合砂）		粗骨料		水	减水剂	引气剂	膨胀剂	纤维
						天然砂	人工砂	小石	中石				
C30（底板）	0.43	290	50	50	306	461	301	702	169	8.2	—	/	1.0
C30（闸墩）	0.43	290	50	50	306	461	301	702	169	8.2	0.059	/	1.0
C35	0.38	350	50	50	186	529	101	906	170	9.5	0.068	50	1.0

（3）混凝土温控防裂措施

结合施工季节及浇筑部位，挡洪闸闸室混凝土最高温度控制措施见表1-45。

表1-45 挡洪闸闸室混凝土最高温度控制措施

部位	月份	浇筑温度	浇筑层厚（m）	通水冷却	表面流水	考虑保温保护的最高温度控制值（℃）
底板	11月	自然入仓	2.50	通河水冷却，水管间距1.50m×1.50m	采用冷却水管出水口水进行养护	45
墩墙	12月、1月	自然入仓	3.00~4.50	—	采用冷却水管出水口水进行养护	40

挡洪闸底板、闸墩底板混凝土埋设冷却水管进行初期通水，采用HDPE DN32水管，水管间距1.50m×1.50m，初期通水采用姚江河水，0~3天龄期通水流量2.30m³/h左右，其他时段通水流量1.20m³/h左右，通水时间10~15天。

（4）混凝土施工

①底板浇筑

挡洪闸底板顺水流方向长20m，垂直水流方向宽52.30m，厚度2.50m，在垂直水流方向预留两道1.00m宽后浇带；底板混凝土工程量约2495m³，单层一次浇筑完成。挡洪闸底板浇筑如图1-14所示。

②闸墩浇筑

挡洪闸闸墩底高程为-3.67m，顶高程为11.00m，宽度为3.50m，长度为20.00m，闸墩混凝土共计1817.75m³。挡洪闸左闸墩分三层浇筑，右闸墩分四层浇筑，挡洪闸闸墩分仓如图1-12所示。

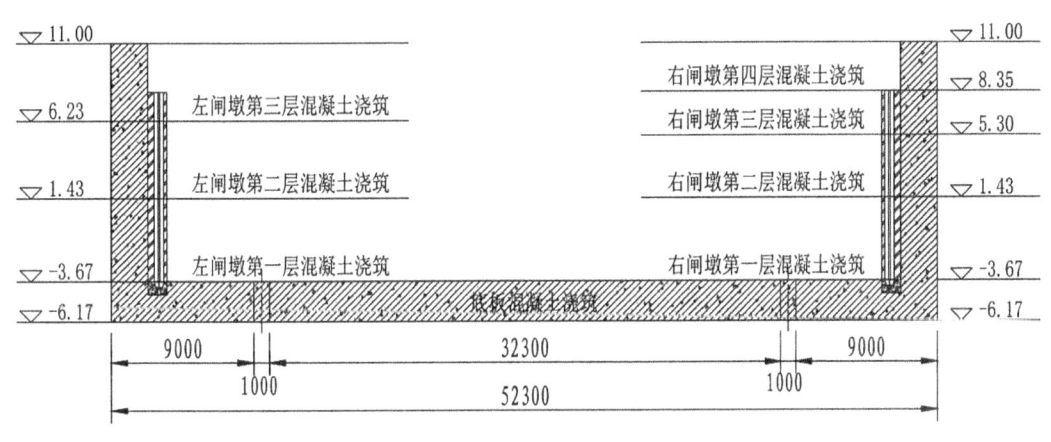

图1-12 挡洪闸闸墩分仓示意

③浇筑时段

挡洪闸底板于2018年11月26日开始浇筑，11月27日浇筑完成，历时2天。挡洪闸左墩墙沿高度分三层施工，首仓于2018年12月16日开始浇筑，2019年1月13日浇筑至11.00m高程。挡洪闸右墩墙沿高度分四层施工，首仓于2018年12月18日开始浇筑，2019年1月22日浇筑至11.00m高程。挡洪闸大体积混凝土浇筑时间和层间间歇时间见表1-46。

表1-46 挡洪闸大体积混凝土浇筑时间和层间间歇时间一览

序号	部位	浇筑日期	层间间歇时间（天）	是否满足设计要求最长层间间歇时间21天要求
1	挡洪闸底板	2018-11-26 至 2018-11-27	—	—
2	挡洪闸左闸墩（▽-3.37～▽1.43）	2018-12-16	19	是
3	挡洪闸左闸墩（▽1.43～▽6.23）	2018-12-26	10	是
4	挡洪闸左闸墩（▽6.23～▽11.00）	2019-1-13	18	是

续表

序号	部位	浇筑日期	层间间歇时间（天）	是否满足设计要求最长层间间歇时间21天要求
5	挡洪闸右闸墩（▽-3.37～▽1.43）	2018-12-18	20	是
6	挡洪闸右闸墩（▽1.43～▽5.30）	2018-12-29	21	是
7	挡洪闸右闸墩（▽5.30～▽8.35）	2019-1-18	20	是
8	挡洪闸右闸墩（▽8.35～▽11.00）	2019-1-21	3	是

底板及闸墩混凝土温度监测结果显示，至2019年1月9日，底板混凝土内部温度趋于稳定；至2019年2月18日，闸墩混凝土内部温度趋于稳定。根据设计要求，结合现场实体监测成果，挡洪闸后浇带于2019年3月15日浇筑完成。

④混凝土养护

混凝土浇筑完毕后，表面覆盖毛毯保温和流水养护，侧向木模板缓拆以起保温作用，后浇带及二期混凝土空腔采用毛毯覆盖保温。为了减少混凝土内外温差，混凝土表面流水养护采用冷却水管的出水。

以上养护措施和养护时间直至下一个浇筑层面施工为止。

（5）测温及数据分析

为监测挡洪闸混凝土温度变化情况，挡洪闸共布设33支温度计，其中挡洪闸底板布设21支温度计，编号为T01DHZ～T18DHZ、T25DHZ～T27DHZ，左、右闸墩各布设6支温度计，编号为T19DHZ～T24DHZ、T28DHZ～T33DHZ。挡洪闸混凝土测温（温度计）数据统计结果见表1-47。

表1-47 挡洪闸混凝土测温（温度计）数据统计

设计编号	高程（m）	埋设日期	温度（℃） 最大值	日期	最小值	日期	末次测值
T01DHZ	-4.67	2018/11/12	42.0	2018-11-29	7.4	2018-11-14	11.4
T02DHZ	-4.67	2018/11/12	46.8	2018-11-29	7.0	2018-11-14	12.4
T03DHZ	-4.67	2018/11/12	42.5	2018-11-29	7.7	2018-11-14	11.0
T04DHZ	-4.67	2018/11/12	42.2	2018-11-28	7.7	2018-11-14	11.5

续表

设计编号	高程（m）	埋设日期	温度（℃） 最大值	日期	最小值	日期	末次测值
T05DHZ	-4.67	2018/11/12	47.3	2018-11-29	8.4	2018-11-14	12.2
T06DHZ	-4.67	2018/11/12	44.2	2018-11-28	9.5	2018-11-14	11.0
T07DHZ	-4.67	2018/11/12	43.5	2018-11-28	7.6	2018-11-14	11.8
T08DHZ	-4.67	2018/11/12	47.1	2018-11-29	6.1	2018-11-14	12.9
T09DHZ	-4.67	2018/11/12	44.5	2018-11-28	9.5	2018-11-14	12.5
T10DHZ	-4.67	2018/11/12	45.5	2018-11-28	11.3	2018-11-14	11.3
T11DHZ	-4.67	2018/11/12	47.0	2018-11-28	11.1	2018-11-14	12.7
T12DHZ	-4.67	2018/11/12	42.2	2018-11-28	12.7	2019-1-9	11.8
T13DHZ	-4.67	2018/11/12	40.6	2018-11-28	10.6	2019-1-18	11.9
T14DHZ	-4.67	2018/11/12	47.4	2018-11-29	12.5	2019-1-9	12.5
T15DHZ	-4.67	2018/11/12	43.7	2018-11-29	8.1	2018-11-14	11.4
T16DHZ	-3.67	2018/11/12	42.5	2018-11-29	9.1	2018-11-14	11.7
T17DHZ	-3.67	2018/11/12	46.6	2018-11-30	12.5	2018-11-14	12.9
T18DHZ	-3.67	2018/11/12	42.5	2018-11-29	7.8	2018-11-14	11.0
T25DHZ	-3.67	2018/11/12	38.7	2018-11-28	11.1	2019-1-9	11.1
T26DHZ	-3.67	2018/11/12	46.2	2018-11-29	12.6	2019-1-9	12.6
T27DHZ	-3.67	2018/11/12	42.2	2018-11-28	8.1	2018-11-14	10.6
T19DHZ	4.40	2018/12/29	39.5	2019-1-1	6.2	2018-12-29	15.4
T20DHZ	4.40	2018/12/29	28.4	2019-1-2	5.8	2018-12-29	14.1
T21DHZ	4.40	2018/12/29	26.0	2019-1-2	5.9	2018-12-29	14.4
T22DHZ	10.90	2019/1/22	39.1	2019-1-24	5.9	2019-1-22	16.8
T23DHZ	10.90	2019/1/22	36.3	2019-1-24	6.0	2019-1-22	14.8
T24DHZ	10.90	2019/1/22	34.3	2019-1-24	6.0	2019-1-22	14.5
T28DHZ	4.40	2018/12/26	40.4	2018-12-29	9.4	2018-12-26	19.3
T29DHZ	4.40	2018/12/26	36.5	2019-1-1	11.1	2018-12-26	15.6
T30DHZ	4.40	2018/12/26	35.9	2019-1-1	9.1	2018-12-26	17.0
T31DHZ	10.90	2019/1/14	38.6	2019-1-16	7.4	2019-1-14	15.8

续表

设计编号	高程（m）	埋设日期	温度（℃）				末次测值
			最大值	日期	最小值	日期	
T32DHZ	10.90	2019/1/14	27.2	2019-1-15	6.6	2019-1-14	14.8
T33DHZ	10.90	2019/1/14	26.6	2019-1-15	6.4	2019-1-14	14.3

混凝土实体温度测量数据成果显示，挡洪闸底板混凝土温度在6.1～47.3℃，挡洪闸墩墙混凝土温度在5.8～40.4℃，各部位最高温度基本能满足温度控制标准，局部略有超标，但超标幅度不大。受混凝土水化热的影响，混凝土高温主要集中在埋设初期，后期混凝土温度基本随着气温的影响呈现规律性变化。

瑶街弄调控枢纽大体积混凝土部位施工完成后，参建单位按规范要求对混凝土质量进行检测和检查，检测项目质量全部满足规范要求，外观检查没有发现裂缝。

（6）总结

在高性能水工混凝土研究成果基础上，采取推荐的温控措施后，挡洪闸底板及墩墙各部位最高温度基本能满足温度控制标准，局部略有超标，但超标幅度不大，表明推荐的温控防裂措施是合理可行的（如图1-13至图1-16所示）。

高性能水工混凝土与温控防裂研究成果在瑶街弄调控枢纽的应用，实现了枢纽大体积混凝土"零裂缝"的控制目标，有效提升水利工程混凝土质量管理水平，也为商品混凝土在水利工程大体积混凝土推广应用中提供了成功范例。

图1-13 挡洪闸底板冷却水管布置

图 1-14 挡洪闸底板浇筑

图 1-15 挡洪闸底板覆盖毛毯保温和流水养护

图1-16 挡洪闸闸墩侧向木模板覆盖毛毯保温养护

（二）大孔口水闸结构方案比选及安全性研究

1.研究目的和内容

瑶街弄调控枢纽主要由挡洪闸、削峰闸和应急船闸三部分组成，采用三闸联建的方案。为满足通航要求，挡洪闸为单孔45m的大孔口水闸，底槛高程-3.67m，闸室顶高程11.00m，上部启闭房顶高程29.00m，结构体型高大，对位移变形十分敏感，需对挡洪闸的闸室结构安全性、可靠性进行研究，对闸室结构型式、整体稳定、结构内力、正常使用功能性等内容进行重点分析，以保证挡洪闸整体结构安全。

根据《水闸设计规范》（SL 265—2016），考虑到挡洪闸的特殊性与重要性，影响闸室结构安全的主要因素有过流能力、渗透稳定、消能防冲、闸室整体稳定、闸室结构应力、正常使用功能性、超标准工况安全性和大体积混凝土的温控等。由于挡洪闸孔口跨度大，挡水水头差较小（最大仅80cm），通过计算，闸室的过流能力、渗透稳定、消能防冲均较常规，不作为本次研究分析内容，而大体积混凝土的温控问题在第一章已进行了单独研究，所以本章研究重点为大孔口闸室结构型式、整体稳定、结构应力、正常使用功能性、超标准工况安全性等，主要研究内容如下。

①根据大孔口闸室结构及受力特点，拟定两种闸室方案——分离式方案、整体式方案。

②采用规范算法对分离式方案、整体式方案的闸室整体稳定性进行分析计算。

③采用结构力学法及有限元法分别对分离式方案、整体式方案的闸室结构应力进行分析计算，评估其承载能力极限状态下的结构安全性。

④采用结构力学法及有限元法分别对分离式方案、整体式方案的闸室变形、裂缝控制进行分析计算，评估其正常使用极限状态下的结构安全性。

⑤对大孔口水闸在超标准工况下的安全性进行研究，包括超标准地震、超标准洪水、超标准风速及船舶撞击等。

⑥对闸室分离式方案和整体式方案进行比选分析，确定最终方案。

2.设计条件

（1）工程地质

详见第一篇第三章。

（2）设计控制标准

①水闸稳定安全控制标准

根据《水闸设计规范》（SL 265—2016），水闸抗滑稳定安全系数取值见表1-48。

表1-48 水闸抗滑稳定安全系数取值

建筑物级别	抗滑稳定安全系数（土基）		
	基本组合	特殊组合Ⅰ	特殊组合Ⅱ
2	1.30	1.15	1.05

特殊组合Ⅰ：适用于施工工况、检修及工况和水位骤降工况；特殊组合Ⅱ：适用于地震工况。

根据《水闸设计规范》（SL 265—2016），水闸抗浮稳定安全系数取值见表1-49。

表1-49 水闸抗浮稳定安全系数取值

抗浮稳定安全系数		
基本组合	特殊组合Ⅰ	特殊组合Ⅱ
1.10	1.05	1.05

特殊组合Ⅰ：适用于施工工况、检修及工况和水位骤降工况；特殊组合Ⅱ：适用于地震工况。

根据《水闸设计规范》（SL 265—2016），水闸基底应力不大于地基的允许承载力，最大基底应力不大于地基的允许承载力的1.2倍，基底压应力最大值与最小值之比的容许值见表1-50。

表1-50 基底压应力最大值与最小值之比的容许值

地基类别	荷载组合	容许值
软土地基	基本组合	1.50
	特殊组合	2.00

②水闸沉降控制标准

根据《水闸设计规范》(SL 265—2016)，本工程水闸控制最大沉降量不宜超过15cm，相邻部位的最大沉降差不宜超过5cm。

③桩基础控制标准

根据《建筑桩基技术规范》(JGJ 94—2018)，轴心竖向力作用下，单桩竖向力标准值不大于单桩承载力特征值；偏心竖向力作用下，最大单桩竖向力标准值不大于1.2倍单桩承载力特征值。

根据《水闸设计规范》(SL 265—2016)，如采用钻孔灌注桩，桩顶水平位移值以不大于5mm为宜。考虑到挡洪闸跨度大，且建筑物高度大，对位移变形较为敏感，按水闸设计规范的要求来控制桩顶水平位移，即桩顶水平位移值不大于5mm。

3.闸室结构方案拟定

(1) 闸室结构方案

挡洪闸单孔跨度大，上部房建、闸门及启闭设备自重均较大。根据枢纽布置，挡洪闸边侧土压力分别被应急船闸与削峰调控闸隔绝，且水闸的运行水位差较小（设计工况下不大于80cm），水闸所受的水平荷载不大，水闸的竖向荷载和水平荷载均主要作用在两侧边墩上，所以在水闸结构型式选择时，可考虑采用分离式底板。故根据闸室的特点，拟定分离式底板结构和整体式底板结构两个方案，并进行技术经济比较。

(2) 结构布置

分离式底板结构的特点是底板两侧边联与中联分开，主要由两边联底板承受水平力及上部结构荷载，受力比较明确；而整体式闸室结构底板跨度大，考虑温度应力影响，底板两侧边联与中联设置后浇带，施工后期通过并缝处理，闸室整体共同承受全部竖向及水平荷载，受力相对复杂。两种结构型式布置如下。

①分离式结构

闸室底板分成三块，各分块间分缝隔开，顺水流方向均为20m，边侧两块为闸墩与分离式底板组合而成的"L"形挡墙，闸墩宽3.50m，顶高程为11.0m，底板顶高程为-3.67m，宽10m，厚2.50m，中间一块底板宽33.30m，厚1.50m。底板结构布置（分离式底板结构）如图1-17所示。

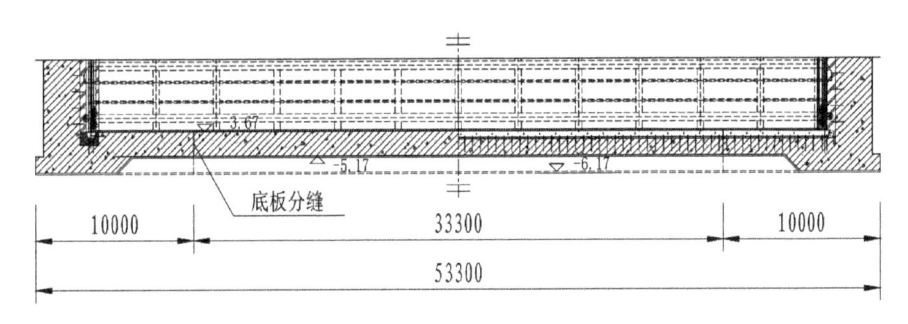

图1-17　底板结构布置（分离式底板结构）

②整体式结构

为保证闸室结构刚度，整体式底板为2.50m等厚布置，闸室分三块进行浇筑，边侧两块为"L"形挡墙，结构与分离式底板相同，中间底板与边侧底板通过1m宽施工后浇带进行连接。后浇带设置位置（整体式底板结构）如图1-18所示。

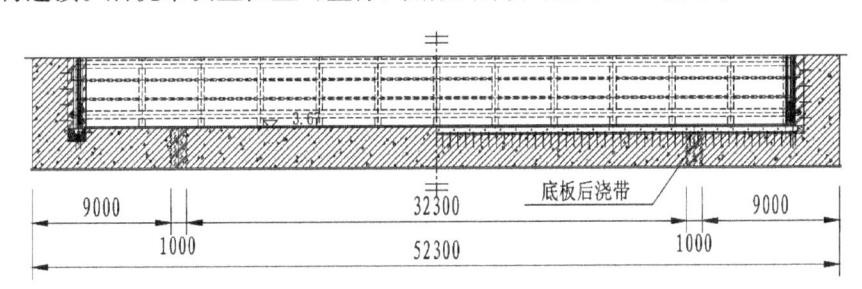

图1-18　后浇带设置位置示意（整体式底板结构）

（3）桩基布置

挡洪闸所受竖向偏心荷载主要集中于两侧闸墩位置，且闸室刚度在闸墩处远大于底板位置。闸室桩基设计采用变刚度调平设计理念，在所受荷载较大区域增大桩基的刚度，而在荷载较小区域减小桩基刚度，旨在减小差异变形，降低承台（底板）和上部结构次内力，以节约资源，确保正常使用功能。桩基变刚度采用变桩距布桩来实现。

①分离式底板结构

经多方案试算，分离式闸室结构共布置48根桩。边联底板布桩如下：三排桩，桩径为1.00m，承台宽度10.00m，前排7根桩，中排5根桩，后排4根桩，单侧布桩总计16根，两侧合计32根；中联底板按承受底板自重，考虑桩基施工质量等不可控因素，桩距不宜太大，共布4排桩，每排4根桩，该联桩数为16。底板桩基布置（分离式结构）如图1-19所示。

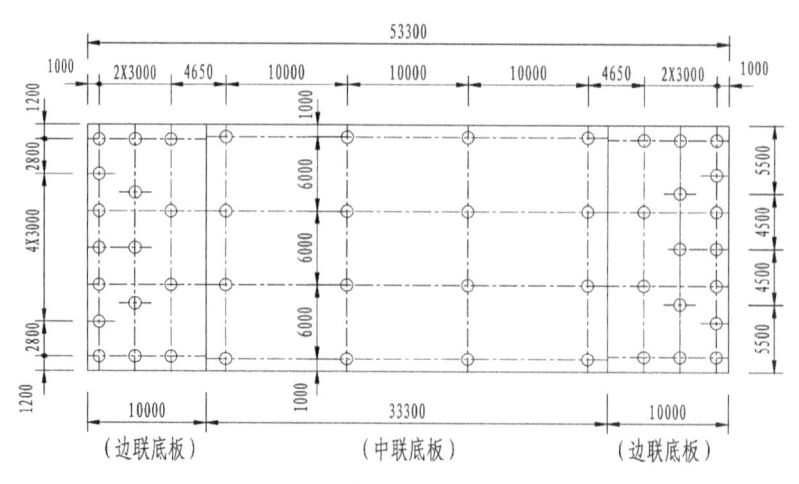

图 1-19 底板桩基布置（分离式结构）

②整体式底板结构

为降低施工期受温度应力及桩基沉降变形附加应力的影响，采用两侧闸墩边联与中联底板设置后浇带分离浇筑。在两侧闸墩浇筑至墩顶11.00m高程后，再对两侧边联与中联底板进行并缝，故两侧边联桩基需满足承受并缝前上部荷载要求。同时，考虑到闸室水平荷载均直接作用于两侧闸墩上，增加靠近闸墩处桩基同样有利于减小由水平荷载引起的底板内力，对结构安全有利。

根据上述原则计算，对并缝前边联闸墩处底板仍采用三排桩，桩径、承台宽度不变，前排6根桩，中排4根桩，后排4根桩，单侧边联共计14根桩，两侧边联总桩数为28根；中联底板与前述分离式底板相同，共16根桩。整体式闸室结构共布置44根桩。底板桩基布置（整体式方案）如图1-20所示。

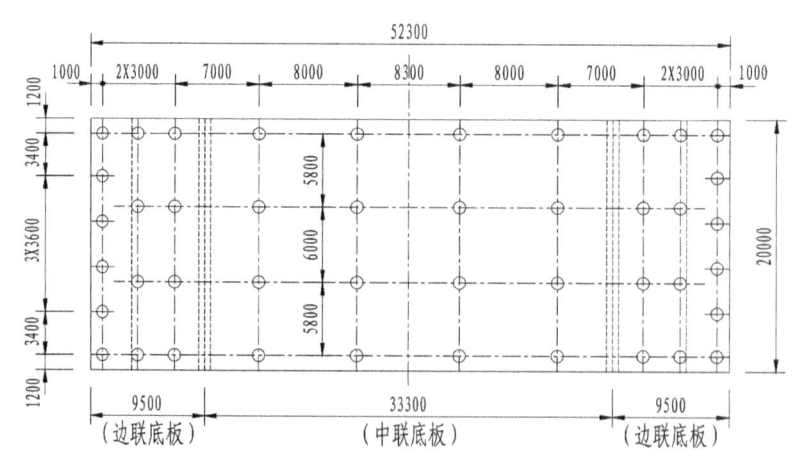

图 1-20 底板桩基布置（整体式方案）

4.整体稳定分析

根据《水闸设计规范》(SL 265—2016),闸室稳定计算包括闸室基底应力计算、抗滑稳定计算、抗浮稳定计算等。

(1)计算工况、水位及荷载

①特征水位

瑶街弄调控枢纽挡洪闸特征水位统计情况见表1-51。

表1-51 瑶街弄调控枢纽挡洪闸特征水位统计

序号	名称	单位	特征水位	备注
一	上游水位			
1	10年一遇最高水位(汛期)	m	3.59	度汛标准
2	50年一遇最高水位(全年)	m	4.04	设计标准
3	100年一遇最高水位(全年)	m	4.29	校核标准
4	挡洪闸最高通航水位	m	1.33	
5	挡洪闸最低通航水位	m	0.33	
二	下游水位			
1	10年一遇最高水位(汛期)	m	3.59	度汛标准
2	50年一遇最高水位(全年)	m	3.96	设计标准
3	100年一遇最高水位(全年)	m	4.11	校核标准
4	挡洪闸最高通航水位	m	1.33	
5	挡洪闸最低通航水位	m	0.33	

②挡水工况分析

在正常设计工况下,瑶街弄调控枢纽最大挡水水头仅0.46m;当余姚站水位超过2.90m,上游水位超过3.70m,削峰闸和挡洪闸均关闭时,在余姚站至瑶街弄调控枢纽间无任何区间汇水及水面坡降情况下,可能出现的最大水头差也仅为0.80m。工程设计取瑶街弄调控枢纽挡洪闸最大挡水水头0.80m,相应上游水位3.70m,下游水位2.90m。

③计算工况与荷载组合

水闸闸室应力分析荷载组合见表1-52,各计算工况采用的水闸内外水位见表1-53。

表 1-52　水闸闸室应力分析荷载组合

荷载组合	计算工况	荷载
基本组合	完建情况	自重
	正常蓄水位情况	自重+水重+静水压力+扬压力+风压力+浪压力
	设计洪水位情况	自重+水重+静水压力+扬压力+风压力+浪压力+淤压
	挡洪情况	自重+水重+静水压力+扬压力+风压力+浪压力+淤压
特殊组合	校核洪水位情况	自重+水重+静水压力+扬压力+风压力+浪压力+淤压
	检修情况	自重+扬压力+风压力+浪压力+淤压

注：挡洪情况指挡洪闸关闸、削峰闸未开启时的上、下游水位最不利工况。

表 1-53　各计算工况采用的水闸内外水位

荷载组合	计算情况	上游水位（m）	下游水位（m）	备注
基本组合	完建情况	不考虑	不考虑	
	正常蓄水位情况	1.03	1.03	
	设计洪水位情况	4.04	3.96	
	挡洪情况	3.70	2.90	挡洪闸关闭、削峰闸未开启时
特殊组合	校核洪水位情况	4.29	4.11	
	检修情况	—	—	扬压力考虑水位与底板齐平

④分项荷载

水闸结构及上部结构自重：按其几何尺寸及材料重度计算确定。金属结构自重见表 1-54。

表 1-54　金属结构自重

项目名称	数量	闸门 单重/总重（t）	门槽 单重/总重（t）	启闭设备 型式	启闭设备 单重/总重（t）
挡洪闸工作闸门	1	340.0/340.0	30.0/30.0	卷扬式启闭机	50.0/50.0

水重：按其体积及重度计算确定。姚江含沙量极小，水密度取 $\rho=1000\text{kg/m}^3$。

静水压力：根据水闸不同运行情况时的上、下游水位组合条件计算确定。

扬压力：本工程为典型的软基水闸。根据《水闸设计规范》（SL 265—2016）规定，土基上水闸的渗透压力采用改进阻力系数法计算。不同工况下水闸底板扬压力计算水头见表 1-55。

表 1-55　不同工况下水闸底板扬压力计算水头

计算工况	浮托力（m）	渗透压力（m）
正常蓄水位情况（地震情况）	1.03	—
设计洪水位情况	3.96	4.04～3.96
校核洪水位情况	4.11	4.39～4.11
挡洪情况	2.90	3.70～2.90

风压力：根据《水工建筑物荷载设计规范》（SL 744—2016），垂直作用于建筑物表面的风荷载计算结果见挡洪闸风荷载计算（表1-56），基本风压取0.5 kN/m²。

表 1-56　挡洪闸风荷载计算

项目	闸门开启工况	闸门关闭工况
基本风压 ω（kN/m²）	0.5	0.5
风荷载体形系数 μ_s	1.40	1.40
高度 z 处的风振系数 β_z	1.00	1.00
风压高度变化系数 μ_z	1.06	1.06
风荷载标准值（kN/m²）	0.74	0.74
风荷载作用面积（m²）	845	470
风压力（kN）	625.33	347.82

浪压力：计算成果参数见波浪要素计算参数表（表1-57）、波浪要素表（表1-58）、波浪计算高度表（表1-59）。根据《水闸设计规范》（SL 265—2016），计算可得浪压力 P1＝7.16kN/m，作用于挡洪闸上的浪压力为324kN。

表 1-57　波浪要素计算参数

设计频率	计算风速 V（m/s）	风区长度 D（m）	平均水深 H（m）	闸前水深 H（m）
2%	18.5	400	6.94	7.71

表 1-58　波浪要素

设计频率	hm（m）	Tm（s）	Lm（m）
2%	0.19	1.91	5.72

表 1-59 波浪计算高度

设计频率	hp (m)	hz (m)	Hk (m)	$hp+hz$ (m)
2%	0.409	0.091	0.44	0.50

荷载分项系数：参见荷载分项系数表（表1-60）。

表 1-60 荷载分项系数

编号	分项荷载名称	分项荷载系数取值
1	结构自重	1.00
2	设备自重	对结构不利为 1.05，有利为 0.95
3	水重	1.00
4	静水压力	1.00
5	扬压力	浮托力 1.00，渗透压力 1.20
6	风压力	1.30
7	浪压力	1.20

（2）桩基承载力计算

①钻孔灌注桩桩基竖向承载力计算

根据《建筑桩基技术规范》（JGJ 94-2008），单桩竖向极限承载力标准值按以下公式计算：

$$Q_{uk}=Q_{sk}+Q_{pk}=\mu \sum \psi_{si}q_{sik}l_i+\psi_p q_{pk}A_p$$

水闸基础下部各土层参数见瑶街弄调控枢纽地基土参数表（表1-61）。

表 1-61 瑶街弄调控枢纽地基土参数

土层名称	地基承载力特征值（kPa）	钻孔灌注桩 极限侧阻力标准值（kPa）	钻孔灌注桩 极限端阻力标准值（kPa）
①填土	100	/	/
②-1 粉质黏土	85	6.5	/
②-2 粉土	80	5.0	/
③-1 淤泥质黏土	70	5.5	/
③-2 淤泥质粉质黏土	70	5.5	/

续表

土层名称	地基承载力特征值（kPa）	钻孔灌注桩 极限侧阻力标准值（kPa）	钻孔灌注桩 极限端阻力标准值（kPa）
③-nt 泥炭质土	/	/	/
④-1 粉质黏土	150		18.0
④-2 粉质黏土	180		20.0
④-3 含细砂粉质黏土	200		25.0
⑤ 黏土	160		21.0
⑥ 粉质黏土	170		22.0
⑦ 含粉质黏土圆砾	210		28.0
⑧-1 全风化凝灰岩	230		27.0
⑧-2 强风化凝灰岩	700	5	40.0
⑧-3 弱风化凝灰岩		24	/

桩基竖向承载力计算结果如下。

按桩侧阻力与桩端阻力计算竖向承载力，水闸下部钻孔灌注桩，桩径均采用1.00m，桩长51.50～55.00m，桩尖进入弱风化凝灰岩层不小于0.50m。取单桩饱和抗压强度最小值18.0MPa计算桩端阻力。单桩竖向承载力特征值为8100kN。

按压屈稳定计算，单桩竖向承载力特征值为7850kN。

经计算，桩身最大弯矩为420kN·m，按照压弯构件复核桩身截面允许承受最大竖向力为6060kN。

综上所述，单桩承载力特征值取三者最小值，为6060kN。

②钻孔灌注桩桩基水平承载力计算

根据《建筑桩基技术规范》（JGJ 94—2018），桩身配筋率不小于0.65%的灌注桩单桩水平承载力特征值按以下公式计算：

$$R_{ha} = 0.75 \frac{\alpha^3 EI}{v_x} x_{0a}$$

本工程构筑物对水平位移较敏感，桩顶水平位移允许值按5mm控制。由桩基水平承载力主要影响范围内的土层参数计算，m值为2.85，进而求得桩基水平承载力为183kN。

（3）稳定计算公式

①基底应力

根据水闸布置及永久分缝情况，水闸结构布置及受力情况不对称时，基底应力计算公式为：

$$P_{\min}^{\max} = \frac{\sum G}{A} \pm \frac{\sum M_x}{W_x} \pm \frac{\sum M_y}{W_y}$$

②抗滑稳定

土基上闸室抗滑稳定计算公式为：

$$K_C = \frac{\text{tg}\phi_0 \sum G + C_0 A}{\sum H}$$

③抗浮稳定

闸室抗浮稳定计算公式为：

$$K_f = \frac{\sum V}{\sum U}$$

（4）分离式方案稳定计算

①受力计算结果

对挡洪闸边联"L"形底板、边墩结构和中联底板结构进行受力计算，边联"L"结构基底受力计算成果见表1-62，中联底板基底受力计算成果见表1-63。

表1-62　边联"L"形结构基底受力计算成果

序号	工况说明	上游水位（m）	下游水位（m）	竖向力（kN）	垂直水流向弯矩（kN·m）	顺水流方向力矩（kN·m）
1	完建情况	—	—	48196	913289	908
2	正常蓄水位情况	1.03	1.03	39196	79329	-2485
3	设计洪水位情况	4.04	3.96	37188	72825	-3120
4	挡洪情况	3.70	2.90	38900	73641	-6272
5	校核洪水位情况	4.29	4.11	37188	72225	-3692

表 1-63　中联底板基底受力计算成果

序号	工况说明	上游水位（m）	下游水位（m）	竖向力（kN）	垂直水流向力矩（kN·m）
1	完建情况	—	—	28014	117
2	正常蓄水位	1.03	1.03	16808	70
3	设计洪水位情况	4.04	3.96	19205	1269
4	挡洪情况	3.70	2.90		
5	校核洪水位情况	4.29	4.11		

根据计算结果分析，挡洪闸在挡洪工况下，上、下游水位差0.8m，水平力最大，主要水平荷载为水压力、风压力、浪压力，计算值为4690kN，单侧边联承受水平荷载为2345kN。水闸基础采用D1000钻孔灌注桩，水平力主要由桩基础水平承载力承担，闸室的抗滑稳定计算转换成为桩基的水平承载能力验算。根据下文地基处理分析内容，闸基础边块"L"形底板和边墩结构基础下布设16根D1000钻孔灌注桩，不考虑群桩效应，单桩水平承载力为183kN，满足闸室抗滑稳定要求。

②地基处理

考虑到本工程桩长较长，在有利于保证成桩质量的同时又从常规桩径角度考虑，采用D1000钢筋混凝土钻孔灌注桩。

挡洪闸所受水平力基本由上部结构传递至两侧闸墩，再由闸墩传递至水闸底板。由于挡洪闸单孔跨度较大，为减小闸底板应力，考虑水平力由两侧闸墩下方桩基础承担。根据最大水平力计算成果，挡洪工况下作用在单侧闸墩上的最大水平荷载为2345kN，单桩水平承载力183kN，因此，挡洪闸单侧闸墩承受水平力的桩基础不应小于13根。根据后文变形计算结果，从控制变形角度考虑，单侧闸墩下方承受水平力的桩基础不应小于16根。

中联底板为无梁盖板，取桩距不大于10倍桩直径，底板下共布置16根钻孔灌注桩。

根据水闸下部的土层分布，对桩基的布置提出2个方案进行比较，分别为端承桩方案（桩端全嵌岩、灌注桩桩端均进入8-3弱风化凝灰岩层）、端承摩擦桩方案（灌注桩桩端持力层为6粉质黏土层），详见分离式闸室挡洪闸基础桩基方案比选表（表1-64）。

表 1-64　分离式闸室挡洪闸基础桩基方案比选表

方案	端承桩方案（全嵌岩）	端承摩擦桩方案（以 6 层作为持力层）
桩数	16＋16＋16	21＋16＋21
单桩桩长（m）	53	39
桩端土层	8-3 弱风化凝灰岩层	6 粉质黏土层
水闸承受总水平力（kN）	4690	
单桩承受最大水平力（kN）	167	112
单桩水平承载力（kN）	183	183
水闸承受总竖向力（kN）	48196（边块"L"形结构）	
单桩承受平均竖向力（kN）	3012	2296
单桩承受最大竖向力（kN）	3633	2677
单桩竖向承载力（kN）	6060	2562
方案灌注桩总投资（万元）	484	414
可比投资差值（万元）	0	-70
备注	1. 桩端进入 8-3 弱风化凝灰岩层 0.5m； 2. 单桩水平承载力 183kN。	1. 桩端进入 6 粉质黏土层； 2. 单桩水平承载力 183kN。

由上表可知，嵌岩桩方案工程投资略大于端承摩擦桩方案，但总体投资相差不大。从竖向承载力富余来看，嵌岩桩承载比仅50%，而端承摩擦桩方案则达到86%。从桩基竖向承载力安全储备来看，嵌岩桩优势明显。从后期沉降变形来看，嵌岩桩基方案将远小于端承摩擦桩方案。

综合上述分析，本工程为单跨45m大孔口重要水闸，嵌岩桩方案在安全性上明显优于端承摩擦桩方案，更有利于水闸建成后的安全稳定运行，在投资相差较小的情况下，嵌岩桩方案优势明显。因此，挡洪闸桩基方案采用桩径1m、桩端进入弱风化凝灰岩层不小于0.50m的嵌岩桩方案。

根据桩基布置方案，分离式底板边块"L"形结构下共布置16根桩径1m钻孔灌注桩，桩基经刚度调平优化布置后，将基底应力力矩换算成对下部桩群型心主轴力矩，通过桩群型心主轴力矩见表1-65。

表 1-65 通过桩群型心主轴力矩

序号	工况说明	上游水位（m）	下游水位（m）	竖向力（kN）	垂直水流方向力矩（kN·m）	顺水流方向力矩（kN·m）
1	完建工况	—	—	48196	16022	908
2	正常蓄水位工况	1.03	1.03	39196	18084	−2485
3	设计洪水位工况	4.04	3.96	37188	14718	−3120
4	挡洪工况	3.70	2.90	38900	12859	−6272
5	校核洪水位工况	4.29	4.11	37188	14118	−3692

桩基竖向力计算结果见表1-66：

表 1-66 桩基竖向力计算

序号	工况说明	上游水位（m）	下游水位（m）	最大竖向力（kN）
1	完建情况	—	—	3633
2	正常蓄水位情况	1.03	1.03	3171
3	设计洪水位情况	4.04	3.96	2927
4	挡洪情况	3.70	2.90	3008
5	校核洪水位情况	4.29	4.11	2912

根据水闸完建期及运行期各种荷载组合工况计算，桩基竖向承载力由完建期竖向荷载控制，水平承载力由挡洪工况控制。

单桩承受最大竖向力3435kN，小于单桩竖向承载力特征值6060kN，桩基承载力满足要求。

挡洪工况水平力为2345kN，单桩水平力147kN，小于单桩水平承载力183kN。

中块底板下部桩基，桩基数量由完建期竖向荷载控制，完建期竖向总荷载28014kN，桩间排距按7.5m×6.0m布置，则单桩竖向力为1400kN。为缓解闸室底板间不均匀沉降，中块底板下部桩基也采用嵌岩桩，桩基竖向承载力特征值为6060kN，桩基承载力满足要求。

（5）整体式方案稳定计算

①基础底板受力计算结果

按前述方法及计算公式，对挡洪闸进行整体稳定计算，各水位工况相应作用于底板的应力计算结果见挡洪闸基础应力计算成果表（表1-67）。

表1-67 挡洪闸基础应力计算成果

序号	工况说明	竖向力（kN）	顺水流方向力矩（kN·m）	平均应力（kN/m²）	最大应力（kN/m²）	最小应力（kN/m²）	应力比
1	完建情况	133560	2142	128.30	127.07	127.69	1.01
2	正常蓄水位情况	100410	-12410	99.55	92.44	95.99	1.08
3	设计洪水位情况	97453	-12468	96.74	89.59	93.17	1.08
4	挡洪情况	101655	-42125	109.27	85.10	97.18	1.28
5	校核洪水位情况	114069	-15460	98.27	89.40	93.83	1.10

根据上述工况计算，挡洪闸在挡洪工况下，上、下游水位差0.80m，水平力最大，主要水平荷载为水压力、风压力、浪压力，计算值为4690kN。由于水闸基础拟采用D1000钻孔灌注桩，因此，水平力主要由桩基础水平承载力承担。根据桩基承载力计算结果，闸基础共布设44根D1000钢筋混凝土钻孔灌注桩，不考虑群桩效应，单桩水平承载力为183kN，满足闸室抗水平荷载稳定要求。

②地基处理设计

考虑施工期受温度应力及桩基沉降变形附加应力对整体式闸室底板结构的影响，采用两侧闸墩边联与中联底板设置后浇带分离浇筑，在两侧闸墩浇筑至墩顶11.0m高程后，再对两侧边联与中联底板进行并缝。故两侧边联桩基需满足承受并缝前上部荷载要求。考虑到闸室水平荷载均直接作用于两侧闸墩上，增加靠近闸墩处桩基同样有利于减小底板由水平荷载引起的内力，对结构安全有利。

按上述原则对并缝前边联闸墩处底板仍采用三排桩，桩径、承台宽度不变，前排6根桩，中排4根桩，后排4根桩，单侧边联共计14根桩，两边联总桩数为28根。根据水闸下部的土层分布，对桩基的布置提出三个方案进行比较，分别为端承桩方案（桩端全嵌岩、灌注桩桩端均进入8-3弱风化凝灰岩层）、端承摩擦桩方案（灌注桩桩端持力层为6粉质黏土层）、端承摩擦桩方案（灌注桩桩端持力层为5黏土层）。整体式挡洪闸桩基布桩方案比选见表1-68。

表1-68 整体式挡洪闸桩基布桩方案比选

方案	端承桩（全嵌岩）	端承摩擦桩（以6层作为持力层）	端承摩擦桩（以5层作为持力层）
桩数	14＋16＋14	18＋16＋18	21＋18＋21
单桩桩长（m）	53（平均）	41.5	28.5
桩端土层	8-3弱风化凝灰岩层	6粉质黏土层	5黏土层
水闸承受总水平力（kN）	4690		
单桩承受最大水平力（kN）	106	90	81
单桩水平承载力（kN）	183	183	183
水闸承受总竖向力（kN）	133560（整体完建工况）/38172.5（底板施工并缝之前边块）		
单桩承受平均竖向力（kN）	3035（整体完建）	2570（整体完建）	2226（整体完建）
单桩承受最大竖向力（kN）	3668（底板并缝之前）	2895（底板并缝之前）	2970（底板并缝之前）
单桩竖向承载力（kN）	6060	2724	2530
承载比	0.500	0.943	0.880
灌注桩总投资（万元）	439	394.9	424.3
投资差值（万元）	0	－44.1	－14.9
备注	1.桩端进入8-3弱风化凝灰岩层0.5m；2.单桩水平承载力183kN。	1.控制工况为施工边墩浇至11.0m高程，未并缝；2.桩底高程进入6粉质黏土层；3.单桩水平承载力183kN。	1.控制工况为施工边墩浇至11.0m高程，未并缝；2.桩底高程进入6粉质黏土层；3.单桩水平承载力183kN。

由上表分析可知，方案一嵌岩桩方案在投资上略大于方案二、方案三，但差距很小。从竖向承载力安全储备来看，嵌岩桩承载比仅50%，而方案二、方案三端承摩擦桩方案则分别达到94.3%和88%，嵌岩桩优势明显。从后期沉降变形来看，嵌岩桩方案将远小于端承摩擦桩方案。同时，嵌岩桩方案在桩基线刚度的大小及一致性都将明显优于端承摩擦桩方案。对于跨度达到45.3m的闸室底板，桩基线刚度的大小和一致性将对底板内力产生明显影响（见后文分析），从而影响底板的配筋量和抗（限）裂性能。若考虑底板配筋量的影响，嵌岩桩方案从闸室总体投资上与端承摩擦桩方案相差无几。

综合上述分析，嵌岩桩方案在安全性上明显优于端承摩擦桩方案，更有利于水闸建成后的安全稳定运行，在投资相差较小的情况下，嵌岩桩方案优势明显，因此，挡洪闸桩基方案采用桩径1m、桩端进入弱风化凝灰岩层不小于0.50m的嵌岩桩方案。

水闸下部钻孔灌注桩桩径1m，桩端持力层为弱风化凝灰岩，根据地质情况，平均桩长约53.0m。经计算，单桩竖向承载力特征值为6060kN，单桩水平承载力值为183kN（桩顶水平位移按5mm控制）。

挡洪闸底板及闸墩为大体积混凝土，底板（52.30m长度方向）分9.50m、33.50m、9.50m三部分施工，考虑闸墩浇筑完成后，并缝浇筑成完整的水闸底板及闸墩的工况，分析并缝前底板及边墩的竖向力及并缝后的竖向力，进行桩基布置。

根据"闸室方案拟定"章节边块呈"L"形结构，下部共布置14根桩径1m钻孔灌注桩，桩基经刚度调平优化布置后（6+4+4三排布置），将基底应力、力矩换算成对下部桩群型心主轴力矩，见通过桩群型心主轴力矩表（表1-69），计算各工况下桩基竖向力，结果参见桩基竖向力计算表（表1-70）。

表1-69 通过桩群型心主轴力矩

序号	工况说明	上游水位（m）	下游水位（m）	竖向力（kN）	偏心力矩（kN·m）
1	闸墩浇筑完成，并缝前	—	—	38173	32012

表1-70 桩基竖向力计算

序号	工况说明	上游水位（m）	下游水位（m）	平均竖向力（kN）	最大竖向力（kN）
1	闸墩浇筑完成，并缝前	—	—	2727	3668

中块底板浇筑完成情况下，底板下部共布置16根桩径1m钻孔灌注桩，总竖向力为41625kN，平均单桩竖向力为2600kN。

在完建工况下，挡洪闸下部共布置44根桩径1m钻孔灌注桩，总竖向力为133560kN，平均单桩竖向力为3035kN，最大单桩竖向力3046kN。

根据水闸施工期、完建期及运行期各种荷载组合工况计算，单桩承受最大竖向力3668kN，小于单桩竖向承载力特征值6060kN，桩基承载力满足要求。挡洪工况水平力为4690kN，两侧闸墩基础下单桩水平力167kN，小于单桩水平承载力183kN。

（6）小结

分离式方案、整体式方案的闸室整体稳定均能满足规范要求。分离式方案考虑边联闸室完全承担水平力，其布桩数量稍大于整体式方案。

经技术经济比较，无论是分离式方案还是整体式方案，嵌岩桩方案相较于摩擦桩方案，投资相差均较小，而嵌岩桩方案在竖向承载力安全储备、控制闸室沉降、控制底板附加应力、底板混凝土抗（限）裂方面具有明显优势，从闸室安全性角度，推荐嵌岩桩方案作为挡洪闸的桩基方案。

5.结构内力分析

（1）结构力学法分析

①分离式方案

采用结构力学方法对挡洪闸分离式底板结构的内力进行分析计算，闸底板和闸墩均作为梁、杆系来模拟，桩基础采用桩弹簧进行模拟。工况及荷载组合参见表1-71。

表1-71 工况及荷载组合

荷载组合	工况	计算工况	荷载	备注
基本组合	工况1	下部结构完建情况	自重	
	工况2	上部房建完建情况	自重＋闸门重＋上部连廊荷载	上部房建荷载以100kPa均布力施加丁墩顶，闸门重340t，连廊重65t
	工况3	正常使用情况	自重＋闸门重＋上部连廊荷载＋水重＋静水压力＋扬压力	水位为1.03m，考虑利用缝间水压力来平衡闸墩所受水平水压力

边联底板：由于边联底板按梁的跨高比l/h为3.8，即2＜l/h＜5，为深受弯构件中的短梁，其截面应力的分布已不符合线性分布，故应按弹性理论计算其应力和内力，本次不采用结构力学法进行简化。

中联底板：中联工况1、工况2结构力学计算（分离式方案）如图1-21所示，中联工况3结构力学计算（分离式方案）如图1-22所示。自重通过均布荷载进行施加。

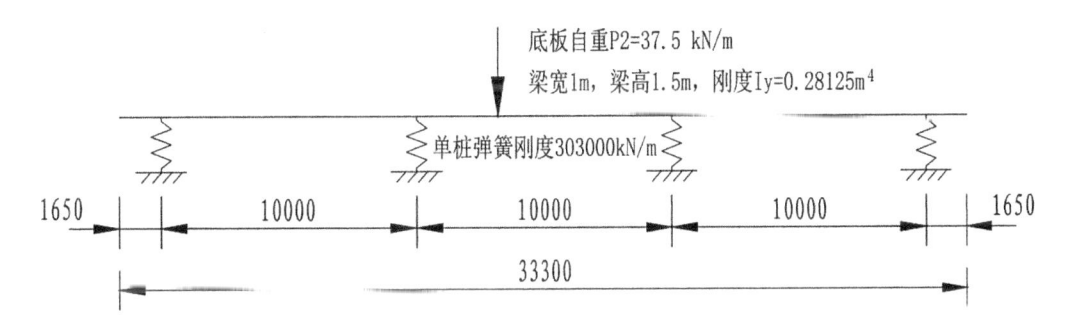

图1-21 中联工况1、工况2结构力学计算（分离式方案）

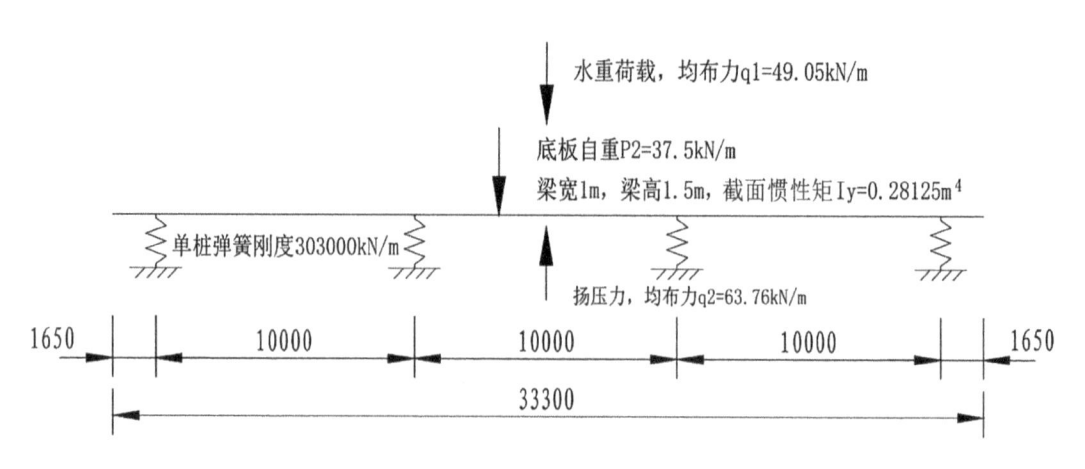

图 1-22　中联工况 3 结构力学计算（分离式方案）

经计算，工况 1、工况 2 的最大单宽弯矩值发生在靠近底板边跨跨中位置，为 378.78kN·m；工况 3 的单宽弯矩最大值发生在相同位置，为 230.15kN·m。

底板最大单宽弯矩值 378.78kN·m，经配筋计算，底板钢筋面积为 868mm²，配筋率 $\rho = 0.058\% < \rho_{min} = 0.2\%$，底板按最小配筋率进行配筋即可满足极限承载力要求。底板实配 7Φ25，钢筋面积为 3436mm²，满足极限承载力和最小配筋率要求。

根据正截面抗裂验算，最大弯矩值 $M_k \leq \gamma_m \alpha_{ct} f_{tk} W_0 = 933.06$kN·m，即底板配筋能满足抗裂要求。

②整体式方案

整体式方案底板按梁的跨高比 l/h 为 20.92，为一般梁，用结构力学公式计算梁的内力和应力，自重通过均布荷载进行施加。结构计算的简化假定如下。

挡洪闸底板结构简化为一根连续梁，闸墩结构不进行建模，桩基础采用弹簧进行模拟。

考虑到闸墩高度、厚度较大，其刚度远大于底板，因此将闸墩位置底板简化到中轴时，该处底板的刚度取其他位置刚度的 100 倍，考虑到该位置的内力结果不准确，在后续处理时仅取两侧闸墩中间的底板作为分析对象。

中联底板顺水流方向上取单宽底板作为分析对象。

整体式方案的内力计算工况与分离式方案相同。三个工况的最大单宽弯矩值均发生在底板靠近闸墩位置，其中工况 1 单宽最大弯矩值为 -1135.94kN·m；工况 2 单宽最大弯矩值为 -1569.73kN·m；由于底板受到浮托力作用，工况 3 最大单宽弯矩值比工况 2 有所减小，为 -1495.78kN·m。

由上述底板最大单宽弯矩值-1569.73kN·m，经配筋计算可得，底板钢筋面积为2046mm²，配筋率$\rho = 0.082\% < \rho_{min} = 0.2\%$，底板按最小配筋率进行配筋即可满足极限承载力要求。底板实配7Φ32，钢筋面积为5630mm²，满足极限承载力和最小配筋率要求。

根据正截面抗裂验算，最大弯矩值$M_k \leq \gamma_m \alpha_{ct} f_{tk} W_0 = 2758.5$kN·m，即底板配筋能满足抗裂要求。

（2）有限元法分析

①分析软件

考虑到挡洪闸墩宽板厚，以及桩基简化为弹性支座等原因，结构力学法在计算时存在一定误差，故采用有限元法对结构内力进一步分析复核。计算软件采用大型通用商业有限元软件MIDAS-GTs NX。

②分离式方案

边联底板：

闸室结构及桩基础等采用线弹性本构模型来模拟，结构及桩基物理力学参数见表1-72，其中桩基的弹性模量按桩顶竖向位移达40mm时桩基正好达到极限承载力的经验关系换算而得。

表1-72 结构及桩基物理力学参数

结构	弹性模量（kPa）	泊松比	密度（kg/m³）	截面惯性矩（m⁴）	直径（m）
闸墩、底板（C30混凝土）	3.00e7	0.167	2500	—	—
1.0m桩基（C30混凝土）	1.93e7	0.167	2500	0.049	1.0

模型边界条件：灌注桩底部采用全约束。

工况及荷载组合参见表1-73。

表1-73 工况及荷载组合

荷载组合	计算工况	荷载	备注
基本组合	下部结构完建情况	自重	工况1
	上部房建完建情况	自重+闸门重	工况2：上部房建荷载以100kPa均布力施加于墩顶，闸门重340t，连廊重65t
	正常使用情况	自重+闸门重+水重+静水压力+扬压力+风压力	工况3：考虑利用缝间水压力来平衡闸墩所受水平水压力

水闸结构应力有限元计算成果如下。

水闸应力：三种工况下闸室结构第一主应力极值均发生在桩基和底板的连接位置，且影响范围很小，为截面突变位置的应力集中现象，其数值不作为评价对象，且底板、闸墩绝大多数部位的第一主应力均小于0.5MPa，远小于混凝土的极限抗拉强度，底板不会发生开裂。

桩基内力：计算结果详见分离式水闸边联桩基轴力值汇总表（表1-74）。工况2下闸室边联的桩基轴力值最大，桩基内力最大值达3451kN，工况3下由于底板受到浮托力作用，闸室边联的桩基内力有所减小。但三个工况下桩基的轴力值均明显小于桩基承载力特征值6060kN，即桩基受压承载力满足规范要求。

表1-74 分离式水闸边联桩基轴力值汇总

工况组合	桩基轴力值（kN）	
	最大/最小值	比值
工况1	2617/1355	1.93
工况2	3451/1510	2.29
工况3	3038/1008	3.01

通过采用有限元程序计算出的节点应力场提取截面应力，进行节点应力插值，然后将这些应力值在截面上进行积分计算，转化成截面内力，用于配筋计算。底板弯矩值（边联闸室）见表1-75。

表1-75 底板弯矩值（边联闸室）

编号	计算工况	弯矩最大值（kN·m）	发生位置
1	工况1	-92.81	靠近分缝的支座位置
2	工况2	149.37	靠近闸墩的支座位置
3	工况3	131.08	靠近闸墩的支座位置

由上述底板最大单宽弯矩值149.37kN·m，经配筋计算可得，底板钢筋面积为341mm²，配筋率$\rho=0.014\%<\rho_{min}=0.2\%$。底板按最小配筋率进行配筋即可满足极限承载力要求。底板实配7Φ32，钢筋面积为5630mm²，满足极限承载力和最小配筋率要求。

根据正截面抗裂验算，最大弯矩值$M_k \leq \gamma_m \alpha_{ct} f_{tk} W_0 = 2758.5$kN·m，即底板配筋能满足抗裂要求。

综上所述，分离式方案的边联闸室应力、桩基受压承载力满足规范要求。

中联底板：

中联闸室的材料参数、荷载及边界条件与边联闸室相同，不再赘述。水闸结构应力有限元计算成果和分析如下。

水闸应力：底板底部在完建工况下由于自重产生了拉压力，在通水工况下拉应力有所减小。三种工况下闸室结构第一主应力极值均发生在桩基和底板的连接位置，且影响范围很小，为截面突变位置的应力集中现象，其数值不作为评价对象，且中联底板绝大多数部位的第一主应力均小于1.0MPa，小于混凝土的极限抗拉强度，底板不会发生开裂。

桩基内力：计算结果见分离式水闸中联桩基轴力值汇总表（表1-76）。

表1-76 分离式水闸中联桩基轴力值汇总

工况组合	桩基轴力值（kN）	
	最大/最小值	比值
工况1、工况2	1976/1148	1.72
工况3	1201/697	1.72

工况1、工况2下闸室边联的桩基轴力值最大，桩基内力最大值达1976kN，工况3下由于底板受到浮托力作用，闸室边联的桩基内力有所减小。但三个工况下桩基的轴力值均明显小于桩基承载力特征值6060kN，即桩基受压承载力满足规范要求。经程序进行积分计算，三个工况下的弯矩见底板弯矩值（中联闸室）表（表1-77）。

表1-77 底板弯矩值（中联闸室）

编号	计算工况	弯矩最大值（kN·m）	发生位置
1	工况1、工况2	285.95	底板跨中位置
2	工况3	173.58	底板跨中位置

底板最大单宽弯矩为285.95kN·m，小于结构力学计算值，按前述结构力学法进行配筋即可。

综上所述，分离式方案的中联闸室应力及桩基受压承载力满足规范要求。

③整体式方案

水闸结构应力有限元计算结果和分析如下。

水闸应力：三种工况下闸室结构第一主应力极值均发生在桩基和底板的连接位置，

且影响范围很小，为截面突变位置的应力集中现象，其数值不作为评价对象。工况3下底板上表面的拉应力最大，但其第一主应力最大值均小于1.4MPa，小于混凝土的极限抗拉抗压强度，底板不会发生开裂。

桩基内力计算结果详见整体式水闸边联桩基轴力值汇总表（表1-78）。

表1-78 整体式水闸边联桩基轴力值汇总

工况组合	桩基轴力值（kN）	
	最大/最小值	比值
工况1	2905/2245	1.30
工况2	3722/2153	1.73
工况3	3230/1163	2.78

工况2下整体式闸室的桩基轴力值最大，桩基内力最大值达3722kN，工况3下由于底板受到浮托力作用，闸室的桩基内力有所减小。但三个工况下桩基的轴力值均明显小于桩基承载力特征值6060kN，即桩基受压承载力满足规范要求。

经程序进行积分计算，三个工况下的单宽最大弯矩值见表1-79。

表1-79 三种工况下单宽最大弯矩计算值

编号	计算工况	弯矩最大值（kN·m）	发生位置
1	工况1	-953.35	靠近闸墩支座位置
2	工况2	-1421.75	靠近闸墩支座位置
3	工况3	-1392.65	靠近闸墩支座位置

有限元计算得出底板最大弯矩值-1421.75kN·m，小于结构力学计算值，按前述结构力学法进行配筋即可。

综上所述，整体式方案的闸室应力及桩基受压承载力满足规范要求。

（3）配筋计算

将分离式方案和整体式方案按结构力学法和有限元法计算的闸室底板内力值（弯矩值）进行汇总，其结果详见两种方法内力计算成果对比表（表1-80）。

表 1-80 两种方法内力计算成果对比

结构方案	计算工况	结构力学法 最大弯矩值（kN·m）	有限元法 最大弯矩值（kN·m）	最大弯矩发生位置
分离式方案 （边联）	工况1	—	−92.81	靠近分缝的支座位置
	工况2	—	149.37	靠近闸墩的支座位置
	工况3	—	131.08	靠近闸墩的支座位置
分离式方案 （中联）	工况1、工况2	378.78	285.95	底板边跨跨中位置
	工况3	230.15	173.58	底板边跨跨中位置
整体式方案	工况1	−1135.94	−953.35	靠近闸墩的支座位置
	工况2	−1569.73	−1421.75	靠近闸墩的支座位置
	工况3	−1495.78	−1392.65	靠近闸墩的支座位置

由上述弯矩对比表可知，结构力学法与有限元法计算的弯矩分布趋势、规律是一致的，但计算值存在一定差异。由于墩宽板厚、支座简化等原因，结构力学法计算时存在一定误差，弯矩计算值普遍大于有限元法计算值。为保险起见，选取结构力学法计算弯矩值进行配筋和裂缝计算。计算结果见两种方案配筋成果表（表1-81）。

表 1-81 两种方案配筋成果

结构方案	最大弯矩值 （kN·m）	承载力计算 配筋（mm²）	按最小配筋率配 筋量（mm²）	实配钢筋（每米 条宽）（mm²）	裂缝计算
分离式方案（边联）	149.37	341	5000	5630（7Φ32）	满足抗裂要求
分离式方案（中联）	378.78	868	3000	3436（7Φ25）	满足抗裂要求
整体式方案	−1569.73	2046	5000	5630（7Φ32）	满足抗裂要求

综上所述，分离式方案、整体式方案的闸室结构极限承载能力均能满足规范要求，但整体式方案下由于闸室形成一个整体，因考虑刚度要求，底板厚度较大，闸底板的内力值明显大于分离式方案。

（4）桩基竖向刚度敏感性分析

整体式方案下闸室底板受力比较复杂，若由于桩基施工等因素导致底板下实际桩基刚度不一致，将会引起底板较大附加应力，对结构安全不利，因此，需进行整体式方案桩基刚度对底板内力影响的敏感性分析。

桩基刚度对底板内力影响敏感性分析按三种计算工况考虑，见表1-82。不同工况下弯矩计算成果汇总见表1-83，三种敏感性分析工况下配筋及裂缝计算成果见表1-84。

表1-82　敏感性分析工况

工况编号	计算工况
工况a	底板下桩基刚度全部折减50%
工况b	边墩位置底板下桩基刚度折减20%，中间底板下桩基刚度不折减
工况c	边墩位置底板下桩基刚度折减50%，中间底板下桩基刚度不折减

表1-83　不同工况下弯矩计算成果汇总

敏感性分析计算工况	内力计算工况	最大弯矩值（kN·m）	最大弯矩发生位置
工况a	工况1	-1267.16	靠近闸墩的支座位置
工况a	工况2	-1821.89	靠近闸墩约1/4底板宽的支座位置
工况a	工况3	-1790.11	靠近闸墩约1/4底板宽的支座位置
工况b	工况1	-1185.91	靠近闸墩的支座位置
工况b	工况2	-1692.88	靠近闸墩约1/4底板宽的支座位置
工况b	工况3	-1662.37	靠近闸墩约1/4底板宽的支座位置
工况c	工况1	-2131.36	靠近闸墩约1/4底板宽的支座位置
工况c	工况2	-2933.22	靠近闸墩约1/4底板宽的支座位置
工况c	工况3	-2696.42	靠近闸墩约1/4底板宽的支座位置

表1-84　三种敏感性分析工况下配筋及裂缝计算成果

敏感性分析计算工况	最大弯矩值（kN·m）	承载力计算配筋量（mm²）	按最小配筋率配筋量（mm²）	实配钢筋（mm²）（每米条宽）	是否为抗裂构件	裂缝宽度（mm）	备注
工况a	-1821.89	2496	5000	5630（7Φ32）	是	—	抗裂构件
工况b	-1692.88	2317	5000	5630（7Φ32）	是	—	抗裂构件
工况c	-2933.22	4050	5000	7238（9Φ32）	否	0.265	限裂构件

由上表可知，闸室在三种偏不利桩基刚度工况下的内力值均大于前述整体式方案，其中边墩位置底板下桩基刚度折减50%的工况下闸室内力值最大，除该工况闸室底板为限裂构件，需要通过加强配筋来满足限制裂缝宽度的要求外，其他工况下闸室底板均为抗裂构件。

考虑到挡洪闸的宽度与高度均较大,又是本枢纽工程最重要的水工建筑物,应采用偏不利工况进行结构配筋计算,因此,对整体式底板方案采用上述敏感性分析中工况c的配筋成果。

(5) 小结

分离式、整体式方案配筋及裂缝计算成果见表1-85。

表1-85 分离式、整体式方案配筋及裂缝计算成果

结构方案	最大弯矩值 (kN·m)	承载力计算配筋量 (mm²)	按最小配筋率配筋量 (mm²)	实配钢筋 (mm²) (每米条宽)	是否为抗裂构件	裂缝宽度 (mm)	备注
分离式方案 (边联)	149.37	341	5000	5630 (7Φ32)	是	—	抗裂构件
分离式方案 (中联)	378.78	868	3000	3436 (7Φ25)	是	—	抗裂构件
整体式方案	-2933.22	4050	5000	7238 (9Φ32)	否	0.265	限裂构件

分离式方案下闸室结构的内力值不大,按最小配筋率进行配筋即可满足承载力要求。整体式方案下闸室结构的内力值明显大于分离式方案,且考虑到该方案后期施工中存在实际桩基刚度不一致,引起底板附加应力的不确定性,按偏不利桩基刚度工况进行配筋,以保证闸室底板结构满足承载力和限裂要求。

6.正常使用功能性分析

(1) 变形分析

①结构力学法分析

采用结构力学方法对挡洪闸分离式结构、整体式结构的内力进行变形计算。闸底板和闸墩均作为梁、杆系来模拟,桩基础采用桩弹簧进行模拟。拟定典型工况及相应荷载组合见表1-86。

表1-86 工况及荷载组合

荷载组合	编号	计算工况	荷载	备注
基本组合	工况1	闸墩上升至5.30m	自重	
	工况2	下部结构完建情况	自重	
	工况3	上部房建完建情况	自重+闸门重+上部连廊荷载	上部房建荷载以100kPa均布力施加于墩顶,闸门重340t,连廊重65t

续表

荷载组合	编号	计算工况	荷载	备注
基本组合	工况4	正常使用情况	自重+闸门重+上部连廊荷载+水重+静水压力+扬压力	水位为1.03m，考虑利用缝间水压力来平衡闸墩所受水平水压力
	工况5	水位与底板齐平情况	自重+闸门重+静水压力+扬压力+风压力	水位为-3.67m
	工况6	设计洪水位情况	自重+闸门重+水重+静水压力+扬压力+风压力	水位为4.04m

分离式方案：由于边联底板按梁的跨高比 l/h 为3.8，即 2＜l/h＜5，为深受弯构件中的短梁，已不符合结构力学相关基本假定，不采用结构力学法进行简化计算。中联（底板）位移计算结果汇总见表1-87。

表1-87　分离式方案位移成果汇总

建筑物	计算工况	最大水平位移（mm）	最大竖向位移（mm）		备注
			跨中	分缝位置	
中联（分离式方案）	工况1~工况3	0	-6.70	-3.38	三个工况是相同的，即完建工况
	工况4~工况6	0	-4.07	-2.05	通水工况

中联闸室在完建期的沉降值为3.38~6.70mm，在通水工况下沉降值为2.05~4.07mm，即通水后沉降值减少量为1.33~2.63mm，对闸室的整体稳定及闸门的正常运行影响很小。

整体式方案：位移结果见整体式方案位移成果汇总表（表1-88）。其中闸墩的最大水平位移通过闸墩底部支座沉降差推算的角度及闸墩高度计算而得。

表1-88　整体式方案位移成果汇总

建筑物	计算工况	最大水平位移（mm）	最大竖向位移（mm）	备注
		闸墩顶	闸墩顶	
整体式方案	工况1	—	—	未采用结构力学法简化
	工况2	+4.08	-10.26	水平位移"+"表示位移为往闸室外侧；竖向位移"-"表示沉降
	工况3	+7.61	-13.21	
	工况4、工况5、工况6	+8.78	-11.38	

各工况下整体式闸室的最大水平位移均发生在闸墩顶,工况2墩顶最大水平位移为4.08mm,工况3墩顶水平位移增大至7.61mm,前三个工况产生的水平位移可在施工过程中采取措施进行消除,而运行期水闸蓄水后(工况4~工况6)闸墩墩顶水平位移比工况3增大1.17mm,对水闸的整体稳定及闸门的正常运行影响很小。

各工况下整体式闸室的沉降最大值均发生在闸墩顶,且从工况2至工况3,闸室的沉降量逐渐增大。闸室在工况3的沉降量约为13.21mm,该沉降量主要在施工期完成;水闸建成后,相对于下部大体积混凝土自重荷载而言,上部结构的活荷载很小,对桩基础的压缩变形甚微;运行期(工况4~工况6)时,由于闸室受到基底浮托力作用,桩基的压缩变形有所减少,导致闸室的沉降量小于工况3,为11.38mm,变化值仅为1.83mm,对闸室的整体稳定及闸门的正常运行影响很小。

②有限元法分析

分离式方案:

三维有限元模型的建立、材料参数、荷载及边界条件与"结构内力分析"章节相同。分离式方案位移成果汇总(有限元法)见表1-89。

表1-89 分离式方案位移成果汇总(有限元法)

建筑物	计算工况	最大水平位移(mm) 闸墩顶	最大竖向位移(mm) 闸墩顶	最大竖向位移(mm) 分缝位置	备注
边联(分离式方案)	工况1	+2.77	-6.05	-3.51	水平位移"+"表示位移为往闸室外侧;竖向位移"-"表示沉降
边联(分离式方案)	工况2	+11.18	-9.44	-2.71	水平位移"+"表示位移为往闸室外侧;竖向位移"-"表示沉降
边联(分离式方案)	工况3	+17.58	-12.61	-1.98	水平位移"+"表示位移为往闸室外侧;竖向位移"-"表示沉降
边联(分离式方案)	工况4	+18.49	-11.21	-0.33	水平位移"+"表示位移为往闸室外侧;竖向位移"-"表示沉降
边联(分离式方案)	工况5	+20.53	-12.55	-0.47	水平位移"+"表示位移为往闸室外侧;竖向位移"-"表示沉降
边联(分离式方案)	工况6	+17.19	-10.36	-0.62	水平位移"+"表示位移为往闸室外侧;竖向位移"-"表示沉降
中联(分离式方案)	工况1~工况3	+0.40	-7.24	-3.22	三个工况是相同的,即完建工况
中联(分离式方案)	工况4~工况6	+0.25	-4.40	-1.95	三个工况是相同的,即通水工况

分离式方案的水平位移和沉降均主要在施工期完成,运行期变形较小,不会对闸门的正常运行带来问题。

整体式方案：

三维有限元模型的建立、材料参数、荷载及边界条件与"结构内力分析"章节相同。整体式方案位移成果汇总（有限元法）见表1-90。

表1-90 整体式方案位移成果汇总（有限元法）

建筑物	计算工况	最大水平位移（mm）闸墩顶	最大竖向位移（mm）闸墩顶	备注
整体式方案	工况1	+6.11	-8.32	底板未并缝
	工况2	+3.62	-10.09	水平位移"+"表示位移为往闸室外侧；竖向位移"-"表示沉降
	工况3	+7.34	-13.12	
	工况4	+8.67	-11.61	
	工况5	+9.94	-12.62	
	工况6	+7.85	-10.97	

整体式方案下闸室绝大部分水平位移能通过施工措施消除，闸室的沉降值主要在施工期完成，故运行期的水平位移及沉降值均较小，对闸室的整体稳定及闸门的正常运行影响很小。

③小结

将分离式方案和整体式方案按结构力学法和有限元法计算的闸室变形值进行汇总，详见分离式方案位移成果对比表（表1-91）。

表1-91 分离式方案位移成果对比

建筑物	计算工况	结构力学法 最大水平位移（mm）闸墩顶	结构力学法 最大竖向位移（mm）闸墩顶	结构力学法 最大竖向位移（mm）分缝位置	有限元法 最大水平位移（mm）闸墩顶	有限元法 最大竖向位移（mm）闸墩顶	有限元法 最大竖向位移（mm）分缝位置
边联（分离式方案）	工况1	—	—	—	+2.77	-6.05	-3.51
	工况2	—	—	—	+11.18	-9.44	-2.71
	工况3	—	—	—	+17.58	-12.61	-1.98
	工况4	—	—	—	+18.49	-11.21	-0.33
	工况5	—	—	—	+20.53	-12.55	-0.47
	工况6	—	—	—	+17.19	-10.36	-0.62
中联（分离式方案）	工况1~工况3	0	-6.70	-3.38	+0.40	-7.24	-3.22
	工况4~工况6	0	-4.07	-2.05	+0.25	-4.40	-1.95

由整体式方案位移成果对比表（表1-92）可知，结构力学法的位移计算值与有限元法的位移计算值基本接近。考虑到闸墩宽度为3.50m，底板厚度达2.50m，将底板简化为杆件结构时，其截面的尺寸与宽高比等已不满足结构力学中对于结构简化为杆件的基本假定，且闸墩未进行杆件模拟，仅对墩下底板考虑了闸墩的刚度影响，因此，位移计算结果必然与实际情况有一定偏差。而有限元法将闸墩、底板均按实体结构进行三维建模，桩基采用梁单元进行模拟，荷载按实际位置施加，约束施加更灵活合理，其计算方法更加符合实际情况，故认为有限元法计算的位移结果更为可信。

表1-92 整体式方案位移成果对比

建筑物	计算工况	结构力学法 最大水平位移（mm）	结构力学法 最大竖向位移（mm）	有限元法 最大水平位移（mm）	有限元法 最大竖向位移（mm）
整体式方案	工况1	—	—	+6.11	−8.32
整体式方案	工况2	+4.08	−10.26	+3.62	−10.09
整体式方案	工况3	+7.61	−13.21	+7.34	−13.12
整体式方案	工况4	+8.78	−11.38	+8.67	−11.61
整体式方案	工况5	+8.78	−11.38	+9.94	−12.62
整体式方案	工况6			+7.85	−10.97

综上所述，分离式方案、整体式方案的闸室变形均能满足规范及正常使用要求，但整体式方案下由于闸室为整体结构，闸室在施工期和运行期的变形相对分离式方案均较小，对结构安全性更加有利。

（2）裂缝控制分析

由于水闸闸室底板长期处在微腐蚀性的水下环境，其所在环境类别按二类环境考虑，该环境类别下钢筋混凝土结构的最大裂缝宽度限值为0.30mm。

由前述章节可知，按结构力学法计算时，分离式方案下闸室结构的内力值不大，按最小配筋率进行配筋即可满足承载力要求；整体式方案下闸室结构的内力值明显大于分离式方案，且考虑到该方案下施工存在实际桩基刚度不一致，引起底板附加应力的不确定性，按偏不利桩基刚度工况进行配筋，以保证闸室底板结构满足承载力和限裂要求；而按有限元法计算时，分离式方案和整体式方案下闸室结构的最大拉应力值均未达到混凝土的极限抗拉强度。详见分离式、整体式方案配筋及裂缝计算成果表（表1-93）。

表1-93 分离式、整体式方案配筋及裂缝计算成果

结构方案	最大弯矩值（kN·m）	承载力计算配筋量（mm²）	按最小配筋率配筋量（mm²）	实配钢筋（每米条宽）（mm²）	是否为抗裂构件	裂缝宽度（mm）	备注
分离式方案（边联）	149.37	341	5000	5630（7Φ32）	是	—	抗裂构件
分离式方案（中联）	378.78	868	3000	3436（7Φ25）	是	—	抗裂构件
整体式方案	-2933.22	4050	5000	7238（9Φ32）	否	0.265	限裂构件

综合分析认为在施工期和运行期，分离式和整体式方案下闸室结构的裂缝控制能满足规范要求，但整体式方案的闸室底板应力较大。由敏感性分析结论可知，考虑桩基施工可能出现的刚度不一致问题后，底板的内力显著增大，故应加强底板的配筋，防止底板在偏不利情况下发生开裂而影响其正常使用功能。

根据理论计算，闸室底板满足裂缝控制要求，但考虑到挡洪闸的重要性和特殊性，闸室底板表面配置Φ6防裂钢筋网。

7.超标准工况安全分析

考虑到挡洪闸的重要性及特殊性，对挡洪闸在超标准工况下的安全性进行复核，包括超标准地震工况、超标准洪水工况、超标准风速工况、"西分"部分工程失效非常情况及船舶撞击工况等。

（1）地震工况

根据《中国地震动参数区划图》及《建筑抗震设计规范》(GB 50011—2010)，拟建场地Ⅱ类场地地震动峰值加速度为0.05g，基本地震动加速度反应谱特征周期分区为0.35s区，对应地震基本烈度为Ⅵ度。

根据《水工建筑物抗震设计规范》要求，设计烈度为6度时，可不进行抗震计算，但对1级水工建筑物，仍应采取适当的抗震措施。考虑到挡洪闸结构跨度大，边跨结构宽高比较小，属高耸型建筑物，按该规范第8.2章节要求采取相应抗震措施。

（2）超标准洪水、超标准风速工况

挡洪闸按100年一遇校核，该标准洪水超出了两岸堤防的承受能力。其上游最极端洪水位按校核洪水位4.29m，下游按2.90m。最大水头差为1.39m，按此水头差进行复核计算。

挡洪闸按50年一遇风速进行设计，若区域遭遇超标准（100年一遇）风速时，基本风压为0.6 kN/m²，按此极端风荷载进行复核。

按超标准洪水和超标准风速进行工况叠加工况下水平荷载的计算成果见水平荷载及桩数计算汇总表（表1-94）。

表1-94 水平荷载及桩数计算汇总

编号	荷载名称	单位	荷载及桩数计算值
1	水压力	kN	7099
2	浪压力	kN	372.28
3	风压力	kN	417
4	总水平荷载	kN	7888.28
5	单桩水平承载力	kN	183
6	需布置桩数	根	44

由上表可知，该工况下水平力为7888kN，需布桩44根，由前述桩基布置可知水闸的桩基水平承载力能满足规范要求，因此该工况下挡洪闸是安全的。

（3）乐安湖泵站机组无法全部开启＋削峰闸闸孔无法全部打开工况

在极端情况下，当削峰闸3孔中的2孔不能正常开启，同时乐安湖泵站4台机组中有2台不能正常运行，仍按原调度方案进行调度时，挡洪闸可能出现的最大挡水水头为1.06m。挡水水头小于上文分析的上游校核洪水位4.29m＋下游2.90m的工况组合。故此时闸室整体稳定仍能满足规范要求。

（4）船舶撞击工况

根据《船闸水工建筑物设计规范》（JTJ 307—2001）6.1.20条进行计算，船舶撞击力约为120kN，按此船舶撞击力进行复核，水闸的桩基水平承载力能满足规范要求。且挡洪闸整体刚度较大，船舶撞击力相对于大体积混凝土闸室自重比例很小，挡洪闸在船舶撞击工况下能满足自身稳定安全。

8.闸室方案比选

（1）方案比选

从结构特点、底板厚度、总桩数、施工难度、运行期变形、裂缝控制、整体安全性与投资等角度，对分离式、整体式方案进行比选，分离式、整体式方案比选汇总见表1-95。

表 1-95 分离式、整体式方案比选汇总

项目	分离式方案	整体式方案
结构特点	两边联承受水闸水平力及上部结构荷载，受力明确	闸室整体共同承担全部竖向及水平荷载
底板厚度	两侧边联 2.50m 过渡至 1.50m，中联厚度 1.50m	2.50m
总桩数（根）	48	44
施工难度	单次最大浇筑量小，温控简单	单次浇筑量大，温控难度相对较大，后浇带施工麻烦
运行期变形	1. 受并缝后上部荷载及运行期浮托力变化影响，中联与边联缝间有毫米级竖向变形，但不会影响水闸正常运行及闸室安全。 2. 运行期上部变形和沉降值稍大于整体式结构，但满足正常运行及闸室安全。	1. 整体式底板结构，并缝位置几乎无相对变形发生。 2. 运行期上部变形和沉降值小于分离式结构，对结构安全性更有利。
裂缝控制	1. 结构内力小，能够满足抗裂设计要求，桩基刚度引起的附加应力小，抗裂性好。 2. 中联底板厚度小，约束弱，温度控制简单。	1. 在桩基施工质量保证情况下，能够满足抗裂设计要求，桩基刚度变化对抗（限）裂性能有一定影响，但一般情况均能满足抗裂要求。 2. 中联底板面积与厚度较大，但约束较弱，裂缝控制相对困难；若并缝后温度应力未完全消散，容易引起收缩裂缝。
整体安全性	1. 在未知荷载下（如超标准地震荷载）安全性较整体式弱。 2. 闸墩与底板缝间跳坎（错台）最大 1.91mm，但满足底止水变形要求。	1. 存在实际桩基刚度不一致，引起底板附加应力的风险；温度应力问题。 2. 工作门底槛平整，无跳坎，水封效果好。
可比投资（万元）	852.7	933.4

（2）结论

①分离式方案、整体式方案的闸室整体稳定均能满足规范要求。

②经结构力学法及有限元法分析计算可知，分离式方案、整体式方案的承载能力极限状态结构安全性均满足规范要求。

③经结构力学法及有限元法分析计算可知，分离式方案、整体式方案的正常使用极限状态结构安全性均能满足规范及正常使用要求。

④挡洪闸在超标准地震、超标准洪水、超标准风速、"西分"部分工程失效非常情况及船舶撞击等工况下均能保证结构安全。

⑤分离式方案和整体式方案的闸室结构安全性均能满足规范要求，投资相差不大，但从运行期变形、整体安全性及该水闸的重要性和特殊性综合考虑，推荐采用整体式方案。

（3）建议

推荐方案——整体式方案的中联底板面积与厚度较大，建议做好大体积混凝土的温控防裂工作，防止底板发生开裂。

（三）超大跨度桁架平面直升门三维有限元结构研究

1.研究背景及内容

瑶街弄挡洪闸布置于姚江主河槽上，上、下游正对姚江Ⅲ级限制性航道（航道底宽45m），主要功能是在汛期下闸挡洪，平时常开且具有通航功能。挡洪闸闸室宽45.30m，考虑闸室钢护舷厚度，孔口通航净宽45.00m，底槛高程-3.67m，设置工作闸门1扇。

挡洪闸工作闸门设计工况组合为上游水位3.70m，对应下游水位2.90m，工作闸门挡水工况上、下游水头差0.80m。挡水时，闸顶高程不应低于水闸最高挡水位+波浪计算高度+相应计算超高，工程址处主风力方向，设计风速为18.5m/s，考虑门体0.30m超高，工作闸门高度设计为8.30m。由于挡洪闸设计为Ⅲ级双线限制性航道，挡洪闸有通航运行要求，考虑姚江最高通航水位1.33m，通航净高7.00m，确定通航净空顶高程8.60m；航道正常运行时，门叶锁定于11.00高程平台。

经多方案比较，工作闸门采用桁架平面直升门。该门型操作简单，动水启闭优势明显，满足功能要求，安全可靠。

桁架平面门为露顶式平面滑动钢闸门，门叶为桁架式结构，闸门面板、水平梁系结构及纵向联结系等结构材质为Q345B，闸门设置3榀水平主桁架，水平主桁架间距3.20m，主要弦杆截面为焊接组合结构，节点间距约3.80~4.00m。主支承滑块材质采用工程塑料合金，可提高支承滑块容许承载线压强，同时具有较小的水下摩擦系数。止水橡皮采用P型橡塑复合止水，橡皮基材为SF6674，止水间距约为45.70m。闸门挡水状态下总水压力为2499.8kN，单扇闸门结构重量约为340t。

在门槽顶部设置锁定装置，挡洪门平时锁定在门槽顶部11.00m高程处。闸门运行操作工况为动水整体启闭，启闭工况下上、下游水位差不大于0.30m，通过设置在24.00m高程启闭平台上的固定卷扬式启闭机对闸门进行启闭操作，额定启门力为2×2500kN，启闭机工作扬程约为16.00m，吊点距为45.00m，两台启闭机之间布置电气调频同步。瑶街弄挡洪闸设计典型参数见表1-96，瑶街弄挡洪闸闸门结构布置如图1-23所示。

表1-96 瑶街弄挡洪闸设计典型参数

序号	名称	数值
1	底槛高程（m）	-3.67
2	上游校核洪水位（m）	4.29
3	下游校核洪水位（m）	4.11
4	上游设计高水位（m）	3.70
5	下游设计低水位（m）	2.90
6	最高通航水位（m）	1.33
7	通航净高（m）	7.00
8	孔口宽度（m）	45.30
9	闸门型式	平面桁架钢闸门
10	支承型式	工程塑料合金
11	总水压力（kN）	2499.8
12	闸门重量（t）	340
13	启闭机型式	固定卷扬机
14	吊点间距（m）	45.50
15	启闭机容量（kN）	2×2500
16	操作条件	动水启闭（0.3m水头差）
17	最大扬程（m）	17.00

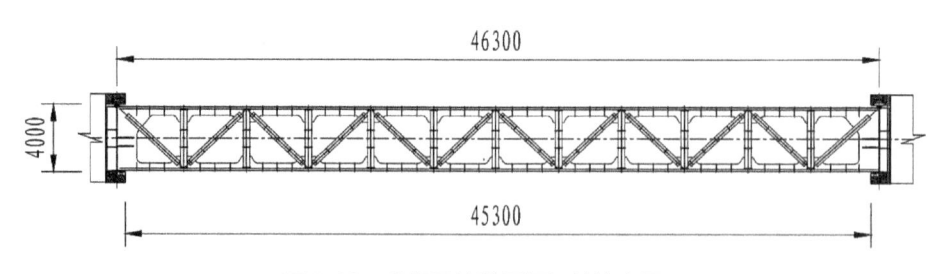

图1-23 瑶街弄挡洪闸闸门结构布置

瑶街弄挡洪闸闸门支承跨度为46.50m，吊点间距45.00m，门高8.30m，是国内目前跨度最大的平面直升钢闸门。如此规模和跨度的提升式桁架平板门在国内同类工程中尚属首次设计，其特点和难点主要有：

（1）闸门跨度大

目前国内的桁架平板闸门跨度一般在35.00m以下，本工程桁架闸门跨度46.50m，属于超大跨度，规模大，闸门的设计、制造、运输及安装难度大。

（2）动水启闭

一般的桁架闸门用作检修门，静水启闭，只需满足静力挡水要求。本工程桁架闸门动水启闭，水流条件复杂，除了满足静力挡水要求外，还需进行动力特性分析。

（3）起吊重量大

一般的桁架闸门用作检修门，多采用叠梁型式，分节操作，单节起吊重量小。本工程闸门宽47.60m，高8.30m，重约340t，由于采用桁架形式，吊点只能设置在边柱，两吊点之间的距离为45.00m，吊点跨度大，闸门开启瞬间，除了水压力作用，还需叠加自重作用下产生的内力，边柱应力状态复杂。

（4）锁定环境差

闸门锁定在闸门孔口上方，超出孔口门槽，而该地区属于台风多发区，需对锁定状态的闸门进行动力分析，防止闸门与强风发生共振。

综合上述特点与难点，将闸门简化为平面问题，采用传统的结构力学和弹性力学方法进行计算分析，不能全面弄清闸门的受力状态。同时，闸门动水操作和锁定状态，需考虑闸门的动力特性，分析闸门的流激振动以及与风共振的问题。

为弄清桁架平面闸门的工程特性和受力状态，确保闸门运行安全可靠，对闸门在各种工况条件下的运行状态，通过有限元软件对桁架平板闸门结构进行静力分析、稳定性分析及振动分析。主要研究内容如下：

（1）静力研究

主要研究闸门在挡水、起吊及锁定工况下的受力状态。

① 挡水工况：

挡水荷载为闸门正常工作时的荷载，主要分析闸门在挡水工况下的应力、应变等受力状态，评估闸门在挡水工况下的强度与刚度是否满足设计要求。闸门的主要荷载：自重＋上、下游最大水位差0.80m＋浪压力。

② 起吊工况

主要研究闸门在起吊工况下的应力、应变等受力状态，评估闸门在起吊工况下的强度与刚度是否满足设计要求。闸门起吊时，考虑最不利的情况：向上的最大启门力（启闭机容量）与向下的自重、摩擦力及卡阻力等平衡。闸门的主要荷载：自重＋上、下游最大水位差0.30m＋每个吊点施加2500kN的启门力。

③锁定工况

主要研究闸门在锁定工况下的应力、应变等受力状态，评估闸门在锁定工况下的强度与刚度是否满足设计要求。闸门的主要荷载：自重＋风压力。

（2）稳定性研究

挡洪闸门跨度较大，且采用桁架型式，存在薄壁稳定性与压杆稳定性问题，因此有必要对闸门进行稳定性分析。主要计算闸门在挡水工况、起吊工况及锁定工况下的失稳模态及安全系数，对闸门的稳定性进行评估。

（3）振动研究

从两个方面进行动力研究，一是锁定状态下的闸门的模态分析，二是动水启闭时的模态分析。

① 闸门长期锁定在孔口上方11.00m高程处，该地区处于多风地带，通过计算闸门锁定时的自振频率，与脉动风压的频率进行比对，评估闸门与风荷载发生共振的可能性。

② 考虑流固耦合的影响，得到闸门结构的动力响应，与水流脉动频率进行比较，评估闸门流激振动的可能性。

2. 静力计算

（1）有限元模型

用ANSYS程序对闸门结构进行计算分析：建立计算模型时，将闸门离散为板、梁单元，闸门面板、边柱腹板、边柱上下翼缘、水平主桁架的上下翼缘、小梁腹板、小梁上下翼缘、吊耳板及桁架节点板等采用SHELL181单元，桁架腹杆采用BEAM188单元。在空间直角坐标系下对闸门进行计算，坐标原点设置在闸门面板底部的左端处，X轴沿主梁方向向右（垂直水流方向），Y轴向上，Z轴指向上游。钢材弹性模量$E＝206$GPa，泊松比$\mu＝0.3$。闸门所用板厚、桁架腹杆及联系杆截面见表1-97。

表1-97 闸门所用板厚、桁架腹杆及联系杆截面

序号	名称	板厚（mm）或截面
1	面板	10
2	水平主桁架上弦杆翼缘	36
3	水平主桁架上弦杆腹板	30
4	水平主桁架下弦杆翼缘	36
5	水平主桁架下弦杆腹板	30

续表

序号	名称	板厚（mm）或截面
6	次梁上翼缘	12
7	次梁腹板	12
8	次梁下翼缘	12
9	边柱上翼缘	36
10	边柱腹板	50
11	边柱下翼缘	36
12	吊耳板	50
13	水平主桁架腹杆	4个角钢160×12组成"口"形截面
14	闸门下翼缘竖向桁架腹杆	2个角钢160×12组成"T"形截面
15	水平主桁架联系杆	2个角钢125×10组成"T"形截面

（2）挡水计算

①约束与荷载

闸门挡水时，门槽对闸门滑块形成Z方向（水流反方向）约束，门槽对闸门边柱X方向（垂直水流方向）进行约束，底槛约束闸门底部Y方向位移。最不利的工况组合为上游水位3.70m、下游水位2.90m再加上浪压力。

②计算结果

闸门顺水流方向最大变形发生在闸门跨度中部，为25.30mm，小于容许值$[f]$＝$L/600$＝$46500/600$＝77.50mm，闸门刚度满足要求。

闸门最大Mises应力发生在闸门水平主桁架后翼缘中部，为53.1MPa，$[\sigma]$＝225MPa，闸门强度满足要求。水平主桁架后翼缘最大应力σ_x＝49.6MPa，即第一主应力与Mises应力相差不大，表明后翼缘以水平方向的拉应力为主。

水平主桁架腹杆的最大拉、压内力发生在边柱腹板附近，分别为70.52t、66.18t，对应的应力分别为47.7MPa、44.8MPa。闸门下翼缘竖向桁架腹杆最大拉、压内力分别为11.3t、4.99t，对应的应力分别为15.3MPa、6.8MPa。水平主桁架联系杆最大拉、压内力分别为4.26t、6.93t，对应的应力分别为8.9MPa、14.4MPa。

进行闸门强度有限元计算时，无法考虑腹杆的压杆稳定，因此，需按照《钢结构设计规范》（GB 50017—2017）进行压杆稳定验算。水平主桁架的腹杆由4个角钢160mm×12mm组成方形截面，靠近边柱的腹杆长为5500mm，经压杆稳定验算，压应

力 $\sigma = 50.9$ MPa，稳定满足要求。同样的方法计算得出闸门下翼缘竖向桁架腹杆与水平主桁架联系杆稳定也满足要求。

（3）起吊计算

①约束与荷载

闸门起吊时，考虑最不利的情况：向上的最大启门力（启闭机容量）与向下的自重、摩擦力及卡阻力等平衡。

门槽对闸门滑块形成 Z 方向（水流反方向）约束，门槽对闸门边柱 X 方向（垂直水流方向）进行约束，边柱底部受 Y 方向约束。闸门荷载：自重＋上、下游最大水位差0.30m＋吊点施加的启门力。启闭机容量为 2×2500 kN，双吊点起吊，因此，每个吊点施加2500kN的向上的集中力。

② 计算结果

闸门竖向的最大变形发生在闸门水平主桁架后翼缘跨度中部，为7.10mm，小于容许值 $[f] = L/750 = 45500/750 = 60.60$ mm，闸门刚度满足要求。

闸门顺水流方向最大变形发生在闸门顶的面板中部，为9.40mm，$[f] = L/600 = 45500/600 = 75.80$ mm，闸门刚度满足要求。

闸门最大Mises应力发生在闸门吊耳板上，为55.8MPa，$[\sigma] = 225$ MPa，闸门强度满足要求。

闸门后翼缘最大Mises应力发生在闸门底端水平主桁架后翼缘与边柱后翼缘相交处，为34.1MPa。

水平主桁架腹杆的最大拉、压内力分别为22.58t、27.0t，对应的应力分别为15.3MPa、18.3MPa。闸门下翼缘竖向桁架腹杆最大拉、压内力分别为29.91t、27.0t，对应的应力分别为40.5MPa、36.5MPa，最大拉、压内力发生在边柱翼缘附近。水平主桁架联系杆最大拉、压内力分别为3.91t、3.42t，对应的应力分别为8.1MPa、7.1MPa。

经分析比较，在起吊工况下，闸门下翼缘竖向桁架腹杆受力最大，其腹杆由2个角钢160mm×12mm组成，靠近边柱的腹杆长为4800mm。经压杆稳定验算，压应力 $\sigma = 69.8$ MPa，强度及稳定满足要求。闸门水平主桁架腹杆与水平主桁架联系杆强度及稳定也满足要求。

（4）锁定计算

①约束与荷载

门槽对闸门滑块形成 Z 方向约束（水流反方向），门槽对闸门 X 方向（垂直水流方向）

进行约束，边柱锁定部位受 Y 方向约束。闸门荷载：自重＋0.6kN/m² 的风压力（100年一遇）。

②计算结果

闸门最大变形为竖向变形，发生在闸门水平主桁架后翼缘跨度中部，为8.10mm，$[f] = L/600 = 46500/750 = 62.00$mm，闸门刚度满足要求。

闸门顺水流方向最大变形发生在闸门顶的面板中部，为4.30mm，$[f] = L/600 = 46500/600 = 77.50$mm，闸门刚度满足要求。

闸门最大Mises应力发生在闸门底端水平主桁架后翼缘与边柱后翼缘相交处，为42.1MPa，$[\sigma] = 225$MPa，闸门强度满足要求。

水平主桁架腹杆的最大拉、压内力分别为10.56t、16.11t，对应的应力分别为7.1MPa、10.9MPa。闸门下翼缘竖向桁架腹杆最大拉、压内力分别为33.41t、31.45t，对应的应力分别为45.2MPa、42.5MPa，最大拉、压内力发生在边柱翼缘附近。水平主桁架联系杆最大拉、压内力分别为4.69t、4.24t，对应的应力分别为9.8MPa、8.8MPa。

经比较，在锁定状态下，闸门下翼缘竖向桁架腹杆受力最大，其腹杆由2个角钢160mm×12mm组成，靠近边柱的腹杆长为4800mm。经压杆稳定验算，压应力$\sigma = 73.4$MPa，强度和稳定满足要求。闸门水平主桁架腹杆与水平主桁架联系杆稳定也满足要求。

（5）小结

①挡水工况下闸门最大变形为25.30mm，顺水流方向，发生在闸门跨度中部。最大Mises应力为53.1MPa，发生在闸门水平主桁架后翼缘中部。腹杆最大应力为50.9MPa，发生在水平主桁架边柱腹板附近。

②起吊工况下闸门竖向最大变形为7.10mm，竖直向下，发生在闸门跨度中部。顺水流方向的最大位移为9.40mm，发生在闸门跨度中部。最大Mises应力为55.8MPa，发生在闸门吊耳板上。腹杆最大应力为69.8MPa，发生在闸门下翼缘竖向桁架边柱腹板附近。

③锁定工况下闸门最大变形为8.10mm，竖直向下，发生在闸门跨度中部。最大Mises应力为42.1MPa，发生在水平主桁架后翼缘与边柱翼缘相交处。腹杆最大应力为73.6MPa，发生在闸门下翼缘竖向桁架靠近边柱翼缘附近。

闸门强度、刚度、稳定性计算结果统计见表1-98。

表 1-98 闸门强度、刚度、稳定性计算结果统计

工况	变形（mm）	Mises 应力（MPa）	腹杆压应力（MPa）
挡水	25.3（顺水流方向）	53.1	50.9
起吊	7.1（竖直方向）	55.8	69.8
	9.4（顺水流方向）		
锁定	8.1（竖直方向）	42.1	73.6

3. 稳定性分析

上节计算了闸门的强度、刚度，并按照《钢结构设计规范》（GB 50017—2017）验算了桁架单个腹杆的稳定性。本工程的桁架门跨度大，采用水平桁架、竖向桁架及钢结构的组合体，结构形式非常复杂，仅仅计算单个桁架的稳定性而忽略面板、腹板等钢结构稳定及整体稳定是不足的，因此，需根据稳定理论分析闸门的整体稳定性。

（1）稳定分析方法

结构失稳的形式有两种：分支点失稳和极值点失稳。对应 ANSYS 有两种分析方法：特征值屈曲分析和非线性屈曲分析。特征值屈曲分析假定物理方程、几何方程是线性，得到的是各阶屈曲模态和特征值；而非线性屈曲分析引入几何、材料等非线性，得到结构位移随荷载的变化历程，定义荷载位移曲线最高点对应的荷载为结构的极限承载力。

实际工程设计时，线性稳定性分析方法简单、直观，因此较为常用。本节对闸门挡水、起吊及锁定进行线性稳定性分析，求出其安全系数。

（2）挡水稳定分析

闸门荷载：自重＋上、下游最大水位差 0.80m ＋浪压力。闸门约束与其静力计算工况一致。计算结果：

①前六阶闸门失稳模态对应的六个特征值分别为 5.6283、5.6292、5.6424、5.6499、5.8099 和 5.8118，特征值也就是闸门的安全系数。

②闸门的前六阶失稳都是面板失稳。

（3）起吊稳定分析

闸门荷载：自重＋上、下游最大水位差 0.30m ＋吊点施加的启门力 2500kN。闸门约束与其静力计算工况一致。计算结果：

①前六阶闸门失稳模态对应的六个特征值分别为 7.9904、8.0615、8.1610、8.2341、

8.4794和8.5729，特征值也就是闸门的安全系数。

②闸门的前六阶失稳都是靠近跨中的面板顶部失稳。

（4）锁定稳定分析

闸门荷载：自重＋0.6kN/m²的风压力（100年一遇）。闸门约束与其静力计算工况一致。计算结果：

①前六阶闸门失稳模态对应的六个特征值分别为9.2556、9.3481、9.5832、9.6443、9.6769和9.7589，特征值也就是闸门的安全系数。

②闸门的前六阶失稳都是靠近跨中的面板顶部失稳。

（5）小结

①挡水工况、起吊工况及锁定工况的最小稳定系数分别为5.6283、7.9904和9.2556。

②上述三种工况下，前六阶失稳都是面板首先失稳。桁架的稳定系数相比第2节计算的结果偏大，这是由于本节稳定分析的前提是假设面板、杆件等处于理想状态，并没有考虑其初始缺陷得到的计算结果。

③钢闸门的设计规范虽然没有相关的闸门整体稳定性的条例，但根据容许应力法，可推断闸门的安全系数为2.0～3.0，闸门稳定性是满足要求的。

上述三种工况下闸门的稳定性见闸门稳定系数表（表1-99）。

表1-99 闸门稳定系数

阶次 工况	一	二	三	四	五	六
挡水工况	5.6283	5.6292	5.6424	5.6499	5.8099	5.8118
起吊工况	7.9904	8.0615	8.1610	8.2341	8.4794	8.5729
锁定工况	9.2556	9.3481	9.5832	9.6443	9.6769	9.7589

4. 振动分析

当闸门受到某种外界干扰时，会产生位移或速度，但外界干扰消失后结构将在平衡位置附近继续振动，这种振动即为闸门的自由振动。闸门自由振动时的频率称为闸门的自振频率。研究闸门自振特性可以在设计过程中减少对闸门自振频率的激励，防止产生共振破坏。

闸门的自振特性是闸门结构固有的参数，决定于闸门的结构刚度、质量分布以及材料性质等。处于流体中的弹性结构，在受到动载荷作用时将会产生振动，这种振动通过对界面的激励在流体中产生附加的动压力，而附加动压力又通过界面再度引起结构的动力响应，这个过程称为结构与流体的耦合响应。闸门一般都会部分或全部淹没在水体中，因此，闸门结构与水体之间的耦合作用会对闸门的自由振动产生影响。所以，流固耦合是需要研究的重点内容。

（1）模态分析

挡洪闸闸门运行操作工况为动水启闭，启闭工况下，上、下游水位差不大于0.30m，属于双向挡水。为了弄清水体对闸门结构的影响，本节针对闸门结构与水体之间的耦合作用，分析三种模态：

①闸门全关位上游有水、下游无水时的湿模态；

②全关位上、下游都有水时的湿模态；

③在第二种工况的基础上，分析闸门小开度动水启门的湿模态，考虑小开度启门1.00m。

第一种工况是假设工况，实际是不存在的。

闸门平时锁定在门槽顶部11.00m高程处，由于地处多风地带，且闸门悬挂较高，因此需防止闸门锁定时与风压产生共振。风压可分解为平均风压（由于平均风速产生的稳定风压）与脉动风压（不稳定风压）两部分，也就是长周期部分与短周期部分。长周期部分的值通常在10分钟以上，短周期部分常常只有几秒钟。考虑到风的长周期远大于一般结构的自振周期，因此，平均风压对结构的作用相当于静力作用。脉动风压周期短，其强度随时间而变化，其作用性质是动力的，将引起结构振动。

根据上述分析，本节主要分析闸门在五种状态下的模态：

①悬挂锁定时的模态；

②全关位无水状态时的干模态；

③全关位上游有水、下游无水时的湿模态；

④全关位上、下游都有水时的湿模态；

⑤小开度动水启门时的湿模态。

（2）振动分析方法

①闸门干模态

闸门作为一种复杂的空间结构，为无限自由度体系，要想通过数学方法去获得闸门结构的振动特性是很困难的。随着计算机技术以及量测技术的发展，利用有限元软件去模拟闸门结构从而获取闸门的振动特性变得比较方便，准确度也大大提升。利用有限元方法就是将闸门结构离散成一个具有有限自由度的空间结构体系来进行计算研究。

自由振动分析的计算方程为 $([K]-\omega^2[M])\{x\}=0$。其中 $[K]$ 为结构的整体刚度矩阵；$[M]$ 为结构质量矩阵；计算 $[M]$ 时，单元质量矩阵采用一致质量矩阵；$\{x\}$ 为结构自由振动主振型；ω 为结构自由振动圆频率。按 Lanczos 法计算结构的自由振动频率与主振型。

②闸门湿模态

通常情况下，闸门不是孤立存在的，闸门与流体之间相互作用，并且这种相互作用非常复杂。作用于闸门的流体将参与其运动，这种结构的运动作用于流体，又反过来影响结构的特性的现象，将以弹性力、阻尼力、惯性力施加于结构的方式表现出来，降低闸门的自振频率，也即水流与结构耦联振动所特有的附加质量效应。这种相互作用会对闸门的自由振动产生较大影响，因此，需要考虑闸门与水体之间的耦合作用。本节中在对闸门进行三维有限元建模的同时，对作用在闸门上的部分水体进行建模，并模拟闸门与水体之间的相互作用，以便得到闸门的湿模态。

FLUID30 用于模拟流体介质及流体结构相互作用的界面。典型的应用包括声波的传播和水下结构动力学。声学的控制方程又称为三维波动方程，被离散用以考虑声压和结构运动在界面上的耦合。该单元有八个节点，每个节点有四个自由度，为 X、Y、Z 方向的平动和压力，但只有在界面上节点的平动才有效。单元可包括界面上吸收材料的声波衰减。该单元可与其他三维结构单元一起使用完成非对称或阻尼模态的全谐波响应和全瞬态法分析。

（3）**锁定状态**

闸门约束与其静力计算工况一致。计算结果：

①闸门的前五阶振型对应的自振频率分别为 4.6635、6.4138、11.5969、13.4178 和 15.3145；

②第一阶与第四阶振型是闸门的弯曲振动，其余振型是弯曲与扭转振动；

③闸门的第一阶振动周期为 0.2144 秒，风的脉动周期一般为几秒钟，显然闸门的自振周期与脉动风压的周期相差较大，发生共振的概率非常小。

（4）**全关位无水状态**

闸门约束与挡水计算工况一致。计算结果：

①闸门的前五阶振型对应的自振频率分别为 4.6638、8.8044、13.4195、16.9319 和 17.1708；

②第一阶、第三阶与第四阶振型是闸门的弯曲振动，其余振型是弯曲与扭转振动。

（5）全关位上游有水、下游无水状态

水体用FLUID30单元模拟，水中声速为1480m/s，假定水为理想水，即不计水体的可压缩性的影响，黏性损耗效应忽略不计。水体与闸门接触的面建立为耦合面，水体单元与闸门单元共用节点，取2.5倍闸门高度的水体长度为研究对象。闸门约束与挡水计算工况一致。计算结果：

①闸门的前五阶振型对应的自振频率分别为3.1695、6.0571、8.3365、10.067和10.084；

②第一阶与第二阶振型是闸门的弯曲振动，其余振型是弯曲与扭转振动，与全关位无水状态相比，自振频率有一定的下降。

（6）全关位上、下游有水状态

闸门约束与挡水计算工况一致。计算结果：

①闸门的前五阶振型对应的自振频率分别为7.7074、16.617、18.213、21.715和22.284；

②第一阶与第二阶振型是闸门的弯曲振动，其余振型是弯曲与扭转振动；

③与全关位无水状态，全关位上游有水、下游无水状态相比，自振频率提高非常大，根据以往的闸门水流实测统计，大多数闸门的过闸水流脉动主频在0～20Hz，流速低则频率低，本工程启闭时上下水头差很小，流速平稳，其高能频率一般低于2Hz，因此发生共振的几率较小。

（7）小开度启门状态

门槽对闸门滑块形成Z方向（水流反方向）约束，门槽对闸门边柱X方向（垂直水流方向）进行约束，吊耳板受Y方向约束。小开度动水启门，启门1m高。计算结果：

①闸门的前五阶振型对应的自振频率分别为6.6248、7.9394、12.838、15.910和16.111；

②第一阶与第二阶振型是闸门的弯曲振动，其余振型是弯曲与扭转振动；

③与全关位无水状态，全关位上游有水、下游无水状态相比，自振频率有明显的提高，与全关位上、下游有水状态相比，自振频率有一定的降低。

（8）小结

①锁定状态与全关位无水状态时的第一阶频率非常接近，与脉动风压、脉动水压的主频有一定的差别，发生共振的几率较低。

②全关位上游有水、下游无水时频率相比干模态下降明显，与通常的规律一致，即水体与闸门的耦合所特有的附加质量效应。而全关位上、下游有水时频率上升明显，这是因为，虽然闸门的附加质量增大了，但上、下游水体对闸门的约束增强了，因此表现出闸门的振动频率增加，反而大大削弱了共振概率。小开度启门时的频率相比全关位时

有所降低，但相比全关位无水状态的频率有一定的提高，与水流发生共振的概率不高。计算结果见闸门振动频率表（表1-100）。

表100 闸门振动频率

阶次 状态	一	二	三	四	五
锁定	4.6635	6.4138	11.5969	13.4178	15.3145
全关位无水	4.6638	8.8044	13.4195	16.9319	17.1708
全关位上游有水、下游无水	3.1695	6.0571	8.3365	10.067	10.084
全关位上、下游有水	7.7074	16.617	18.213	21.715	22.284
小开度启门1m	6.6248	7.9394	12.838	15.910	16.111

5. 结论

（1）挡水工况满足要求

最大变形方向为顺水流方向，最大值为25.30mm；最大Mises应力为53.1MPa，发生在水平主桁架下翼缘跨中；腹杆最大压应力为50.9MPa，发生在水平主桁架靠近闸门边柱腹板附近；闸门的安全系数为5.6283。

（2）起吊工况满足要求

竖向最大变形为7.10mm，顺水流方向最大变形为9.40mm；最大Mises应力为55.8MPa，发生在吊耳板上；腹杆最大压应力为69.8MPa，发生在闸门下翼缘竖向桁架靠近闸门边柱翼缘附近；闸门的安全系数为7.9904。

（3）锁定工况满足要求

最大变形方向为竖直方向，最大值为8.10mm；最大Mises应力为42.1MPa，发生在主梁后翼缘与边柱翼缘相交处；腹杆最大应力为73.6MPa，发生在闸门下翼缘竖向桁架边柱翼缘附近；闸门的安全系数为9.2556。

（4）闸门悬挂锁定时，第一阶自振频率为4.6635，与脉动风压发生共振的概率较低

闸门动水启闭时的自振频率为7.7074，闸门动水小开度启门1m时的自振频率为6.6248，与水流脉动的高能频率相差较大，发生共振的几率也较低。

通过上述分析，闸门在各工况下，其结构应力、变形以及自振频率均在安全范围内，说明结构布置和主要构件选择是合理可行的。

6. 应用情况

结合研究成果完善施工图设计后，挡洪闸工作闸门设计成果提交制造安装单位。

2019年10月31日，闸门完成工厂整体预拼装；2019年12月31日，闸门单元体全部进场并开始安装；2020年5月29日，闸门完成现场安装并开始无水调试；2020年10月21日，闸门完成有水调试并通过验收。

建造单位以本研究成果为技术支撑，结合大件运输限制条件，将闸门划分为8个单元体，其中左、右两件是垂直单元体，中间六件是水平单元体，闸门单元体划分如图1-24所示。为使应力较大、闸门刚度和安全稳定系数较小的区域保持完整，在工厂制造并完成预拼装后，拆分成8个单元体直接运输至现场，按1→2→3→4→5→6→7→8顺序依次吊装入槽，在门槽内完成了闸门整体焊接拼装。闸门调试过程中，对闸门无水起吊和锁定工况跨中竖向变形进行了测量，闸门跨中竖向变形实测结果见表1-101。实测数据与相近工况计算值基本吻合。

闸门现场实体、调试及完工照片见图1-25至图1-28。

表1-101 闸门跨中竖向变形实测结果

工况	实测变形（mm）	计算值（mm）	备注
起吊工况	6.00	7.10	
锁定工况	6.10	8.10	

闸门自2020年10月运行至今，经历多次强台风考验，始终处于稳定正常状态。

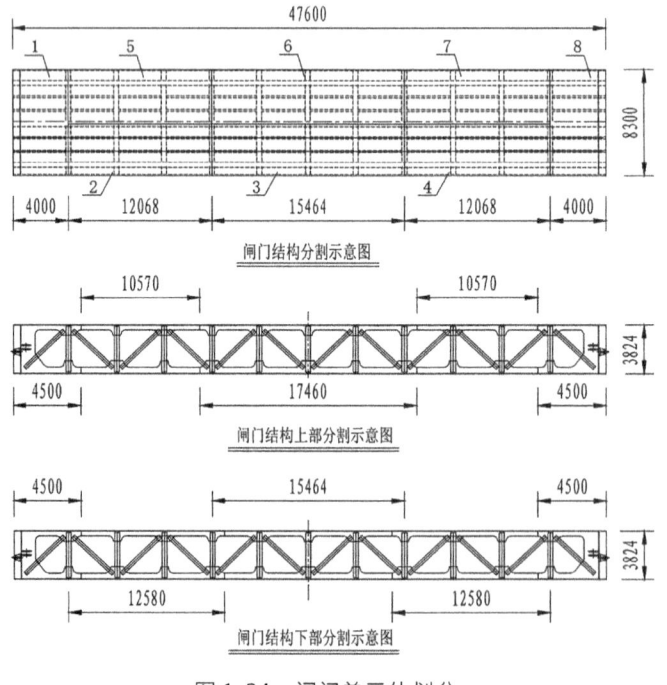

图1-24 闸门单元体划分

图 1-25 挡洪闸工作闸门现场安装

图 1-26 挡洪闸工作闸门现场拼装完成

图 1-27 挡洪闸工作闸门现场无水调试

图 1-28 挡洪闸工作闸门现场有水调试

第二篇
姚江二通道（慈江）工程
——慈江闸站

Chapter 2

平原地区闸泵工程实例

第一章　工程设计

（一）工程背景及建设内容

1. 工程背景

姚江二通道（慈江）工程慈江闸站项目位于宁波市江北区，在国家重点文物保护单位慈江大闸下游约90m处，西部紧邻余姚市，东距江北区政府约19km，距国家级历史文化名镇慈城老城约5km。工程所在的慈江是姚江的支流，自西向东横穿江北区平原，将江北区平原分为南北两片。工程位于江北段慈江起点，为姚江二通道（慈江）工程的重要组成部分。

姚江为甬江的重要支流，姚江流域受其自然地理、水文气象、地形地貌及社会经济等因素影响，易受洪、涝灾害影响，尤其是自2000年以来，受台风影响的洪涝灾害更为频繁，造成的经济损失也日益增加。

为进一步提升姚江流域防洪泄洪能力，需要扩大"东泄"能力。历次水利规划的姚江二闸及上游配套河道工程由于涉及面广，牵涉因素众多，实施难度较大。因此，提出进一步提升姚江东排工程能力，在保障江北镇海排涝安全的前提下，承担上姚江分洪任务。

根据宁波市委、市政府相关会议精神，宁波市开展了姚江二通道（慈江）工程前期研究，并且通过了市政府第70次常务会议，同意批准建设姚江二通道（慈江）工程。工程采用三级梯级泵站方案，通过加大河道的水动力提高河道的输水外排能力，以提升工程的分洪排涝效益。

姚江二通道（慈江）工程西起慈江大闸，经江北慈江、镇海沿山大河，由澥浦大闸外排入杭州湾。工程采用"三级抽排＋局部高水高排"的工程排水格局，即设置慈江闸站、化子闸站和澥浦闸站强排接力泵站，同时为消除工程建设带来的不利影响，配套实施堤防加高加固、河道拓宽，沿线配套闸、泵及桥梁工程改造等工程措施。

姚江二通道（慈江）工程建设的主要任务为加大姚江干流东排能力，替代甬江流域规划中姚江二闸工程对余姚的泄洪任务；完善提升江北镇海区防洪排涝能力；兼顾江北镇海片水生态环境。

本工程为姚江二通道（慈江）工程三级干流闸站中的第一级，是姚江二通道（慈江）工程的骨干工程，是实现分洪姚江干流洪水的关键性工程。

2. 工程建设内容

工程建设内容包括慈江闸站，以及配套的支援闸、支援闸与慈江闸站间连接段堤防、交通桥、慈江闸站下游两岸左200m和右100m的防冲保护、老慈江大闸防洪封闭墙及连接段维护等项目。

慈江闸站工程等别为Ⅱ等，由水闸及泵站组成，泵站设计排涝流量为100m³/s，水闸最大过闸流量为134m³/s。支援闸水闸为拆除扩建工程，工程等别为Ⅳ等，设计过闸流量为67.9m³/s。支援闸与慈江闸站连接段堤防级别为4级，全长约126m，防洪标准为20年一遇。

慈江闸站项目施工总工期为2年4个月（28个月）。

（二）水文气象

1. 水文基础资料

本工程作为姚江二通道（慈江）工程的重要组成，上游即西侧属姚江干流区，下游东侧属江北镇海片。江北镇海片由姚江和甬江干流包围而成，流域内地势西北高、东南低，西北为低山丘陵，山峰高程约为100～400m，南部为水网平原，地面高程基本为1.40～2.50m。姚江二通道（慈江）工程沿北侧山脚自西向东横穿整个平原。由于本工程所在姚江流域与奉化江流域互为边界，故将计算范围拓展至整个甬江流域东排区，共计4257km²，其中姚江流域集水面积1879km²，奉化江流域集水面积2378km²。

甬江流域雨量测站分布较多，且较均匀，为本次水文分析提供了较为全面的实测降雨资料。现有逐日雨量资料的雨量站共51处（包括流域周边的雨量站），各测站雨量资料起始年份和观测年限不一，经过插补延长，统一为1956—2015年，共计60年。

2.设计暴雨

(1) 流域设计面暴雨

采用泰森多边形法，求得各流域逐日面雨量，然后采用年最大值法，统计1日、3日年最大值降雨系列，并对统计雨量系列进行适线排频。姚江、奉化江流域设计暴雨成果见表2-1。

表2-1 姚江、奉化江流域设计暴雨成果

流域	项目	均值（mm）	C_v	C_s/C_v	不同保证率设计雨量（mm）					
					0.5%	1.0%	2.0%	5.0%	10.0%	20.0%
姚江	H1d	94.10	0.56	4.0	329.90	290.50	251.30	199.90	161.60	124.00
	H3d	148.00	0.54	4.0	501.00	442.70	384.60	308.20	251.00	194.50
奉化江	H1d	108.30	0.58	4.0	392.90	344.80	297.00	234.60	188.20	143.00
	H3d	168.10	0.57	4.0	599.40	526.90	454.80	360.60	290.40	221.70

(2) 江北镇海片设计面暴雨

考虑到姚江东排工程任务的提升需求以及可能带来的影响，本次重点不仅限于解决姚江干流的防洪排涝问题，还涉及分析对江北镇海片区实施分洪的可能性，以及对江北镇海片区的影响，故对江北镇海片区面雨量进行单独排频统计。江北镇海片设计暴雨成果见表2-2。

表2-2 江北镇海片设计暴雨成果

统计时段	不同保证率设计雨量（mm）					
	0.5%	1%	2%	5%	10%	20%
H1d	318.90	280.80	242.90	193.30	156.20	119.90
H3d	476.40	421.70	367.20	295.40	241.40	188.00

(3) 典型暴雨及时空分布

在确定姚江二通道（慈江）工程干流分洪闸泵工程建设规模以及调度方案时，以流域面雨量为对象，计算选取"1962年14号台风"降雨作为论证本工程分洪规模的典型降雨，同时考虑本工程自身的防洪安全需要，采用"1963年12号台风"降雨作为典型进行复核。暴雨时空分配亦采用选定的典型暴雨进行同频率、同倍比缩放。

3.设计洪水

根据下垫面条件、防洪区划、行政区划的不同,将姚江流域划分为山区和平原区两大类。再按流域内水系分布、水库和防洪控制位置及水利计算需求等因素,将姚江流域山区分成75个,姚江流域平原分成24个。

本流域属南方湿润地区,设计洪水采用暴雨推求。在设计条件下,山区产流计算采用简易扣损法,初损为25mm。最大24小时雨量后损值1mm/h,其余几日后损值为0.5mm/h。平原结合流域的下垫面实际情况,采用不同的方法进行产流计算。姚江流域及江北镇海片各重现期三日暴雨产水量见表2-3。

表 2-3　姚江流域及江北镇海片各重现期三日暴雨产水量

单位:万 m³

区域	雨型	重现期					
		5年	10年	20年	50年	100年	200年
姚江流域	"62"型	28846.10	38928.10	49165.80	62879.60	73310.90	83729.40
江北镇海片	"63"型	6546.20	8713.60	10906.90	13824.80	16076.00	18309.40

4.设计潮位与洪潮组合

本次设计潮位采用宁波市水文站2014年12月完成的《宁波市设计高潮位研究报告》成果,其中本工程所在区域外海侧潮位(澥浦大闸)由镇海站和海黄山站内插确定,即5年一遇设计高潮位为2.90m,100年一遇设计高潮位为3.74m。

洪潮遭遇组合方案影响流域的出流能力,关系到工程区内流域河网设计水位的结果。本次计算中根据现有资料分析的洪水组合、洪潮组合结果得出洪潮遭遇组合。具体方案为重现期5年、10年、20年、50年、100年、200年一遇的洪水,下游按5年一遇潮位遭遇组合,以此进行水利计算。

(三)工程地质

1.区域地质概况

根据《中国地震动参数区划图》,场地位于地震动峰值加速度0.10g区内,相应的地震基本烈度为7度。场地土的类型以软弱土为主,场地基岩埋深60m左右,为Ⅲ类场地,地震动反应谱特征周期为0.45s。

2.地形地貌

工程区位于宁绍平原东部,为海相沉积平原,区内以平原为主,局部有丘陵、低山分布，堤防沿线有农田、村庄、厂房等分布，地面高程一般2.00～3.50m。场区北侧紧邻杭甬高铁线，东侧约2km为沈海高速，南侧约1.5km为宁波市江北连接线。

3.地层岩性

按地基土的土性特征、成因时代、埋藏分布条件及其物理力学性质，将场地勘探深度范围内的地基土划分为6个工程地质层，细分为12个工程地质亚层，具体分层见姚江二通道（慈江）工程慈江闸站项目地基土划分表（表2-4）。

表2-4 姚江二通道（慈江）工程慈江闸站项目地基土划分

地层编号	地层代号	地层名称	地层编号	地层代号	地层名称
①-1	人工堆积层 Q4s	抛石	③	第四系上更新统冲洪积层 Q3al+1	粉质黏土夹粉砂
①-2	人工堆积层 Q4s	填土	④	第四系上更新统冲洪积层 Q3al+pl	砾砂
②-1	第四系全新统海积层 Q4m	淤泥质粉质黏土	⑤	第四系上更新统海积层 Q3m	粉质黏土
②-2	第四系全新统海积层 Q4m	淤泥质粉土	⑥-1	白垩系下统阜新组 K1f	全风化凝灰质砂岩
②-3	第四系全新统海积层 Q4m	淤泥	⑥-2	白垩系下统阜新组 K1f	强风化凝灰质砂岩
②-4	第四系全新统海积层 Q4m	淤泥质黏土	⑥-3	白垩系下统阜新组 K1f	弱风化凝灰质砂岩

4.水文地质条件

工程区地下水主要为第四系覆盖层中的孔隙潜水、承压水和基岩裂隙水。孔隙潜水赋存于第四系覆盖层黏土、淤泥质黏土、淤泥中，水量较贫乏。

水质分析判定：在Ⅱ类环境条件下，场地内地下水对混凝土结构腐蚀性等级为微腐蚀；钢筋混凝土结构中的钢筋，长期浸水部位和干湿交替部位腐蚀性等级为微腐蚀。根据地下水的赋存环境，场地土对建筑材料的腐蚀性等级与地下水相同。

5.地基工程地质评价

慈江闸站场区内岩土体可划分为6个工程地质层，分别为：①填土层；②淤泥质土层；③粉质黏土夹粉砂层；④砾砂层；⑤粉质黏土层；⑥基岩层。细分为12个工程地质亚层。其中②淤泥质土层为软土层，流塑状，物理力学性质差，地基承载力不足，不能直接作为基础持力层，需采取加固措施；③粉质黏土夹粉砂层为软塑状态，厚层状，物理力学性质一般；④砾砂层为中密，物理力学性质好；⑤粉质黏土层为软塑状态，多夹薄层粉砂，物理力学性质一般；⑥凝灰质砂岩层物理力学性质好。因此，③层、④层、⑤层和⑥层均可以作为建筑物持力层，可根据荷载情况选用相应的基础型式和持力层。

6. 天然建筑材料

项目主体工程及导流工程所需天然建材主要有：块石料、塘渣料约7.43万m^3，粗砂和碎石垫层料约0.75万m^3，土料约8.52万m^3。

工程所需块石料、塘渣料、混凝土骨料、碎石垫层料、粗砂垫层料和土料均无直接可以使用的料场，需外购。块石料、塘渣料、混凝土骨料、碎石垫层料和粗砂垫层料可从I公司的石料场采购，岩性为凝灰岩，石料质量较好，但凝灰岩是常见的碱活性岩类，选用凝灰岩作为混凝土人工骨料时，需采取添加外加剂等抑制措施。土料可从J公司采购，土料物理力学性质满足设计要求，可作为防渗料和回填料，储量满足设计要求。

（四）工程建设任务和规模

1. 工程任务

姚江二通道（慈江）工程建设的主要任务为：加大姚江干流东排能力，替代甬江流域规划中姚江二闸工程对余姚的泄洪任务；完善提升江北镇海片防洪排涝和预排预泄能力；兼顾江北镇海片水生态环境。

本工程位于姚江二通道（慈江）工程的分洪渠首，其工程建设任务为：

（1）分（泄）洪

分洪姚江干流洪水，替代甬江流域规划中姚江二闸工程对余姚的泄洪任务；外排郭塘河上游收集的洪涝水，保障郭塘河沿线防洪安全。

（2）防洪

完善支援闸—慈江闸站段防洪工程体系建设，保障工程沿线防洪安全。

（3）改善水生态环境

结合引曹南线等引调水工程建设，在江北镇海平原枯水期或水环境较差时，引调姚江干流水进入慈江、沿山大河，继而改善江北镇海片水生态环境。

2. 运行调度原则

（1）慈江闸站工程

慈江闸站工程为姚江二通道（慈江）工程三座干流控制性闸站工程之一，三座闸站需遵循统一调度管理的原则。三座干流闸站的开泵顺序为：先开启澥浦泵，再开启化子泵，最后开启慈江泵；关泵顺序为：先同时关闭慈江泵、化子泵，最后关闭灞浦泵。

（2）支援闸工程

支援闸起排水位0.71m，当内河（郭塘河）水位超过起排水位且高于外江（上慈江）水位时，闸门开启；否则，关闭闸门。

3.工程建设规模

（1）慈江闸站工程建设规模

慈江闸站工程建设规模见表2-5。

表2-5　慈江闸站工程建设规模

闸站名称	水闸规模（m）		泵站规模（m³/s）	工程任务
	闸孔总净宽	闸底高程		
慈江闸站	33	-1.87	100	分洪、改善水生态环境

慈江闸站工程水闸设计参数见表2-6。

表2-6　慈江闸站工程水闸设计参数

规模	水闸闸孔总净宽33m，闸底高程-1.87m		
设计水位	洪水频率	20年一遇	50年一遇
	余姚侧慈江侧（m）	3.40	3.60
	江北侧慈江侧（m）	3.09	3.30
设计流量	项目	分洪工况	预泄工况（反向）
	最大流量（m³/s）	134.0	44.1
	对应余姚侧慈江侧水位（m）	2.97	0.73
	对应江北侧慈江侧水位（m）	2.91	1.31

根据《泵站设计规范》（GB 50265—2010），慈江泵站主要设计参数见表2-7。

表2-7　慈江泵站工程设计参数

设计流量		慈江泵站规模100m³/s		
特征水位	进水池	防洪水位（m）	3.76	200年一遇校核水位
		设计运行水位（m）	2.02	20年一遇泵排时段平均水位
		最高运行水位（m）	2.84	20年一遇设计水位

续表

设计流量			慈江泵站规模 100m³/s	
特征水位	进水池	最低运行水位（m）	1.50/0.50（分洪/预泄）	分洪时余姚中心城区干流水位推算至站前水位1.50m；预泄时最低运行水位为姚江丈亭预泄最低水位0.73m推算至站前水位0.50m
	出水池	防洪水位（m）	3.65	200年一遇校核水位
		设计运行水位（m）	2.39	20年一遇泵排时段平均水位
		最高运行水位（m）	2.90/1.31（分洪/预泄）	分洪时段泵后20年一遇设计水位，预泄时段泵后江北镇海平原允许蓄到的最高水位1.31m
		最低运行水位（m）	1.50/0.50（分洪/预泄）	同进水池

（2）配套工程建设规模

①堤防整治工程

支援闸—慈江闸站段堤防整治工程建设规模见表2-8。

表2-8　支援闸—慈江闸站段堤防整治工程建设规模

堤防整治工程	起点	终点	长度（km）	设计水位（m）	堤顶高程（m）
支援闸—慈江闸站段堤防整治工程	支援闸	慈江闸站	0.126	3.40	3.90

②支援闸扩建工程

支援闸扩建工程建设规模见表2-9，支援闸工程水闸设计参数见表2-10。

表2-9　支援闸扩建工程建设规模

名称	所在河道名称	闸孔总净宽（m）	闸底高程（m）	改造类型	工程任务
支援闸	郭塘河	12.00	−1.87	拆除扩建	泄洪、挡洪

表2-10　支援闸工程水闸设计参数

规模	水闸闸孔总净宽33m，闸底高程−1.87m	
设计水位	内河侧20年一遇最高水位（m）	3.41
	余姚侧慈江20年一遇最高水位（m）	3.40
设计流量	最大流量（m³/s）	67.9
	对应内河（郭塘河）水位（m）	3.18
	对应外江（余姚侧慈江）水位（m）	3.09

（五）工程布置及主要建筑物

1. 工程等级和设计标准

（1）慈江闸站

慈江闸站泵站设计排涝流量为100m³/s，水闸最大过闸流量为134m³/s，根据《防洪标准》（GB 50201—2014）、《泵站设计规范》（GB 50265—2010）及《水利水电工程等级划分及洪水标准》（SL 252—2017）中关于灌排泵站工程的等别划分，慈江闸站工程规模为大（2）型，工程等别为Ⅱ等，主要建筑物级别为2级，次要建筑物级别为3级，临时建筑物级别为4级。闸站防洪标准按50年一遇设计，200年一遇校核。

（2）支援闸

支援闸最大过闸流量为67.9m³/s，根据《防洪标准》（GB 50201—2014）及《水利水电工程等级划分及洪水标准》（SL 252—2017）中的工程等别划分，支援闸工程规模为小（1）型，工程等别为Ⅳ等，主要建筑物级别为4级，次要建筑物级别为5级。水闸防洪标准按20年一遇设计。

（3）连接段堤防

根据《堤防工程设计规范》（GB 50286—2013），本工程范围内堤防的级别为4级。

2. 闸站站址选择

闸站站址采用可研阶段已选定站址，该站址满足总体规划和相关专业规划要求，并与区域相关规划相协调。

3. 工程总布置

本工程主要包括慈江闸站，以及配套的支援闸、支援闸至慈江闸站的连接段堤防等项目。

慈江闸站布置在国家重点文物保护单位慈江大闸下游约90m处，由慈江水闸及慈江泵站组成，水闸布置在中心岛南侧，泵站布置于中心岛北侧。管理区位于泵站南侧中心岛处；水闸闸顶交通桥南与慈江堤防南侧新建进场道路慈江一桥相接，北与泵站下游慈江二桥相连，形成贯通慈江左、右两岸的主要通道。

支援闸为原址扩建工程，布置于郭塘河入慈江的河口处。连接段堤防起点为支援闸交通桥左岸桥头，终点在堤防与慈江泵站左岸上游翼墙相接处，全长约126m。

4. 慈江水闸

慈江水闸为开敞式结构型式，闸孔布置4孔×8.25m，水闸底板顶高程为-1.87m，闸门型式采用升卧门。

慈江水闸由闸室、岸墙、上、下游消能防冲段、两岸翼墙等组成。闸室采用平底板开敞式结构，闸底高程-1.87m，闸顶高程为6.73m，闸孔单孔宽8.25m，共设置4孔，两岸各布置6.00m宽岸墙。水闸分为左、右两联，岸墙与两孔水闸为一联。闸室垂直水流向宽52.20m，顺水流向长21.50m，自上游向下游方向依次布置有进口检修闸门、工作闸门、出口检修闸门、闸顶交通桥等。

在闸室的上游和下游均布置消能防冲建筑物。水闸下游消能防冲建筑物总长为42.50m，从上游至下游依次为消力池、钢筋混凝土护坦、干砌石护坦和抛石防冲槽；上游消能防冲建筑物与下游对称布置。

水闸采用八字翼墙，翼墙总长146.02m，上游左岸翼墙与中心岛护岸相接，下游左岸翼墙与泵站右岸下游翼墙相接，上、下游右岸翼墙均与慈江堤防相接。

水闸闸室及翼墙基底采用钻孔灌注桩和水泥土搅拌桩处理，钻孔灌注桩选择粉质黏土层作为桩端持力层，桩径1.00m。

5. 慈江泵站

慈江泵站由泵房、上、下游连接段、两岸翼墙等组成。泵房采用干室块基式泵房，选用4台竖井贯流泵，水泵机组呈一字布置。泵房垂直水流方向总长39.00m，采用2台机组为一段对称于泵站中心线布置。泵房顺水流方向分机组段和出水流道两段，其中机组段由上游至下游分别布置上游检修门、进水流道、水泵机组，出水流道段由上游至下游分别布置出水流道、出口工作闸门、出口检修闸门等。机组段流道底高程为-4.55～-4.911m，地面高程为4.76m；出水流道段流道底高程为-4.55～-4.60m，地面高程为4.76m。

泵站上游连接段顺水流方向总长56.00m，包括拦污栅桥、钢筋混凝土护坦、进水前池、进水池及上游交通桥。泵站下游连接段顺水流方向总长42.50m，包括出水池、钢筋混凝土海漫、干砌石海漫及抛石防冲槽。泵站上、下游采用八字翼墙分别与上、下游堤防和水闸翼墙相接。

泵站泵房及翼墙基底采用钻孔灌注桩和水泥土搅拌桩处理，泵房及翼墙的钻孔灌注桩桩径分别为1.00m和1.20m，选择粉质黏土层作为桩端持力层。

6. 支援闸

支援闸由闸室段、内河侧连接段、慈江侧连接段、两岸翼墙组成。

支援闸闸室采用平底板开敞式整体式结构，闸孔单孔宽4.00m，共设置3孔，两岸各布置4.00m宽岸墙。闸室与岸墙垂直水流方向总长25.00m，闸室顺水流方向长11.00m，自上游向下游方向依次布置进口检修闸门、工作闸门、出口检修闸门、闸顶交通桥等。水闸自上游至下游依次布置上游干砌石护坦、上游钢筋混凝土铺盖、闸室、下游侧消力池、下游干砌石护坦及下游抛石防冲槽。上、下游两岸采用八字型翼墙分别与上、下游堤防相接。

水闸闸室和翼墙基底采用钻孔灌注桩和水泥土搅拌桩处理，钻孔灌注桩选择粉质黏土层作为桩端持力层，桩径分别为0.80m和1.00m。

7. 连接段堤防

支援闸至慈江泵站连接段堤防级别为4级，起点为支援闸交通桥左岸桥头，终点在堤防与慈江泵站左岸上游翼墙相接处，全长约126m。堤顶高程3.90m，堤顶宽度3.00m，新堤顶轴线向内侧平移了约8.00m，堤内侧坡坡比为1∶3，坡面植草；外侧坡坡比同样为1∶3，常水位以上种植生毯，常水位以下采用格宾石笼护坡护脚。

8. 交通桥

慈江闸站交通桥包括慈江一桥和慈江二桥。慈江一桥位于慈江水闸南侧，桥梁全长34.54m。桥梁设计宽度8.00～10.50m，设计高程为6.43m，桥型为2×15.50m两跨现浇箱梁。慈江二桥位于慈江泵站下游出水池处，依据泵站分段情况进行布置，桥梁全长44.60m，总宽10.50m，设计高程为5.60m，桥型为2×18.30m两跨预应力混凝土简支空心板桥，按左、右两幅桥进行设计。

9. 堤防恢复及闸站上、下游防冲保护

因慈江闸站和支援闸施工，基坑边坡放坡需要，被挖除的现有堤防需恢复。恢复段堤防堤顶高程与现状堤顶高程一致，为3.65m，与已有堤顶道路相接。为满足20年一遇防洪度汛要求，在堤顶迎水侧设防浪墙，慈江闸站堤防防浪墙顶高程3.90m，支援闸堤防内河段高程3.91m、慈江段高程3.90m。

根据水工模型试验结果，闸站运行时，下游主流偏左，在泵站排涝各工况和水闸泄最大流量工况下，闸站下游防冲槽末端及下游河道流速均较大。为保证慈江闸站山口河段河岸稳定，对慈江闸站下游顺水流向左岸200m、右岸100m范围进行防护，垂直水流向从岸坡坡脚向江心延伸防护25.00m，采用柔性合金钢网石兜防护。

10. 老慈江大闸防洪封闭及连接段堤防维护

（1）老慈江大闸防洪封闭

老慈江大闸右岸水闸管理处周围防洪未封闭，为达到防洪封闭要求，在水闸管理处的上游设置钢筋混凝土防洪封闭墙，倒"T"形断面布置，底宽1.50m，底高程1.50m，

墙高2.40m，墙厚0.50m，长48.00m，基础埋深1.00m。

（2）连接段堤防维护

连接段堤防维护是指新建水闸右岸与老慈江大闸之间的堤防，主要是对干砌石等损毁部位进行修复及堤防加高加固；挖除堤顶厚0.50m和外侧坡面削坡厚0.50m，新堤顶设置混凝土防浪墙，墙顶高程为3.90m，加高堤顶路面高程至3.65m，新建堤防路面；迎水坡面铺设生态防冲植生毯，内侧坡面植草绿化。

11. 慈江闸站下游部分堤防加高加固

慈江闸站下游部分堤防划归在本工程范围内，堤防防洪设计标准为20年一遇，对应的下游水位为3.09m，按堤防设计规范要求，堤防高程应为3.59m。下游新建堤防堤顶高程为3.65m，为了与下游新建堤防衔接，加高加固段堤顶高程定为3.65m，堤顶宽3.00m。由于现有堤防堤顶高程为3.15m，不满足防洪要求，将老堤堤顶挖至高程2.40m，填筑塘渣料，迎水侧铺设生态植生毯（厚40cm），边坡1:2.5，植生毯与塘渣料之间铺设复合土工膜；背水侧填筑种植土（厚30cm），边坡1:3。

12. 安全监测

安全监测包括永久监测和施工期临时监测。永久监测项目主要有：①变形监测；②渗压渗流监测；③应力应变及温度监测；④水位监测；⑤流量监测；⑥冲刷及淤积监测；⑦人工巡视检查。

施工期临时监测的主要部位及内容有：闸基坑及支援闸基坑支护桩变形稳定、老闸沉降、围堰沉降及高铁桥墩沉降。

13. 建筑设计

（1）设计标准及条件

① 建筑设计使用年限确定为50年，耐火等级为二级，建筑结构安全等级为二级。

② 屋面防水等级为Ⅱ级。

③ 基本风压 $W_0 = 0.5 \text{kN/m}^2$（50年重现期）。

④ 基本雪压 $S_0 = 0.3 \text{kN/m}^2$（50年重现期）。

⑤ 根据国标《中国地震动参数区划图》，场地位于地震动峰值加速度0.10g区内，相应的地震基本烈度为7度。

（2）建筑方案

建筑方案设计结合当地自然环境和人文景观，合理运用建筑技术手段，以"适用、经济、美观"为原则，塑造具有现代水利工程特色的新形象。

建筑方案主要从单体平面、单体立面、单体剖面、建筑装修四个方面，分别对慈江闸站工程主要建筑物（慈江水闸、慈江泵站、支援闸、生产用房）的建筑部分进行设计。

（3）建筑结构

慈江闸站建（构）筑物主要包括泵房主、副厂房和启闭机房，慈江水闸和支援闸启闭机房及生产用房。

慈江泵房和安装间上部结构、慈江水闸上部结构、支援闸上部结构均采用钢筋混凝土现浇框（排）架结构，生产用房采用钢筋混凝土框架结构。

（4）生产用房水电系统

泵房生产用房水电系统设计主要包括生产用房的室内给水系统、室内排水系统和室内电气系统的配备和安装设计。生产用房为三层框架结构，总面积约820m^2。

（5）建筑亮化

主要包括慈江闸站工程主要建筑物（慈江水闸、慈江泵站、支援闸）夜景照明系统及低压配电系统。

14.景观

（1）设计范围

景观设计范围是慈江闸站永久征地内占5000m^2，采用中档景观配置。

（2）景观方案

①整体景观功能结构——两轴多点布局结构

整个基地定位营造出一个自然的生态滨水空间，总体构图以严谨的自由为主导思想，结合建筑平面线条的走向进行布局，在严谨规则的直线间点缀自由唯美的弧形空间，力求与整体环境充分融合。水闸周边区域的布局延续建筑的风格及构图形式，拓展了传统与天然合一的理念，挖掘基地特色，通过步行道及小型休憩空间等创造出富有趣味的空间。

②两轴——人文景观轴、生态景观轴

人文景观，以慈城文化为背景，借助水闸主体建筑的设计元素，形象生动地展示出人类活动，将一个工程升华为一种精神。

以果林、园路等组成的生态景观，创造良好的自然景观环境，让人身临其境，深入体会与大自然的融合，解放身心，放松心情。

（六）机电及金属结构

1.水力机械

（1）主机选型

泵站设计排涝流量为100m³/s，采用4台叶轮Φ3.2m竖井贯流泵，泵型号为3200ZGB25-0.73，单机设计流量25 m³/s，设计总扬程0.73m，单机功率560kW。泵站机组主要性能见表2-11。

表2-11 泵站机组主要性能

型式	竖井贯流泵
型号	3200ZGB25-0.73
叶轮直径（mm）	Φ3200
水泵额定转速（r/min）	75
叶片安放角	0°
泵装置设计扬程（m）	0.62
泵装置最大扬程（m）	1.64
泵装置最小扬程（m）	0.28
泵装置设计扬程下流量（m³/s）	25.49
泵装置最大扬程下流量（m³/s）	18.29
泵装置最小扬程下流量（m³/s）	27.20
设计点装置效率（%）	65.6
电动机功率（kW）	560
额定电压（kV）	10
额定转速（r/min）	745
齿轮箱型式	上、下平行轴立式
传动功率（kW）	560
传动比	1：9.933
叶片调节方式	半调节

（2）水力机械辅助设备

①技术供水系统

采用密闭循环冷却方式，水源为自来水，设计体积为20m³的循环水池，由循环供水泵（3台，2用1备，单机$Q=30\text{m}^3/\text{h}$，$H=40\text{m}$，$P=7.5\text{kW}$）从循环水池取水，先通过轴瓦冷却器带走热量，再进入泵组用水设备后流回循环水池，如此循环往复，保证泵组技术供水。

②排水系统

检修排水泵采用2台立式离心泵，单台$Q=160\text{m}^3/\text{h}$，$H=20\text{m}$，$P=15\text{kW}$。

渗漏排水泵采用2台潜水泵，单机$Q=30\text{m}^3/\text{h}$，$H=20\text{m}$，$P=4\text{kW}$，水泵的启停由集水井内的液位信号器控制。

③润滑油系统

机组各用油部位均采用人工加、排油方式，配置一台手摇油泵供加油用，水泵导轴承润滑用油采用高位油箱供给。

④压缩空气系统

压缩空气系统主要供泵站内维护检修用气和吹扫用气。泵站内设置2台移动式低压活塞空压机，排气量$1.0\text{m}^3/\text{s}$，排气压力0.7MPa。

⑤水力量测系统

水力量测系统主要包括全站性测量和机组段测量，全站性测量包含进、出水水位及水位差和拦污栅前、后液位差测量，机组段测量包含进水流道进口压力、出水流道出口压力、叶轮进口压力、导叶体出口压力和泵组振动摆度监测。

⑥起重设备

为满足设备安装与检修需要，厂内选用一台20/5t桥式起重机。起重机跨度为17.00m，主钩起升高度15.00m，副钩起升高度18.00m。

2.电气

慈江闸站主要用电设备为4台$25\text{m}^3/\text{s}$的竖井贯流式泵，采用560kW、10kV异步电机。另有主泵技术供水系统的水泵及冷却设备、闸门配套的启闭设备、清污机设备、消防系统的水泵等，以及室内外照明、办公生活等用电负荷。慈江闸站用电设备总装机容量约为3185kW，计算负荷约为2240kW。

慈江闸站负荷等级为二级，供电电源由彭山110kV变电站出线的两回10kV环网电源同时供电，互为备用。另安装一台125kW、0.4kV柴油发电机组作为应急电源。

慈江闸站用电设备由设置在泵站副厂房地面一层的变电所供电，变电所10kV侧和0.4kV侧均采用单母线分段接线方式。10kV水泵采用一对一就地补偿方式，0.4kV设备采用集中补偿方式。

慈江闸站按二类防雷标准设计，主要以水工构筑物基础为接地装置。0.4kV系统采用TN-S接地型式。

3.自动化系统

自动化系统工程基础设施建设包括控制中心建设、闸泵远程控制系统建设、安防系统建设、音频广播系统建设和火灾自动报警系统建设。

为满足工程自动化的要求，本工程闸泵远程控制系统按无人值班（少人值守）原则设计，采用计算机监控为主、简易常规监控为辅的控制方式。各闸泵可由控制中心的值班人员通过工控机进行监控。

本系统以充分发挥慈江闸站基础设施工程效益以及提高水利信息化管理水平为目标，采用自动化、信息化先进技术，利用专业管理软件、可编程控制器、组态软件平台、通信网络等开发集成，通过与前端控制、监测设备和后端的软件平台相结合，提高闸泵信息采集、远程控制的安全性、实时性以及系统的可靠性，实现水资源综合利用、统一领导、统一标准、统一设计的建设目标，并与宁波市防汛综合信息平台通过网络连通，确保系统数据可同步备份至宁波市防汛综合信息平台，并实时接收上级系统发布的调度指令与其他信息，实现成熟、规范的数据共享，为防汛抗旱、水利工程管理、水政执法、涉河项目等业务工作的开展提供全面的数据支持。

4.金属结构

慈江水闸设4孔，顺水流方向依次布置上游侧平面滑动检修闸门、平面升卧式定轮工作闸门和下游平面滑动检修闸门。上游和下游检修闸门均由电动葫芦启闭设备操作，平面升卧式定轮工作闸门由固定卷扬式启闭设备操作。

泵站设置4台水泵，顺水流方向依次布置有进水口拦污栅（回转式格栅清污机）、进水口平面滑动检修闸门、出口快速平面定轮工作闸门、出口平面定轮事故检修闸门。进水口检修闸门由电动葫芦启闭设备操作，快速平面定轮工作闸门由快速固定卷扬式启闭设备操作，出口事故检修闸门由固定卷扬式启闭设备操作。

支援闸顺水流方向依次布置平面滑动检修闸门、平面定轮工作闸门和平面滑动检修闸门。检修闸门均由电动葫芦启闭设备操作，平面定轮工作闸门由固定卷扬式启闭设备操作。

本工程闸门（拦污栅）共计28扇，启闭机械设备30台（套），总工程量约696.5t。

慈江闸站金属结构及启闭设备技术参数及工程量见表2-12。

表2-12 慈江闸站金属结构及启闭设备技术参数及工程量

项目	名称	孔数	闸门 门体 型式	闸门 门体 孔口尺寸(宽×高-水头)(m)	闸门 数量	闸门 单重(t)	闸门 总重(t)	埋件 数量	埋件 单重(t)	埋件 总重(t)	启闭设备 启闭机 型式	启闭设备 启闭机 容量(kN)	启闭设备 启闭机 数量	启闭设备 启闭机 扬程(m)	启闭设备 启闭机 功率(kW)	启闭设备 启闭机 重量(t)	备注
慈江水闸	1.上游侧检修闸门	4	露顶平面滑动闸门	8.25×3.20-3.20	1	7	7	4	3	12	MD1电动葫芦	2×50	1	10	2×7.5	5	轨道长度L=42m，I45
慈江水闸	2.工作闸门	4	露顶于卧悬臂定轮闸门	8.25×5.47-5.47	4	20	80	4	8.5	34	QPQ固定卷扬式启闭机	2×160	4	10	2×7.5	4×6	
慈江水闸	3.下游侧检修闸门	4	露顶平面滑动闸门	8.25×3.20-3.20	1	7	7	4	3	12	MD1电动葫芦	2×50	1	10	2×7.5	5	轨道长度L=42m，I45
慈江水闸	4.其他				8	5+5	80				回卷检修梁式起重机	30	1	5	2×0.8	4	单轨电动葫芦I45
慈江排涝泵站	1泵站进水口拦污栅 拦污栅清污机	8	回转式格栅清污机	3.35×5.47-2.00	1	3	3				清污机		1		8×3		拦污栅安装倾角75度
慈江排涝泵站	带式输送机	1			1								1		5.5		运输长度L=40m，宽1.2m
慈江排涝泵站	运污车	1															
慈江排涝泵站	2.进水口检修闸门	4	潜孔平面滑动闸门	7.5×4.145-6.57	1	12	12	4	9	36	MD1电动葫芦	2×100	1	10	2×13	6	

续表

项目	名称	孔数	闸门 门体 型式	孔口尺寸(宽×高-水头)(m)	数量	单重(t)	总重(t)	埋件 数量	单重(t)	总重(t)	启闭设备 启闭机 型式	容量(kN)	数量	扬程(m)	功率(kW)	重量(t)	备注
慈江排涝泵站	3.出水口快速工作闸门	4	潜孔平面定轮闸门	6.60×3.80-8.00	4	18	72	4	9	36	QPK固定卷扬式启闭机	2×250	4	10	2×13	4×12	
	4.出水口事故检修闸门	4	潜孔平面定轮闸门	6.60×3.80-6.74	4	15	60	4	9	36	QPQ固定卷扬式启闭机	2×200	4	10	2×11	4×10	
	5.其他										固卷检修梁式起重机	30	1	5	2×0.8	4	单轨电动葫芦Ⅰ45
支援闸	1.上游侧检修闸门	3	露顶平面滑动闸门	4.00×3.20-3.20	1	4	4	3	2	6	MD1电动葫芦	2×50	3	6	2×7.5	5	轨道长度L=20m, Ⅰ45
	2.工作闸门	3	露顶悬臂滑动闸门	4.00×5.28-5.28	3	9.5	28.5	3	3	9	QPQ固定卷扬式启闭机	2×80	3	6	2×3.7	3×2	
	3.下游侧检修闸门	3	露顶平面滑动闸门	4.00×3.20-3.20	1	4	4	3	2	6	MD1电动葫芦	2×50	1	6	2×7.5	5	轨道长度L=20m, Ⅰ45
小计:							357.5			187			152				
合计: 696.5 t																	

5.暖通

工程值班室、会议室、中控室、资料室等房间均设置分体空调。室内机根据容量大小采用柜式或壁挂式，室外机就近设置在外墙或屋顶。通风换气次数见表2-13，暖通主要工程量见表2-14。

表2-13 通风换气次数

房间名称	换气次数（次/时）
泵站主厂房	6
厨房	40
卫生间	10
电气设备间（油浸式变压器室）	12（事故通风）

表2-14 暖通主要工程量

编号	名称	规格型号	单位	数量
1	分体空调	2HP	台	8
2	分体空调	3HP	台	6
3	壁挂式轴流风机	风量 4000m³/h，$N=0.37$kW	台	12
4	防爆型轴流风机	风量 15800m³/h，风压 230Pa，$N=0.75$kW	台	2

（七）消防设计

消防设计贯彻"预防为主，防消结合"和"确保重点，兼顾一般，便于管理，经济实用"的原则。

根据建筑消防设计对象，主厂房、安装检修车间、生产用房以水消防为主。电气设备间等不适宜采用水消防的部位、场所采用移动式灭火器。室内配备各种推车式和手提式灭火器，室外配置一定数量的消火栓。

1.消防总体设计

（1）消防范围与消防分区

消防设计的范围包括慈江闸站及支援闸，还兼顾其他生产、生活辅助性建筑物。

根据《水利工程设计防火规范》（GB 50987—2014）5.1.1条规定：主厂房和高度在24m以下的副厂房，其防火分区最大允许占地面积不限。因此，将慈江闸站及支援闸各划为一个防火分区，但为了确保防火安全，对易失火的重点场所及有特殊要求的部位，如泵站内变压器室、电缆吊架等，设置防火分隔或防火隔墙、防火门窗、防火阀进风口等进行分隔。

（2）火灾分析和灭火方案

泵站机电设备（主要为泵站机组、高压配电室、低压配电室、卷扬启闭机房、电缆通道等）失火时，火灾一般为B类火灾或E类火灾，不易扑灭，且对生产设备危害性较大。而生产管理和生活区内失火时，火灾一般为A类火灾，比较容易扑灭，火灾危害性相对较小。故本泵站消防总体设计方案是：泵站主副厂房区消防方式以水消防为主，部分不适宜采用水消防的部位、场所，采用移动式灭火器或手提灭火器；附属建筑物内布置室内消火栓，配置一定数量手提式灭火器，并在建筑物外布置室外消火栓。

（3）消防车道

泵站内车行道呈环状布置，可使消防车顺畅抵达失火点，干道宽6～8m，双向车道，转弯半径9m，满足《建筑设计防火规范》（GB 50016—2014）对消防车道的要求。

2. 建筑物消防设计

本泵站防火设计除遵循《水利工程设计防火规范》（GB 50987—2014）外，局部还遵照《建筑设计防火规范》（GB 50016—2014）的有关规定进行设计。

（1）**安全疏散通道**

主泵房共分3层，从上往下分别为安装场层、运行层和廊道层。每层均有2个安全出口可通至上一层，安装场层共设置了2个安全出口直通室外，上述安全出口数量满足《建筑设计防火规范》（GB 50016—2014）对防火安全疏散的要求。

（2）**建筑构造防火设计**

所有砌体墙（除说明者外）均砌至梁底或板底且不留有缝隙。

设备管道穿过防火墙、楼板时，应采用不燃烧材料将其周围的缝隙填塞密实，水泥砂浆封口。穿过防火墙处的管道保温材料应采用不燃烧材料。防火墙上设备留洞的背面用相当于防火墙耐火极限的防火板封堵。

所有防火门采用钢质防火门，并加闭门器自行关闭，符合建筑设计防火规范的要求。

防火墙和公共走道上疏散用的平开防火门应设闭门器，双扇平开防火门应安装闭门器和顺序器，常开防火门须安装信号控制关闭和反馈装置。

所有管道井壁均为不燃烧体，耐火极限≥1小时。待管道安装后，在每层楼板处用后浇板作防火分隔。

消火栓安装在防火墙上时应在箱子背后进行特殊处理,刷5mm厚防火漆,并加双层10mm厚防火板材,保证耐火极限为3小时。

地下用房内禁止储藏可燃危险物品。地下用房内装修按《建筑内部装修设计防火规范》(GB 50222—95)的规定,燃烧性能不低于规范表中"3.3.1"的规定,人防工程不低于规范表中"3.4.1"的规定。

(3)**建筑消防防火设计**

建筑消防设计的主要对象包括主厂房(水泵机组段与安装检修车间)、副厂房(高压配电室、低压配电室、中控室、技术供水泵房、消防供水泵房、工具间)、支援闸、新建慈江大闸、卷扬启闭机房及其他辅助性建筑物。

①主厂房安装层及运行层以水消防为主,运行层配置组合式消火栓柜,柜内设一个消火栓及三个灭火器、SN65型单口单阀消火栓1个、25m衬胶水龙带1条及Φ19mm水枪1支,共布置4套消火栓柜,确保主要部位有两股充实水柱同时到达。

在主厂房安装层设置2套组合式消火栓柜,另布置2套MFAT35型推车式泡沫灭火器。

主厂房最下层为廊道层,设备布置较少,失火的可能性比较小。为防万一,在廊道进口处均配备手提式干粉灭火器。

其他部位以MF4型手提式干粉灭火器为主。

②高压配电室

室内配置4套MF4型手提式干粉灭火器及1套MFAT35型推车式泡沫灭火器,并配置1只0.5m³砂箱。

③生产用房

生产用房以水消防为主,配置组合式消火栓柜,生产用房共三层,每层布置2套,共布置6套,确保主要部位有两股充实水柱同时到达。生产用房内各房间布置1套MF/ABC3型手提式干粉灭火器。

3.消防电气

(1)**消防电源**

慈江闸站消防系统电源一路引自泵站变电所0.4kV母线,另一路引自柴油发电机组低压配电屏。

(2)**消防泵**

慈江闸站消防系统配备2台22kW消防泵和2台5.5kW稳压泵,均采用1用1备、自动转换运行方式。消防泵和稳压泵均配置专用起动控制柜,并采用双电源供电。

（3）消防照明、疏散标志

在主、副厂房及管理楼等建筑物的主要通道、楼梯间和安全出口均设置火灾应急照明和疏散指示标志，疏散用应急照明最低照度不低于0.5lx。

应急照明系统采用自带满足120分钟照明要求蓄电池的应急灯。疏散指示标志信号采用应急灯。

（4）火灾自动报警及联动控制

根据火灾报警系统设计规范，慈江闸站为二级保护对象。设置一套火灾自动报警及联动控制系统，以便对泵站、水闸和支援闸等部位进行监控。

① 系统总体结构

系统采用区域报警控制结构。该系统由区域火灾报警控制器及终端设备组成。在值班控制室设置1台区域火灾报警控制器，负责泵站、水闸和支援闸3个区域的火灾探测、报警及联动控制。区域报警控制器与各类探测器及联动模块之间采用二总线制数字传输和控制方式，区域报警控制器与泵站计算机监控系统之间进行通信。

② 系统设备配置

系统设备主要有报警控制器、火灾探测器、联动控制设备、手动报警按钮及声光报警器，各部位的调度电话或行政电话兼作消防电话。

（八）建设征地与移民安置

本工程建设征地涉及民丰村和龚冯村，土地面积共计69.67亩，其中，工程永久征地的土地面积42.32亩包括农用地7497m^2（合11.25亩，其中，水田6461m^2，合9.70亩；坑塘水面1036m^2，合1.55亩）、建设用地15880m^2（合23.82亩）、未利用地4836m^2（合7.25亩）。施工临时占地的土地面积34.60亩，均为农用地。

本工程项目占用的耕地补充，委托江北国土分局解决。项目占用耕地0.6461公顷，其中江北区0.6461公顷，由江北分局采用补改结合的方式，落实在松阳县樟溪乡力溪村孟家人山垦造耕地项目、遂昌县湖山乡姚岭村郭岭垦造耕地项目。补充耕地所需资金由市、区两级财政安排。项目用地所需规划新增建设用地指标和基本农田指标，使用省级预留指标。

采用2017年2月价格水平计算，慈江闸站工程建设征地移民安置补偿总投资1722.5万元。按项目分：土地补偿补助费1527.5万元，其他费用45.8万元，基本预备费125.9万元；有关税费23.3万元。本工程征地范围小，没有移民搬迁。

（九）环境保护设计

1.环境影响复核

根据《姚江二通道（慈江）工程环境影响报告书》，项目符合环境功能区划、城镇发展规划，工程施工期和营运期各项环境污染通过严格的科学管理和环保措施后能控制在国家标准范围内，对区域环境质量的影响较小，整体上有利于区域的生态环境改善。从环保角度分析，工程建设可行。

对环境影响进行复核，工程建设对环境的主要不利影响有：对生态的影响，工程施工对水环境、大气环境、声环境、固体废物、土地资源、人群健康的影响。但这些不利影响均较小，可通过环境保护措施得到有效控制和缓解，不存在制约工程建设的环境影响因素。

2.环境保护设计

加强施工人员生态保护的宣传教育工作，制定严格的环保制度，合理安排施工机械运行方式和时段，将工程施工对当地生态环境的影响减小到最低程度。结合水土保持措施，进行施工迹地恢复，维持区域原有的生态功能。

依据施工区水环境质量要求以及废（污）水排放标准，施工区废（污）水分别采取以下措施进行处理：基坑废水投加絮凝剂，静置、沉淀2小时后使废水满足综合利用的水质要求，抽出，用于混凝土养护，剩余污泥定期人工清除；施工机械和运输车辆保养产生的含油废水采用小型隔油池处理；混凝土拌和冲洗废水采用中和沉淀池处理；生活污水可由当地既有污水系统（租用民房）及施工区现场旱厕定期清掏后农用处理。

尽量选用低噪声的设备和工艺；加强机械设备的维修和保养，减少运行噪声；土方开挖、多尘物料运输尽量采取洒水防尘、密封措施；施工机械及运输车辆应定期检修与保养，选用优质油料，减少有害气体排放量；合理安排施工时序，车辆经过居民区时，限制车速，禁止鸣笛；妥善处理生活垃圾和施工弃渣。

加强施工区环境卫生管理；定期对施工人员进行卫生检疫和防疫；做好施工人员的劳动保护，配发防噪、防尘用具。

（十）水土保持设计

1.水土保持方案复核

工程可研阶段，主体设计对慈江闸站工程选址进行了比选，通过方案比选，确定了推荐选址。从水土保持角度分析，各比选方案均无水土保持制约性因素，基本同意主体设计推荐选址。

工程在规划选址选线、立项条件、工程征占地、土石方平衡、施工组织等方面对水土保持而言均未形成制约，基本符合水土保持要求。工程在占地性质、占地类型、用地指标、占地数量和占地可恢复性等方面无水土保持制约因素，基本符合水土保持要求。工程借方全部从合法料场商购解决，不单独设置取料场，有利于水土保持。工程弃方得到妥善处置，有利于水土保持。工程采取合理的施工布置、施工工艺和施工组织设计，可有效避免水土流失。主体工程的排水工程、景观绿化及抚育管理、泥浆池、基坑排水措施等工程界定为水土保持工程。本方案在主体工程设计的基础上，主要补充措施包括：①施工前的剥离表土措施；②施工期间的临时排水、沉砂措施；③临时堆土在堆置期间的防护措施；④施工生产生活区施工期间的临时拦挡、排水、沉砂措施等；⑤临时占地施工后期的迹地恢复等措施。

从水土保持角度分析，工程建设无限制性因素，建设是可行的。

2. 水土保持措施设计

（1）Ⅱ-2区慈江闸站工程防治区（主体工程区）

Ⅱ-2区慈江闸站工程防治区，防治面积2.10hm²，包括慈江闸站工程及其直接影响区面积。施工前，对占用的耕地、绿地区块剥离表土，剥离的表土堆置在临时堆土场内，并采取填土草包围护、防雨布苫盖等防护措施；施工期间，对闸站基础施工产生的泥浆设置泥浆池进行防护，闸站基坑开挖期间布设基坑排水系统；施工后期，采取场地排水工程、土地整治、景观绿化等措施。

（2）Ⅱ-5区施工临时设施防治区（施工生产生活区）

Ⅱ-5区施工临时设施防治区，防治面积0.70hm²，包括施工生产生活区、临时堆土场及其直接影响区。施工前，对占用的耕地、绿地区块剥离表土，剥离的表土堆置在临时堆土场内，并采取填土草包围护、防雨布苫盖等防护措施（临时堆土场因扰动深度较小，考虑采用铺垫塑料布等保护措施，不再剥离表土）；施工期间，各场地周边布设临时排水、沉砂、砂石料临时拦挡、临时堆土防护等措施；施工后期，采取土地整治、景观绿化等措施。

（3）水土保持措施工程量

本工程新增水土保持措施工程量主要包括：表土剥离0.26万m³，覆土0.45万m³，临时排水沟450m，填土草包300m³，苫盖防雨布1.06万m²。

（十一）节能设计

1.能耗分析

本工程在建设期主要消耗的能源为柴油、汽油和电力等，在运行期主要消耗的能源是运行、维护闸站消耗的柴油和电力、管理用电等。

2.节能措施

在工程总体布置和设计中，充分体现节能理念，河岸堤线、工程轴线和水闸、泵站等设计均进行比选优化。建筑物布置时，尽可能减少土方开挖和回填；开挖土方尽可能现场综合利用，以减少弃土外运。这些措施均可有效降低施工期油耗。

建筑节能设计中，强调"以人为本，环境为先"的原则，在满足建筑的适用性、耐久性的同时，着重强调"均好性"，注重能源的有效使用和节约。

在金属结构以及电气设备选择设计中，按照节能优先、技术和工艺先进并符合国家行业政策规定的原则选用设备。

在施工组织设计过程中，施工总布置本着有利于生产、方便生活、快速安全、经济可靠、易于管理的原则进行，始终贯彻执行节能标准，将节能降耗指标作为施工总体布置、施工工艺、机械设备选型的重要考查内容。

3.节能效果综合评价

依据合理利用能源、提高能源利用效率的原则，遵循节能设计规范，从设计理念、工程布置、设备选择、施工组织设计等方面采用了节能技术，选用了符合国家政策的节能机电设备和施工设备，合理安排了施工总进度，符合国家固定资产投资项目节能设计要求。

（十二）工程管理设计

1.工程管理和保护范围

工程管理及保护范围主要依据《浙江省实施〈中华人民共和国水法〉规定》《浙江省水利工程安全管理条例》《浙江省各类水工程管理范围、保护范围的法定标准和指导标准》等相关规范对于河道、闸、泵管理的相关要求予以划定。

四级堤防的管理范围为堤身和背水坡脚起5～10m的护堤地，保护范围为护堤地以外的3～10m的地带。水闸工程管理范围为"水闸上、下游河道各50m，左、右侧边墩翼墙外50m"地带，保护范围为管理范围以外各25m地带。泵站工程管埋范围为泵房四周各25m地带，保护范围为管理范围以外各15m地带。

按工程管理和保护范围，建设管理单位会同土地管理部门埋设界桩和公告牌，任何单位和个人不得擅自移动、损坏界桩和公告牌。

2. 工程控制运行

根据宁波市防汛抗旱指挥部统一调度指令，通过对三座干流闸站工程的联合调度，对江北镇海平原河网水位进行预排、预降，预降河网水位至平原河网中、低水位以下。

慈江闸站洪水期调度方案：在化子闸或化子泵站已开启，慈江慈城控制点水位低于2.80m的前提下，当余姚城区、姚江干流水位较高，结合气象预报，且江北镇海有条件时，开启慈江水闸进行排水；在化子泵站已开启，慈江慈城控制点水位低于2.80m的前提下，当余姚城区、姚江干流水位较高，结合气象预报，且江北镇海有条件时，若慈江水闸闸门出流较小（闸上、下水头差在0.05m以内），或泵前水位低于泵后水位时，开启泵站进行排水。

支援闸起排水位为0.71m，当内河（郭塘河）水位超过起排水位且高于外江（上慈江）水位时，开启闸门；否则，关闭闸门。

慈江闸站及支援闸的防汛调度需服从宁波市防汛抗旱指挥部统一调度指令。

3. 工程管理设施

（1）生产、生活区用房

慈江闸站所需生产、生活区用房总面积1770m²。

（2）工程观测

一般性观测项目有河堤沉降、位移、水位、水流形态以及表面观测等。结合观测所需，管理所在河道沿线应设置观测网点，配置必要的观测设备。

（3）通信设施

为满足维修管理、运行调度管理所需，本工程建立对内、对外通信系统，并配置相应的通信设施，并与所属上级主管单位和防汛指挥中心的通信网连接。

（4）遥测、监控设施

为提高防洪排涝控制的集中化、自动化程度，自动控制系统选用带工业控制操作方面的高档可编程序控制器，配置微机综合管理系统，并入宁波市、江北区和镇海区水利信息中心遥测、监控计算机网络，实现远程数据交换。

（5）其他管理设施

根据管理区内环境绿化及其他管理工作所需，按"按需设置"配置原则进行配置。

(十三) 工程投资

按2017年2月价格水平计算，慈江闸站工程静态总投资为27652.45万元。其中，工程部分静态投资25510.47万元，征地和环境部分静态投资2141.97万元。工程总概算见表2-15。

表2-15 工程总概算

单位：元

序号		工程或费用名称	建安费用	设备费用	独立费用	合计
I			工程部分			
	一	建筑工程	145280119			145280119
	二	机电设备及安装工程	5154685	27075248		32229933
	三	金属结构设备及安装工程	2699161	10030757		12729918
	四	施工临时工程	23378284			23378284
	五	独立费用			29338642	29338642
		一至五部分合计	176512249	37106005	29338642	242956896
		基本预备费5%				12147845
		价差预备费				
		建设期还贷利息				
		静态总投资				255104741
		工程部分总投资				255104741
II			征地和环境部分			
	一	工程建设区征地补偿和搬迁安置				15965846
	二	水土保持工程				3149899
	三	环境保护工程				848723
		一至三项合计				19964468
		基本预备费				1455262
		价差预备费				
		建设期还贷利息				
		静态总投资				21419730
		征地和环境部分总投资				21419730

续表

序号	工程或费用名称	建安费用	设备费用	独立费用	合计
Ⅲ	工程汇总				
	静态总投资				276524471
	工程总投资				276524471

（十四）经济评价

1. 费用估算

（1）基本依据和计算原则

根据《建设项目经济评价方法与参数》（第三版）和《水利建设项目经济评价规范》（SL 72—2013）的规定，固定资产投资是在工程设计投资估算成果的基础上，用影子价格进行调整计算，并剔除国民经济内部转移支付的税金、贷款利息和价差预备费。

根据工程设计投资估算成果，本工程静态总投资为27652.45万元，剔除其中属于国民经济内部转移资金的部分，固定资产投资为25439.18万元。

根据工程施工组织设计，施工时间跨度为4年。依据施工进度，分年度投资按固定资产投资的15%、40%、40%、5%计。分年度投资情况见表2-16。

表2-16 分年度投资

年份	2016	2017	2018	2019	合计
固定资产投资（万元）	3815.88	10175.67	10175.67	1271.96	25439.18
占比（%）	15	40	40	5	100

（2）年运行费

水利建设项目的年运行费应包括项目运行初期和正常运行期每年所需支出的全部运行费用。

河道、堤防工程分工程维修费和管理费，可以河道、堤防长度为基数测算，工程维修费按3万元/km，管理费按5万元/km。本工程共整治河道、堤防约0.766km（含支援闸至闸站连接段堤防、工程区堤防恢复及加固加高），运行费为6.13万元/年。

闸站工程分工程维修费、管理费和折旧费，以固定资产投资的3%计，运行费约为763.18万元/年。总计运行费为769.31万元/年。

（3）流动资金

水利建设项目的流动资金是指维护项目正常运行所需购买的材料、燃料、备件及支付职工工资的周转资金。

本工程流动资金按月运行费的1.5倍考虑，取96.16万元，在运行期第一年投入，在运行期末一次性回收。

2.效益估算

宁波市姚江流域历来洪涝灾害相对频繁，特别是近年来连续遭受"海葵""菲特""灿鸿"等强台风袭击，给该流域造成了严重的洪涝灾害，流域防洪排涝工程体系亟待完善，其中扩大姚江的东排能力也是迫在眉睫。

结合流域已有水利规划成果，并按照浙江省委、省政府和宁波市委、市政府的要求，目前，姚江流域基本确立了指导下一阶段防洪排涝治理工作的"六大"工程措施，分别为"城防""强排""西分""西排""北排""东泄"。

姚江二通道（慈江）工程为"东泄"工程的重要组成部分，据初步测算，姚江二通道（慈江）工程效益占余姚及其所在姚江干流片工程综合治理效益的5%。

"菲特"台风期间，余姚市直接经济损失高达227亿，据初步测算，在姚江干流片区综合治理工程实施完成之后，至少可减少约25%的经济损失。由此反推，初步估计，姚江二通道（慈江）工程防洪排涝效益为2.84亿元。

根据可研批复的投资，慈江闸站部分占工程静态总投资的比例为11.96%，由此估计，本工程的防洪排涝效益为3397.97万元。且随着社会经济的快速发展，工程防洪排涝效益亦会持续增加。故本次分析工程建成后的20年防洪排涝效益按每年3%增长，20年以后按每年1.5%增长。

3.国民经济评价

本工程的经济内部收益率为11.64%，大于社会折现率8%；经济净现值为14455.11万元，大于规定值0；经济效益费用比为1.51，大于规定值1.0。三项指标都能满足规范要求。

从敏感性分析三种情况，在投资增加10%或效益减少10%的单因素变化时，各项指标都满足规范要求，即使两者同时发生，也高于社会折现率8%，说明本工程的抗经济风险能力是比较强的。

因此，从国民经济整体角度来衡量，工程是合理可行的，但仍需注意控制投资，节约成本。

（十五）工程特性表

工程特性见表2-17。

表 2-17 工程特性

序号	项目		单位	数量	备注
一	工程等别				
	泵闸工程			II 等	
二	建筑物级别				
1	主要建筑物			2 级	泵房、闸室、外河消力池及进水池
2	次要建筑物			3 级	除上述建筑物以外的永久性建筑物
3	临时建筑物			4 级	施工围堰等临时性建筑物
三	抗震设防烈度		度	6	
四	外河防洪标准			外河 50 年一遇	
五	内河排涝标准			内河 20 年一遇	
六	航道等级			候青江航道等级为VI级	
				姚江航道等级为IV级	
七	特征水位				
1	外河	设计高水位	m	3.85	$P = 2\%$
		设计高水位	m	3.68	$P = 5\%$
		设计高水位	m	3.39	$P = 10\%$
		常水位	m	1.03～1.33	
		泵运行高水位	m	3.85	$P = 2\%$
	内河	设计高水位	m	3.37	$P = 2\%$
		设计高水位	m	3.13/3.01（近期/远期）	$P = 5\%$
		设计高水位	m	2.71	$P = 10\%$
		常水位	m	1.03～1.33	
		泵站前池水位	m	0.63	内河预降
八	水工建筑物主要特征值				
1	节制闸	孔口宽度	m	18 + 24 + 18	
		闸室长	m	30	
		闸室宽	m	23 + 29 + 23	
		门槛顶高程	m	-1.87	

续表

序号	项目		单位	数量	备注
2	泵站	泵站设计流量	m³/s	80	
		水泵数量	台	4	贯流泵
		水泵安装高程	m	−3.00	
		泵站长	m	40.1	
		泵站宽	m	34.5	
3	翼墙	外河翼墙顶高程	m	4.50/3.60	
		内河翼墙顶高程	m	3.65	
九	供电电源				
1	常供电源		kV	35	两路互为备用
2	站用变		kV	10	干式变压器
十	工程管理				
1	定员		人	22	
2	建筑占地面积		m²	1325	
3	建筑面积		m²	1862	
十一	主要工程量				
1	土方开挖		m³	213786	
2	土方回填		m³	84514	
十二	施工工期		月	24	
十三	征地面积				
1	永久征地		亩	40.83	
2	临时征地		亩	135.21	
十四	工程投资估算				
1	工程部分		万元	24669.50	
2	独立费用		万元	3399.13	
3	征地补偿		万元	1442.93	
4	水土保持工程		万元	177.94	
5	环境保护工程		万元	209.60	
6	供电外线		万元	4011.82	
7	工程总投资		万元	30834.94	

第二章 工程施工

（一）施工条件

1.工程概况

姚江二通道（慈江）工程——慈江闸站是干流闸站工程之一，新建水闸闸孔总净宽33m，闸底高程-1.87m，新建泵站规模100m³/s，工程等别为Ⅱ等，主要建筑物级别为2级，按50年一遇的防洪标准设计；配套扩建支援闸，水闸闸孔总净宽12m。主要工程量汇总见表2-18。

表2-18 主要工程量汇总

项目	单位	主体工程	临时工程	合计
土方开挖	万 m³	11.57	5.39	16.96
土方回填	万 m³	6.31	0.76	7.07
种植土	万 m³	0.18		0.18
塘渣	万 m³	1.53	3.98	5.51
格宾石笼	万 m³	0.19		0.19
抛石	万 m³	0.84	0.14	0.98
合金网兜	万 m³	0.75		0.75
粗砂垫层	万 m³	0.07		0.07
碎石垫层	万 m³	0.22	0.47	0.69
混凝土	万 m³	5.88	0.28	6.16
钢筋	t	5073.13	198.45	5271.58
浆（干）砌石	万 m³	0.11		0.11

续表

项目	单位	主体工程	临时工程	合计
土工膜	万 m²	0.47	0.15	0.62
土工布	万 m²	0.28	0.77	1.05
泥浆	万 m³	7.18	0.64	7.82
钻孔灌注桩	万 m³	2.84	0.27	3.11
水泥土搅拌桩	万 m³	3.24	0.19	3.43

2. 水文气象条件

该流域属亚热带季风气候区，冬夏季风交替明显，四季分明，雨量充沛，气候温和湿润，日照充足，无霜期长。气温受冷暖气团交替控制和杭州湾海水调节，冬暖夏凉，多年平均气温为16.3℃，极端最高温度38.5℃，极端最低温度-6.6℃。多年平均降水量1520.9mm，降雨量年内分配不均，4—7月阴雨绵绵，7—10月台风活动频繁，常发生大暴雨，10月—次年4月除少数雨雪天气外，基本以晴朗天气为主。多年平均日照时数为1900～2100小时，无霜期一般为235天。

3. 地形地质条件

工程区位于宁波平原北部，为海相沉积平原，地面高程一般为2.00～3.50m。区内第四系松散沉积物厚度大，工程区沿线浅部以海相沉积的软土为主，上部主要为第四系海积、冲-海积淤泥质土、粉质黏土等，下部主要为冲-积粉砂、圆砾、残坡积含砾粉质黏土等，厚度受基底起伏控制，变化较大。区内出露基岩主要为侏罗系上统火山碎屑岩与白垩系下统紫红色砂岩，局部有燕山期侵入岩发育，区内零星出露。

根据国标《中国地震动参数区划图》，场地位于地震动峰值加速度0.10g区内，相应的地震基本烈度为7度，设计分组为第一组。

根据《建筑抗震设计规范》(GB 50011—2010)的相关规定，本工程建筑场地类别为Ⅲ类，局部地段为Ⅳ类，设计地震动反应谱特征周期为0.45～0.65s，属对建筑抗震不利地段。

4. 对外交通现状及施工场地条件

本工程位于宁波市江北区慈城镇境内，地处宁绍平原，对外交通较为便利。

公路方面：S61省道、杭甬高速公路、沈海高速公路、宁波绕城高速公路、甬金高速公路等均连通宁波市区，宁波市有城乡公路通至工程区。工程区有江北连接线、210县道经过，对外交通便利。从210县道经龚堵段可通过扩建原乡村道路及新建少量施工道路通往本工程区，交通较为便利。

铁路方面：宁波火车北站能装卸100t以下的货物，可满足本工程的转运要求。

水路方面：工程区南侧为姚江网水系，经支线与慈江水系相通，但目前工程区附近不通航。

工程区附近慈江北岸与沪杭甬客运专线铁路之间有少量农田可作为施工场地，工程区慈江南岸龚冯村西侧有部分农田可作为施工场地，施工场地布置条件满足工程需要。

5.施工和生活用水、用电及建筑材料来源

本工程生活用水可从工程附近的村庄自来水管网接进；施工生产用水可以就近在慈江取水，根据需要经处理达标后使用。

由于当地已有较为完善的地方电网10kV供电线路，慈江闸站施工变电所由地方电网10kV供电线路T接分支线路供电。

工程所在市区通信网络发达，施工过程中可通过有线或无线电话对外沟通，联系方便快捷。

主要建筑材料为混凝土、塘渣料、块石、碎石、水泥、砂、钢筋、土工合成材料等。塘渣料从附近塘渣料场购买，块石从当地石料场购买，碎石、砂从附近堆砂场购买，水泥、钢筋从当地建材部门购买，土工合成材料外购，主体工程用混凝土从附近商品混凝土拌合站购买。

（二）料场选择与开采

1.物料种类及设计量

慈江闸站工程主体及导流工程的混凝土工程量约6.16万m^3，计入临建工程和施工损耗，混凝土设计量约6.79万m^3，对应混凝土粗细骨料（净料）10.19万m^3。

工程土方填筑设计量为7.24万m^3，工程塘渣料、块石料的设计量为7.43万m^3，碎石垫层设计量为0.69万m^3，粗砂垫层设计量为0.06万m^3。各类土石方填筑设计量为15.42万m^3。

2.料源概况

（1）塘渣料

工程区无可直接利用的塘渣料，需从外部采购，用量满足设计要求，运距15km。

（2）块石料和碎石料

外购岩石岩性均为凝灰岩，储量均大于25万m^3，石质较好，质量和储量均能满足工程块石料、碎石料的设计需要，交通便利，运距均为15km。

（3）土料

江北区洪塘土料场，岩性为黄色粉质黏土，土工试验成果：砾粒含量3.7%，砂粒含量24.9%，粉粒含量34.0%，粘粒含量37.4%；土粒比重2.75，含水量20.3%，饱和度79%；压缩系数0.30MPa^{-1}，凝聚力22.7kPa，内摩擦角22.0°，室内渗透系数6.8×10^{-6}cm/s。击实试验表明，最大干密度1.7g/cm^3，最优含水率18.5%，土料物理力学性质满足设计要求，可作为防渗料和回填料。土料场开采条件较好，表层剥离层较薄，厚度0~0.5m，储量约15万m^3，储量满足设计要求。工程区至土料场已有公路连接，交通便利，运距17km。

3.料源选择

工程所需的土料、塘渣料、块石料、碎石料的用量较小，从工程区附近的料场采购。其中：黏土料从J公司采购，运距17km；塘渣料、块石料、碎石料等从I公司采购，运距15km。以上料场，料源质量和生产能力均能满足工程需要。

为减少环境污染，提高工程质量，根据宁波市有关规定，本工程的混凝土全部采用商品混凝土供应，运距约20km。慈江闸站料源规划参见表2-19。

表2-19 慈江闸站料源规划

料物种类	料物设计量 压实方 万m³	料物设计量折算方 自然方/堆方 万m³	开挖料利用量（自然方） 土方开挖量 万m³	料物种类	外购 压实方 万m³
土方填筑	7.24	8.52		土方填筑	7.24
塘渣料	5.51	6.26		塘渣料	5.51
块石料	1.92	1.92	15.34	块石料	1.92
碎石料	0.69	0.81		碎石料	0.69
粗砂垫层	0.06	0.07		粗砂垫层	0.06
合计	15.42	17.58	15.34	合计	15.42

（三）施工导流

1.导流条件

慈江闸站由水闸及泵站组成，采用北泵南闸的总体布置方案，即水闸布置于中心岛南侧原老闸下游，泵站布置于中心岛北侧。慈江水闸的型式为开敞式，水闸闸孔总净宽为33m，孔口尺寸为4孔×8.25m，设计底高程为-1.87m。泵站泵房段结构采用干室块基式结构，泵房段顺水流方向分为进口段、机组段和出口段。

支援闸位于慈江闸站左岸上游约180m处，为拆除扩建工程，采用开敞式水闸，水闸闸孔总净宽为12m，孔口尺寸为3孔×4m，设计底高程为-1.87m。

支援闸至泵站段堤防堤顶高3.90m，上部为斜坡堤，下部设浆砌石挡墙支挡，迎水侧堤脚设格宾石笼防护。

工程区内慈江宽约75～175m，整体呈东西流向，江心发育一个中心岛，长约240m，宽约40m，中心岛北侧河道宽约42m，南侧河道宽约65m，地基土层以深厚的软土为主。

老慈江大闸位于慈江中心岛南侧河道上，在新建慈江水闸轴线上游约90m处，为大运河世界文化遗产的组成部分，是全国重点保护文物。

水闸轴线下游约70m处南岸布置有沤思浦闸，水泵规模为2.1 m³/s。

慈江南岸护塘河河道宽约10m，流量约2.1 m³/s。

2. 慈江闸站施工导流

（1）慈江闸站导流方案

慈江闸站分别设置水闸上游土石围堰、泵站上游土石围堰、闸站下游土石围堰，其中下游土石围堰布置在沤思浦闸下游。沤思浦闸位于基坑以内，施工期间利用原有泵房抽水，接管排洪至下游。土石围堰方案参见围堰平面布置图（图2-1）。

图2-1 围堰平面布置

(2) 老慈江大闸保护方案

新建水闸位于老慈江大闸的下游，老闸闸门板顶高程较低，遇洪水常遭漫顶，不具备施工期兼做围堰挡水的条件。受工程布置条件限制，上游围堰需布置在老闸的上游。

由于老慈江大闸为大运河世界文化遗产，有文物保护要求，为避免新建水闸基坑排水后使老闸工况发生较大的改变，在新建水闸和老闸之间设置一道中间围堰，使老闸位于中间围堰和上游围堰之间，施工时控制老闸上、下游常年水位在-1m。同时，为避免新闸基坑开挖对老闸下部地基造成影响，在老闸和新闸基坑之间设一道水泥土搅拌桩墙。

(3) 水闸右岸护塘河导流方案

施工期间，水闸右侧堤防受开挖影响需破堤挖除，为了保证右岸护塘河水流不进入基坑，在水闸右侧基坑上游设置一道黏土挡水围堰，同时，在水闸右侧基坑下游设置一道钢板桩围堰，原河道排水采用三根Φ800排水管（波纹管接混凝土预制管），导流方案布置见水闸右岸护塘河导流方案布置图（图2-2）。

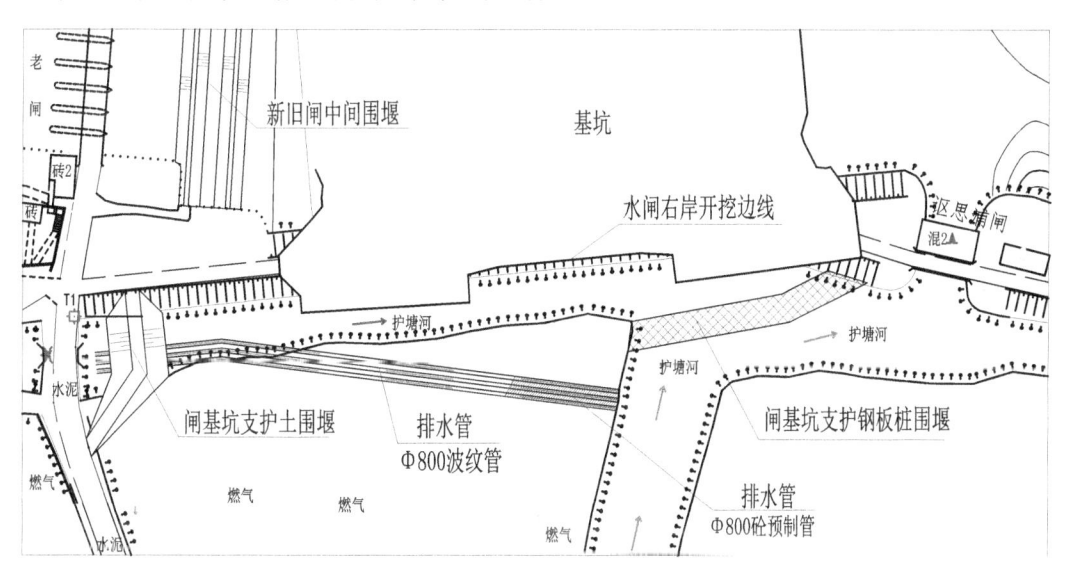

图2-2 水闸右岸护塘河导流方案布置

(4) 导流标准及导流程序

① 导流标准

根据《水利水电工程施工组织设计规范》（SL 303—2004），导流建筑物根据其保护对象、失事后果、使用年限和工程规模确定。工程导流建筑级别及其防洪标准详见围堰导流标准表（表2-20）。

表 2-20　围堰导流标准

围堰名称	导流建筑物级别	防洪标准（重现期：年）	对应水位（m）
水闸上游围堰	4	10	2.91
泵站上游围堰	4	10	2.91
闸站下游围堰	4	10	2.55
新、旧闸基坑围堰	4	常水位	-1
闸基坑护塘河黏土围堰	4	/	1.2
闸基坑护塘河钢板桩围堰	4	/	1.2

② 导流程序

根据工程施工总进度计划，慈江闸站工程施工导流程序如下：

2016年12月，开始进行右岸护塘河导流及相应土围堰、钢板桩围堰施工；

2017年1—2月，完成闸站下游围堰填筑；

2017年3—4月，完成泵站上游围堰填筑；

2017年5月，完成水闸上游围堰填筑以及新、旧闸基坑围堰填筑；

2017年6月—2018年9月，在围堰保护下进行闸站施工；

2018年9月—2018年10月，完成闸站上、下游围堰拆除。

（5）导流建筑物设计

① 上游土石围堰

闸站上游围堰设计水位2.91m，为10年一遇全年围堰，考虑风浪壅高和超高后，围堰顶高程取3.00m（汛期加高至3.60m），顶宽4.00m，水闸和泵站围堰轴线长分别为75m和120m，围堰最大高度约5.5m。堰身采用塘渣料进行填筑，塘渣填筑边坡为1:1.5，塘渣上游为黏土斜墙防渗体，黏土填筑边坡为1:3，防渗体和塘渣料之间铺设无纺土工布。黏土防渗体表面采用30cm厚袋装土护坡，堰脚采用抛块石护脚，填筑高程为-1.20m，坡比为1:1.5。围堰背水坡设35m长反压平台，平台高程-1m。

围堰采用黏土斜墙防渗，黏土斜墙顶宽50cm，堰基为淤泥质土，渗透系数较小，能够满足基坑干地施工的条件。

② 下游土石围堰

闸站下游围堰设计水位2.55m，为10年一遇全年围堰，考虑风浪壅高和超高后，围堰顶高程取2.60m（汛期加高至3.60m），顶宽6.00m，围堰轴线长为89.40m，围堰最大高度约5.10m。堰身采用塘渣料进行填筑，塘渣填筑边坡为1∶1.5，塘渣上游为黏土斜墙防渗体，黏土填筑边坡为1∶3，防渗体和塘渣料之间铺设无纺土工布。黏土防渗体表面采用30cm厚袋装土护坡，堰脚采用抛块石护脚，填筑高程为−1.20m，坡比为1∶1.5。围堰背水坡设30m长反压平台，平台高程1.00m。

围堰采用黏土斜墙防渗，清除基础表面的杂土，黏土斜墙顶宽50cm，堰基为淤泥质土，渗透系数较小，能够满足基坑干地施工的条件。

③新、旧闸中间围堰

围堰布置在老闸和新闸之间，位于老闸浆砌石护坦上，护坦底高程为−2.37m。

新、旧闸中间围堰设计常水位为1.00m，考虑风浪壅高和超高后，围堰顶高程取0.00m，顶宽3.00m，围堰轴线长为60m，围堰最大高度约2.37m。堰身采用黏土填筑，填筑边坡1∶3，两侧堰脚为塘渣料，填筑边坡为1∶1.5，填筑高程为−0.80m。黏土上游边坡表面采用30cm厚袋装土护坡，黏土下游边坡和塘渣料之间铺设无纺土工布。

围堰采用黏土心墙防渗，清除基础表面的杂土，黏土料顶宽2.05m，底宽3.10m，堰基为不透水防渗体，能够满足基坑干地施工的条件。

④护塘河围堰

土石围堰：闸基坑右侧护塘河土石围堰设计常水位为1.20m，考虑风浪壅高和超高后，围堰顶高程取2.00m，顶宽3.00m，围堰轴线长为32m，围堰最大高度约2.00m；堰身采用黏土填筑，填筑边坡1∶3，黏土上游边坡表面采用30cm厚袋装土护坡；护塘河土围堰堰基设3根Φ800排水管（波纹管接混凝土预制管）保证河道灌溉用水，其中波纹管总长度为294m，混凝土预制管总长度为75m。

钢板桩围堰：闸基坑右侧护塘河钢板桩围堰设计常水位为1.20m，考虑风浪壅高和超高后，围堰顶高程取2.00m，围堰轴线长为56m；围堰由双排拉森式SKSP-Ⅳ型钢板桩（U型）组成，双排钢板桩间距为4m，内外侧钢板桩桩长均为9m；由于结构稳定性需要，分别在高程1.50m和0.50m处设置一道拉杆，拉杆水平间距为1.20m，双排钢板桩两侧分别在高程1.50m和0.50m处布置两道围檩，围檩材料选用32b型槽钢；双排钢板桩底部及两侧铺设复合土工膜，然后回填塘渣料；土工膜铺设和围堰填筑前，清除基础表面的杂土。

（6）基坑排水

①初期排水

闸站基坑初期排水量为28.5万m³。初期排水10天抽干，每天排水量约2.85万m³。

选用14SH-28型水泵5台，另备用1台，共计6台。

②经常性排水

根据不同施工期，基坑经常性排水主要有抽排混凝土养护用水、围堰渗水及雨水。在基坑开口线外1.5m设截水沟，截排基坑以外的地表水，以免其冲刷坡面和基坑；在基坑开挖的每层周边设排水明沟和集水井，排出基坑内所有积水；在基坑低洼部位可增设集水井，以免低洼部位被积水浸泡。基坑内排水沟和集水井根据现场具体施工程序布置。结合基坑面积及地区降雨特点，选用5台14SH-28型水泵排水，其中1台备用。

3.支援闸施工导流

（1）导流方式

支援闸所在郭塘河汛期下泄上游水库洪水，枯水期可全截断，因此，支援闸采用枯水期围堰一次拦断河床导流。

（2）导流方案

支援闸上游施工场地较开阔，根据闸站施工围堰方案比较分析结果，上游推荐采用土石围堰挡水。

下游围堰受施工场地限制和围堰布置需要，比较了钢板桩围堰方案和松木桩围堰方案，根据整体抗滑稳定计算成果，桩长9m、围堰顶宽4m能够满足抗滑稳定要求，由于松木桩长度一般为6m，不能满足设计要求，故采用双排钢板桩围堰。

（3）导流标准及导流程序

①导流标准

根据《水利水电工程施工组织设计规范》(SL 303—2004)，导流建筑物级别为5级。支援闸导流设计洪水标准为常水位1.13m。

②导流程序

2017年11月，开始支援闸围堰施工；

2017年11月—2018年4月，进行支援闸基础开挖、基础处理，施工下部混凝土浇筑以及闸门安装；

2018年4月，完成支援闸围堰拆除；

2018年4月—2018年6月，继续施工支援闸上部混凝土浇筑；

2018年6月以后，支援闸正常运行。

（4）导流建筑物设计

①支援闸上游围堰

上游土石围堰设计常水位为1.13m，考虑风浪壅高和超高后，围堰顶高程取2.00m，顶宽4.00m，围堰轴线长为22m，围堰最大高度约3.00m。堰身采用塘渣料进行填筑，塘渣填筑边坡为1∶1.5，塘渣上游为黏土斜墙防渗体，黏土填筑边坡为1∶3，防渗体和塘渣料之间铺设无纺土工布。黏土防渗体表面采用30cm厚袋装土护坡，堰脚采用抛块石护脚，填筑高程为0.20m，坡比为1∶1.5。围堰背水坡设5m长反压平台，平台高程-0.50m。

②支援闸下游围堰

支援闸下游钢板桩围堰设计常水位为1.13m，考虑风浪壅高和超高后，围堰顶高程取2.00m，围堰轴线长为55m。围堰由双排拉森式SP-Ⅳ型钢板桩组成，双排钢板桩排间距为4m，内外侧钢板桩桩长均为9m。由于结构稳定性需要，分别在高程1.50m和0.50m处设置一道拉杆，拉杆水平间距为1.20m，双排钢板桩两侧分别在高程1.50m和0.50m处布置两道围檩，围檩材料选用32b型槽钢。

双排钢板桩底部及两侧铺设复合土工膜，然后回填塘渣料。土工膜铺设和围堰填筑前，清除基础表面的杂土。

（5）基坑排水

基坑初期排水量为1.50万 m^3；在基坑开口线外1.50m设截水沟，截排基坑以外的地表水，以免其冲刷坡面和基坑；在基坑开挖的每层周边设排水明沟和集水井，排出基坑内所有积水；在基坑低洼部位可增设集水井，以免低洼部位被积水浸泡。基坑内排水沟和集水井根据现场具体施工程序布置。结合基坑面积及地区降雨特点，选用2台14SH-28型水泵排水，其中1台备用。

4.堤防施工导流

（1）导流方案

处于支援闸和慈江闸站基坑内的堤防可直接施工，慈江闸站围堰占压段设枯水期围堰维护施工，挡水围堰型式同支援闸下游钢板桩围堰。

（2）导流标准及导流程序

①导流标准

根据《水利水电工程施工组织设计规范》（SL 303—2004），导流建筑物级别为5级。堤防施工导流设计洪水标准为常水位1.13m。

②导流程序

2018年9月，完成堤防围堰填筑；

2018年10月—2018年12月，完成堤防土石方填筑及土工膜铺设、边坡绿化等项目；

2019年1月，完成堤防围堰拆除、工程收尾及场地清理。

（3）导流建筑物设计

堤防围堰设计常水位为1.13m，考虑风浪壅高和超高后，围堰顶高程取2.00m，围堰轴线长为95m。围堰由双排拉森式SP-Ⅳ型钢板桩组成，双排钢板桩排间距为4m，内外侧钢板桩桩长均为9m。由于结构稳定性需要，分别在高程1.50m和0.50m处设置一道拉杆，拉杆水平间距为1.20m，双排钢板桩两侧分别在高程1.50m和0.50m处布置两道围檩，围檩材料选用32b型槽钢。

5. 导流工程施工

（1）施工特性

泵站及水闸围堰为全年围堰，泵站上游围堰、水闸上游围堰的堰顶高程为3.00m，顶宽4.00m，轴线长分别约为120m、75m，两围堰间的连接段长约5m；水闸、泵站下游围堰的堰顶高程为2.60m，顶宽6.00m，轴线长约87m。围堰迎水侧边坡为1∶3.0，背水侧边坡1∶1.5。堰体填筑料为塘渣料，采用黏土和无纺土工布防渗。背水侧边坡后设反压平台，采用塘渣料填筑。

（2）施工程序

导流工程施工程序为：泵站及水闸下游围堰填筑施工，至高程1.50m→水闸、泵站上游围堰施工填筑施工，至高程1.50m→基坑抽水，基坑内水位降至-0.50m→新、旧闸中间围堰施工→基坑继续抽水至-1.20m→汛前将上、下游围堰加高至设计断面。

（3）施工方法

①土石围堰施工

泵站及水闸土石围堰施工程序为：围堰迎水侧护脚抛石、排水碎石垫层抛填施工→围堰填筑出水面，至高程1.50m→基坑抽水→堰体各层填筑上升至设计断面→围堰拆除。

②钢板桩围堰施工

钢板桩围堰施工程序为：定位→安装施工样架→安插钢板桩→回填塘渣→拆除施工样架。

（四）基坑开挖与支护

1.水闸基坑开挖

慈江水闸各部位开挖及结构高程见表2-21。

表2-21　慈江水闸各部位开挖及结构高程一览

部位	基础开挖高程（m）	底板顶面高程（m）
翼墙（消力池段）	-3.47	-2.57
翼墙（消力池以外）	-2.77	-1.87
消力池	-3.37	-2.57
闸室	-3.17	-1.87
钢筋混凝土护坦	-2.57	-1.87
干砌石护坦	-2.57	-1.87
抛石防冲槽	-3.37	-1.87

①上、下游边坡开挖

慈江水闸上、下游抛石防冲槽底高程均为-3.37m，顶面高程为-1.87m。上游河槽原始地面高程为-2.60～-2.21m，防冲槽深度为0.70～1.20m；下游河槽原始地面高程为-2.15～-2.04m，防冲槽深度为1.22～1.35m。上、下游抛石防冲槽位于淤泥质粉质黏土层，由于防冲槽深度较浅，可不开挖，直接采用挤淤置换法进行施工。

②左、右岸边坡开挖

慈江水闸左岸紧接中心岛，左岸边坡开挖联合慈江泵站边坡开挖一并考虑，中心岛原始地面高程为2.31～2.80m，由于闸站基坑范围内中心岛垂直水流向最小宽度约为17.00m，最大宽度约36.00m，水闸和泵站施工时，中心岛先统一开挖至高程-2.77m，然后再按1∶4的坡比放坡至各结构基坑高程。

慈江水闸右岸为慈江堤防，堤内为护塘河，堤顶高程为3.25m，渠底高程约为0.50m。最大开挖高度为消力池范围的翼墙段，边坡开挖高度约为4.00m，按1∶4的坡比采用一级放坡开挖。慈江右岸边坡开挖开口线已至护塘河底，为确保基坑干地施工及右岸临时交通通畅，在护塘河上游设一小黏土围堰，下游设一顶宽4m的钢板桩围堰，在渠的右侧埋设三根Φ800的波纹管，导引原护塘河内的水流至下游渠道。

2.泵站基坑开挖与支护

(1) 泵站基坑开挖方案

泵站上游河床现状高程约2.20m，采用两级边坡进行开挖，边坡坡比均为1:4。其中第一级边坡高1.27m，第二级边坡由-2.00m高程开挖至现状地面，平均高度约为2.00m，两级边坡间设置1.00m宽平台。下游河床高程为-2.00~0.70m，采用一级边坡进行开挖，边坡坡比为1:4。泵站左岸现状地面高程为1.10~3.20m，开挖深度约7.50m，在边坡坡脚采用支护桩进行支护，桩顶高程为-2.00m，-2.00m高程以上采用两级边坡进行开挖，边坡坡比均采用1:4，其中第一级边坡高2.50m，第二级边坡由0.50m高程开挖至现状地面，平均高度约1.00m，两级边坡间设置2.00m宽平台。泵站右岸上游挡墙段因距离老慈江大闸近，采用与左岸相同的支护和开挖方式；泵房及下游挡墙段结合水闸进行开挖，采用一级边坡开挖至-2.77m高程，形成平台，边坡坡比为1:3~1:5。

边坡坡面均采用喷射6cm厚C20素混凝土进行防护。

(2) 泵站基坑支护方案

经方案比选，采用"钻孔灌注桩+水泥土搅拌桩"支护方案。钻孔灌注桩桩径采用1.00m，间距1.20m，桩顶设1.20m×1.00m（宽×高）冠梁。拦污栅桥以外基坑钻孔灌注桩桩顶高程-2.00m，单根长16.25m，其中，挡土高4.25m，插入深度12.00m。基坑内侧采用12.00m长水泥土搅拌桩进行土体加固形成被动加固区，经计算，被动加固范围长需25.00m。拦污栅桥处钻孔灌注桩桩顶高程-2.00m，单根长7.27m，其中，挡土高1.27m，插入深度6.00m。基坑内侧可直接利用翼墙基础下部水泥土搅拌桩作为被动加固区。

钻孔灌注桩后设2.00~5.00m长止水帷幕，止水帷幕采用Φ800三轴搅拌桩套打一孔施工。

3.支援闸基坑开挖与支护

支援闸各部位开挖及结构高程参见表2-22。

表2-22 支援闸各部位开挖及结构高程一览

部位	基础开挖高程（m）	底板顶面高程（m）
翼墙（消力池段）	-3.47	-2.57
翼墙（消力池以外）	-2.77	-1.87
消力池	-3.37	-2.57

续表

部位	基础开挖高程（m）	底板顶面高程（m）
闸室	-2.97	-1.87
钢筋混凝土护坦	-2.57	-1.87
干砌石护坦	-2.57	-1.87
抛石防冲槽	-3.37	-1.87

（1）上、下游边坡开挖

支援闸上游为郭塘河，最上游布置干砌石护坦，上游原始河床地面高程为-1.00～0.00m，干砌石护坦顶面高程为-1.87m，开挖深度为2.57～1.57m，按1∶4的坡比采用一级放坡开挖。

支援闸下游为慈江侧，最末端布置有抛石防冲槽，原始河床地面高程为-0.75～0.00m，抛石防冲槽顶面高程为-1.87m，开挖深度为3.37～1.87m，按1∶4的坡比采用一级放坡开挖。

（2）左右岸边坡开挖

支援闸右岸接堤防，堤顶高程为3.63m，堤内侧为排水沟，沟岸边高程为1.45m，由表2-22可知，支援闸右岸局部最大开挖高度约为5.00m，按1∶4的坡比采用一级放坡开挖。

支援闸左岸堤顶高程上游为2.80m，下游为3.15m，堤内侧有水沟，沟岸高程为1.22～1.28m。基坑最大开挖高度为消力池范围的翼墙段，边坡开挖高度约4.75m，按1∶4的坡比采用一级放坡开挖。左岸上游堤内侧，距堤防中线约10.00m有间房屋和信号发射塔，基坑开挖边线不可延伸至此范围。施工时，在上游左岸翼墙外高程2.00m处设置双排钢板桩形成挡墙，桩间距2.00m，中间布置有拉杆，钢板桩挡墙长约20.00m，在其保护范围内的基坑边坡垂直开挖，开挖深度为2.00～3.00m，挡墙最大挡土高度为5.00m。

（五）主体工程施工

1.施工有效时间分析

月有效施工天数一般按日降水量＞5mm不能施工控制。据统计，扣除法定节假日和对施工有影响的天数，本工程平均月有效施工天数：土方开挖22天，土方回填15天，其余考虑每月22天。各主要分项工程施工有效时间参见表2-23。

表 2-23　各主要分项工程施工有效时间统计

项目	有效施工时间（h/d）
土方填筑	16
护坡工程	16

2.施工程序

根据本项目主体工程及导流工程布置，工程施工的关键线路为：三通一平→泵站及水闸导流围堰施工→泵站、水闸基坑抽水、基础处理、基坑开挖→泵站、水闸混凝土浇筑，金结机电安装工程→围堰拆除→围堰占压段堤防工程施工→工程完工。其中，在第二个枯水期进行支援闸工程施工。

3.泵站工程施工

（1）施工特性

泵站工程施工主要施工项目包括土方开挖、土方回填、钻孔灌注桩、水泥土搅拌桩、混凝土浇筑、金结安装和机电设备安装调试等。

在基坑抽干水之后填筑施工道路至工作面进行基础处理施工，然后进行混凝土浇筑、土方回填、金结安装和机电设备安装调试等施工。

（2）土石方施工

①基础处理

基础处理为水泥土搅拌桩和钻孔灌注桩施工。

塘渣料填筑：采用5t自卸汽车进占法回填，填筑厚度约1.00m。塘渣料从工程区附近购买，运距约15km。塘渣料回填形成灌注桩和搅拌桩平台后即进行灌注桩和水泥搅拌桩的施工，再进行基坑开挖。开挖料弃运至镇海区泥螺山北侧围垦工程的弃土场，运距约35km。

水泥搅拌桩施工：采用单头深层搅拌桩机施工，搅拌次数采用二次喷浆四次搅拌，最后一次提升搅拌采用慢速提升。施工工艺流程为：场地平整→布置桩位→机械就位→启动桩机，预搅下沉，同时后台拌制水泥浆液→到达设计深度后，喷浆搅拌提升钻杆，使浆液和土体充分拌和→提升至桩顶后重复搅拌下沉→重复喷浆搅拌提升直至孔口→施工完一根桩后，移动桩机至下一根桩位，重复以上步骤进行下一根桩的施工。

灌注桩施工：场地平整→布置桩位/埋设护筒→机械就位→成孔→放置钢筋笼→混凝土浇筑；钻孔灌注桩采用回旋钻机、泥浆护壁、吊车及人工辅助放置钢筋笼，采用导管法进行水下混凝土入仓浇筑。

钻孔灌注桩泥浆全部外运。处置方案：通过泥浆泵抽排到泥浆池中（不经处置），随后用22kW排污泵，将废浆从泥浆池抽到全封闭的罐式运输车内，并在装满后封闭进浆口，运输至离施工现场约26km的豪城码头，进行统一排放处置。

②土方开挖

采用0.5～1.0m³挖掘机开挖，5～10t自卸汽车运输。中心岛部位的开挖料择优选用作为围堰填筑及防渗土料，剩余开挖料弃运至镇海区泥螺山北侧围垦工程的弃土场，运距约35km。

③土方填筑

泵站基坑回填施工方法同围堰填筑。

④垫层填筑

包括级配碎石和中粗砂垫层，垫层砂石料由5～10t自卸汽车运至施工区段，采用100～120HP推土机辅以人工铺料。砂石料就近从工程区附近购买，运距约15km。

⑤抛石填筑

块石料由5～10t自卸汽车运至施工区段，采用100～120HP推土机辅以人工铺料。块石料从工程区附近购买，运距约15km。

（3）混凝土施工

①混凝土施工程序及进度分析

泵站主要由泵房、清污机桥段、前池、出水池及护坦等组成，各部位可同时施工。泵房施工程序为：底板混凝土浇筑→水泵机组层浇筑→安装间层浇筑→排架混凝土浇筑及封顶→桥机安装→机组安装。泵房单机施工进度分析参见表2-24。

表2-24 泵房单机施工进度分析

项目	高差（m）	直线工期（月）
底板混凝土浇筑（-6.15～-4.55m）	1.60	1.5
水泵机组层（-4.55～-0.65m）	5.20	2
安装间层混凝土浇筑（0.65～4.76m）	4.11	1
排架及封顶（4.76～16.98m）	12.22	1.5
桥机安装		2
水泵机组安装		1
合计		9

②施工方法

泵站除底板仓面较大外,其他部位均为板、墙、梁结构,仓面较小。底板仓面采用10t汽车吊浇筑。上部结构采用混凝土输送地泵、汽车泵。底板厚1.60m,每块一次浇筑完成,流道层高约5.20m,分2层浇筑。模板钢筋采用小型汽车吊吊装。

泵站流道为异形结构,4台机组分别采用2套异形模板施工。

交通桥主梁采用预制,利用导梁架设,交通预制梁在预制场预制。主梁架设在泵站闸墩浇筑到顶后进行。

③混凝土供应

全部采用商品混凝土。混凝土水平运输主要采用9m³混凝土搅拌运输车。

④混凝土设计

混凝土设计强度及主要技术指标参见表2-25。

表2-25 混凝土设计强度及主要设计指标

部位	混凝土设计强度（28d）	限制最大水灰比	级配	极限拉伸值（×10⁻⁴）
垫层	C15	0.55	二	0.70
防浪墙	C25	0.50	二	0.75
底板、闸墩、胸墙、翼墙、消力池、门库、工作平台、闸门槽、检修平台、海漫	C30	0.45	二	0.80
活动桥排架、启闭机排架	C30	0.42	二	0.85
交通桥	C40	0.40	二	0.90

为保证混凝土施工质量满足设计要求,应对混凝土原材料、配合比、施工中各主要环节及硬化后的混凝土质量进行控制和检查。混凝土施工质量控制采用混凝土强度标准差$\sigma<3.0\sim4.0$。强度保证率$P\geqslant90\%$,即最小强度应大于混凝土设计强度的90%。

混凝土浇筑完毕后应及时用草袋覆盖洒水养护,养护时间大于10天。混凝土层间养护应在浇筑完毕后8小时进行,以洒水养护为主,至下一个浇筑层面施工为止。

（4）金属结构及机电设备安装

进口检修门采用汽车吊整体吊装。泵站顶部单轨移动式启闭机及进口事故门固定卷扬式启闭机在泵顶检修平台形成后采用汽车吊安装。

出口检修门采用汽车吊整体吊装,出口启闭机也采用汽车吊安装。

金结埋件主要利用汽车吊吊装,泵站内部电机等设备主要利用泵站桥机吊装。

4.水闸工程施工

（1）施工特性

水闸工程主要施工项目包括土方开挖、土方回填、钻孔灌注桩、水泥土搅拌桩、混凝土浇筑、金结安装等。

在基坑抽干水之后填筑施工道路至工作面进行基础桩基施工，然后依次进行混凝土浇筑、土方回填、金结安装等施工。

（2）土石方施工

①基础处理

基础处理为钻孔灌注桩及水泥土搅拌桩施工，施工方法同泵站基础处理。

②土方开挖

采用0.50～1.00m³挖掘机开挖，5～10t自卸汽车运输。开挖料弃运至镇海区泥螺山北侧围垦工程的弃土场，运距约35km。

③土方填筑

水闸基坑回填施工方法同围堰及泵站基坑填筑。土料采用外购。

④垫层填筑

包括级配碎石和中粗砂垫层，垫层砂石料由5～10t自卸汽车运至施工区段，采用100～120HP推土机辅以人工铺料。砂石料从工程区附近购买，运距约15km。

⑤抛石填筑

块石料由5～10t自卸汽车运输，实行自卸汽车进占法直接抛投。块石料从工程区附近购买，运距约15km。

（3）混凝土施工

①施工程序

水闸混凝土建筑物有底板、闸墩、上、下游消能建筑物、交通桥、闸门启闭机排架等，闸室分段施工，每个闸室施工程序为：底板混凝土浇筑→闸墩混凝土浇筑→消能建筑物施工→交通桥施工→闸门排架混凝土浇筑。

②混凝土供应

全部采用商品混凝土，水平运输采用9m³混凝土搅拌运输车。

③混凝土施工方案

水闸闸底板及闸墩在围堰保护下施工，底板、闸墩、胸墙、闸顶交通桥及排架采用混凝土泵浇筑。底板厚1.20m，每块一次浇筑完成，闸墩高8.60m，可分3层浇筑，钢筋模板吊装采用小型汽车吊。

④混凝土施工

混凝土施工方法同泵站混凝土施工。

（4）金属结构安装

主要包括进水口工作门及其启闭机安装。

金属结构埋件在相应部位混凝土浇筑完成后安装，埋件单重较小，安装采用小型汽车吊进行。闸门、启闭机采用平板车运输，汽车吊进行安装。

5.支援闸工程施工

支援闸工程施工方案与水闸工程施工方案基本相同。

6.连接段堤防工程施工

施工内容包括老堤拆除、基础处理、堤身施工及护坡工程。主要施工项目包括老堤拆除开挖、堤基抛石挤淤、堤身塘渣填筑、抛石、浆砌块石挡墙、碎石垫层、宾格石笼、草皮护坡、堤顶沥青混凝土路面等。

施工程序为：老堤拆除→堤基抛石挤淤→堤身塘渣填筑→堤脚浆砌石挡墙→黏土填筑→格宾石笼及草皮护坡→堤顶沥青混凝土路面。

（1）堤身填筑

塘渣填筑料采用1.00～1.50m³挖掘机从附近塘渣料场挖取，5～10t自卸汽车从料场运输上堤，平均运距约10km。黏土填筑料利用泵站或闸基开挖料，平均运距约0.20km。采用120马力推土机分层铺料，16～20t凸块振动碾碾压。

每个填筑段长度不宜小于100m；相邻段交接坡度不陡于1：3，高差不大于2.00m，填筑面施工期间应注意排水。

堤身填筑应按先低后高的原则进行，在完成堤基抛石挤淤后，进行抛石填筑及堤脚浆砌石挡墙砌筑；在完成堤身下部抛石后，进行堤身塘渣的填筑；最后进行堤身黏土填筑。

（2）浆砌石墙施工

墙基混凝土垫层采用商品混凝土，由混凝土搅拌车溜槽卸料至双轮手推车运输，直接入仓，模板采用木模板。待墙基混凝土达到70%设计强度后进行浆砌石挡墙施工。

浆砌块石采用铺浆法砌筑，砌筑所用砂浆采用0.40m³砂浆搅拌机拌和，严格按设计标号进行配料和计量。水平运输均由1t机动翻斗车完成。浆砌石采用人工砌筑，块石料从工区附近料场购买，运距约15km。

（3）格宾石笼

采用5～10t自卸汽车运宾格网格片至填筑部位，人工现场拼装排放，采用5～10t自卸汽车运石料至施工现场，人工填充石料。块石料从工区附近料场购买，运距约15km。

7. 河床清淤施工

河床清淤分为干地开挖部分和水下开挖部分。

干地开挖采用0.50～1.00m³挖掘机开挖，5～10t自卸汽车运输，运至镇海区泥螺山北侧围垦工程的弃土场，运距约35km。

水下清淤采用1.00m³抓斗式挖泥船开挖、开底泥驳出渣的施工方案。1.00m³抓斗式挖泥船满载吃水深度1.10m，最大挖掘深度6.00m（水线下）。采用泥驳将开挖的淤泥运至镇海区泥螺山北侧围垦工程的弃土场，水路运距约60km。

8. 混凝土温度控制设计

（1）基本资料

混凝土分缝分块：慈江水闸底板分缝分块后最大长边尺寸为26.10m，支援闸底板最大长边尺寸为25m，慈江泵站底板最大长边尺寸为23.70m。

（2）温控标准

① 准稳定温度计算

水闸底板混凝土厚1.2m，泵站底板混凝土厚0.80～1.60m，厚度较薄，不存在稳定温度场，而存在施工期或运行期的准稳定温度。以施工期准稳定温度（受气温影响而发生的最低温度）为控制，计算得半无限平板施工期准稳定温度见表2-26。根据计算结果，水闸底板和泵站底板的准稳定温度取为7℃。

表2-26 半无限平板施工期准稳定温度表

厚度（m）	1.0	1.2	1.5	2.0
温度（℃）	6.6	6.9	7.3	7.8

② 温控标准与设计允许最高温度

基础允许温差标准：水闸底板混凝土最大长边尺寸为26.10m，泵站底板混凝土最大长边尺寸约为23.70m，同等尺寸下参考《混凝土重力坝设计规范》（SL 319—2005）要求和类似工程经验，混凝土基础允许温差可取19～22℃。考虑到水闸及泵站底板均为钢筋混凝土结构，且下部基础为软基，基础约束相对更小，水闸及泵站底板混凝土基础允许温差适当放宽，取为24℃。

混凝土内外温差标准：为降低混凝土温度梯度，防止产生表面裂缝，内外温差一般需控制在18～20℃。

最高温度控制标准：参照部分已建工程经验，并兼顾内外温差要求、实际施工条件，对均匀上升的浇筑块，最高温度控制标准参见表2-27。

表2-27 最高温度控制标准

月份	1—2月	12月	3月	11月	4月	5月、10月	6～9月
最高温度（℃）	25	27	29	32	35	38	42

设计允许最高温度：根据各部位准稳定温度及上述温控标准和表面保护标准，确定水闸各部位混凝土设计允许最高温度，设计允许最高温度见表2-28。

表2-28 设计允许最高温度

单位：℃

部位	月份						
	1—2月	12月	3月	11月	4月	5月、10月	6—9月
水闸及泵站底板混凝土	25	27	29	31	—	—	—
闸墩及泵站上部结构混凝土	25	27	29	32	35	38	42

（3）混凝土施工期温度及温度应力计算

①混凝土早期最高温度计算

根据工程区的气温、水温条件，以及拟定的混凝土热学性能参数，分别对不同月份开浇底板情况下的早期最高温度进行了计算。计算中，混凝土浇筑层厚度取1.20m，浇筑温度根据不同月份取值不同，各月按自然入仓考虑，浇筑温度取为当月平均气温加2℃，裸露混凝土表面散热系数取为65kJ/（m²·h·℃）。各工况下C30混凝土早期最高温度计算成果见表2-29。

表2-29 C30混凝土早期最高温度计算成果

单位：℃

月份	平均气温	浇筑温度	内部最高温度	设计允许最高温度
11	13.1	14	28.8	32
		16	29.9	
		18	31.0	

续表

月份	平均气温	浇筑温度	内部最高温度	设计允许最高温度
12	7.1	8	22.9	27
		10	24.0	
		12	25.1	
1—2	4~6	6	21.3	25
		8	22.4	
		10	23.5	
3	9.1	10	24.9	29
		12	26.0	
		14	27.1	
4	15.1	16	30.8	35
		18	31.9	
		20	33.0	
5、10	18~20	22	37.0	38
		24	38.1	
		26	39.2	
6—9	24~28	28	42.7	42
		30	43.7	
		32	44.8	

计算结果表明，水闸底板混凝土在10—次年5月采取自然入仓方式浇筑情况下，最高温度基本能够满足设计允许最高温度控制标准。6—9月高温季节浇筑水闸底板混凝土，若不采取温控措施，最高温度将超过设计允许最高温度控制标准，发生温度裂缝风险增大。

②高温季节浇筑水闸混凝土温度及温度应力仿真

根据前面混凝土早期最高温度的初步计算结果，6—9月高温季节浇筑混凝土在不采取温控措施时，最高温度有一定超标。为此，通过对高温季节浇筑的水闸底板及闸墩混凝土进行温度及温度应力仿真计算，确定高温季节浇筑时需采取的温控措施。

根据工程区的气温、水温条件，以及拟定的混凝土热学性能参数，对8月开浇底板情况下的早期最高温度进行了计算。计算中，混凝土浇筑层厚度取1.20m，闸墩高约

8.60m，考虑分3次浇筑，每次浇筑约3m，浇筑温度取值26～30℃，浇筑间歇期取为10天，混凝土终凝后即增加流水养护措施，施工过程中可在混凝土表面放置带有小孔的水管喷水，并在混凝土面上形成约5～10mm厚流动的水层，水温按24℃考虑。最高温度及应力计算结果见表2-30。

表2-30 C30混凝土早期最高温度成果

开浇月份	水闸部位	浇筑温度（℃）	内部最高温度（℃）	最大拉应力（MPa）	设计允许最高温度（℃）
8月	底板（厚1.2m）	26	40.0	1.01	42
		28	41.1	1.08	
		30	42.2	1.16	
	闸墩（厚1.4m）	26	39.6	1.20	
		28	40.6	1.26	
		30	41.7	1.34	

计算考虑软基弹模取50MPa，计算结果表明：

将浇筑温度控制在30℃以内，同时考虑仓面喷水雾及表面流水养护等温控措施以后，水闸底板及闸墩部位混凝土最高温度基本可满足设计允许最高温度标准。

闸墩部位厚度较底板更厚，但由于闸墩有2个散热面，混凝土内部最高温度相对更低。同时，由于闸墩浇筑在底板混凝土上，未直接浇筑在软基上，受到底部混凝土约束相比底板更大，导致闸墩部位混凝土最大拉应力反而要大于底板混凝土。由于水闸基础为软基，算得温度应力不大，最大温度应力约1.25MPa。

（4）混凝土温控与防裂措施

①合理安排混凝土施工程序和施工进度

水闸及泵站底板混凝土安排在11月—次年3月气温较低季节浇筑。高温季节浇筑闸墩及其他部位混凝土，应利用晚间浇筑，以避开正午高温时段。

②控制混凝土浇筑最高温度

控制混凝土浇筑实际最高温度的有效措施是降低混凝土浇筑温度和减少水化热温升。高温季节应控制混凝土浇筑温度不超过28℃。同时，优化施工配合比，控制胶凝材料用量，选择较优骨料级配和粉煤灰、外加剂，以减少水泥用量和延缓水化热散发速率。

③合理控制层厚及间歇期

浇筑层厚根据温控、浇筑、结构和立模等条件综合选定。一般控制层间间歇期5～10天。

④养护

在混凝土浇筑完毕后12～18h及时采取洒水或喷雾等措施，使混凝土表面经常保持湿润状态。气温较高季节施工时，在仓面设置喷雾设施，以降低仓面小环境的温度。对于新浇混凝土表面，在混凝土能抵御水的破坏之后，立即覆盖保水材料或采取其他有效方法使表面保持湿润状态。混凝土所有侧面也应采取类似方法进行养护。气温较高季节施工时仓面应通过覆盖彩条布内夹保温材料等措施隔热保湿。混凝土连续养护时间不短于28天。

（六）施工交通与施工总布置

1. 施工交通

（1）对外交通运输

工程施工期间外来物资运输均采用公路运输。从210县道经龚堵段通过扩建原乡村道路及新建少量施工道路通往本工程区，交通较为便利。本工程新建进场道路总长约800m，路面宽度6m，其中场外段长约600m，场内段（永久）长约200m。

（2）场内交通运输

场内施工道路部分利用原有两岸堤顶公路和围堰堰顶。另外，右岸新建从进场道路至下游围堰的临时施工道路长约112m（含钢便桥1座），路面宽度6m；左岸新建至支援闸施工道路150m，路面宽度4m。除此之外，设置基坑内的临时道路约480m，路面宽度6m；钢便桥限载50t，长约90m。

2. 施工总布置

（1）布置条件

工程区附近慈江北岸与沪杭甬客运专线铁路之间有少量农田作为施工场地，工程区慈江南岸龚冯村西侧有部分农田作为施工场地，施工场地布置条件满足工程需要。

（2）布置原则

①尽量简化施工企业、减少临建工程规模。

②施工设施的布置，满足主体工程施工要求和施工程序的衔接，避免干扰，减少物料的重复倒运。

③尽量利用施工开挖弃渣平整后形成场地。

④根据工程区周边条件，合理布置办公生活及施工临时设施。

（3）施工场地规划

工程施工供电、通信、机械修理等主要利用当地已有设施，施工现场不另设施工机械及汽车维修和保养厂，现场仅设泥浆池，砂石料堆放场，综合加工厂，材料仓库，办公生活营地及施工机械停放场，机电、金结拼装厂等。根据场地现有条件，本工程施工场地分两岸布置。

考虑工程区北岸有高速铁路经过，根据高铁管理部门的要求，不宜布置土方堆场、办公生活区及施工工厂。工区南岸靠近村庄且交通便利，宜布置办公生活区及施工工厂，将2#综合加工厂、材料仓库、办公生活营地及施工机械停放场、砂石料堆放场（后期作为金结、机电设备堆放厂）等布置在工区南岸施工场地。将泥浆池、1#综合加工厂布置在基坑及围堰反压平台上。

本工程开挖及围堰拆除弃渣全部运至镇海区泥螺山北侧围垦工程的弃土场，工程区内不再另设弃渣场。慈江闸站施工总平面布置实景如图2-4所示。

图2-4 慈江闸站施工总平面布置实景

本工程施工仓库及办公生活区建筑面积共计约3782.3m²，房屋地基填筑塘渣料7437m³。施工场地临时设施占地面积见表2-31。

表 2-31　施工场地临时设施占地面积

场地名称	占地面积（m²）		
	北岸	南岸	基坑
1# 综合加工厂	900		
2# 综合加工厂		800	
1# 泥浆池			600
2# 泥浆池			400
综合仓库（含金结、机电设备堆场）		1100	
施工营地及施工机械停放场		6400	
表土堆场		850	
小计	900	9150	1000
合计		10050	1000

（4）施工工厂

①砂石加工系统

本工程混凝土骨料及垫层料用量少，全部用料均外购。

②混凝土系统

本工程混凝土全部采用商品混凝土，由工区附近的商品混凝土拌合站供料，工区仅设 1 台 0.4 m³ 移动式砂浆搅拌机拌制施工浆砌石所需水泥砂浆。

③水、电供应系统

施工供水：工程生产水主要是水闸及泵站的混凝土浇筑养护及少量水泥砂浆拌制用水和施工机械保养、小型施工企业、消防用水等，生活用水主要是施工营地人员生活使用。工程施工期生产用水从慈江直接取水，生活用水由当地给水管网接引自来水供应施工营地。

施工供电：施工期主要用电负荷包括土方开挖、桩基施工、混凝土浇筑、施工排水、综合加工厂等施工用电及其他生产、生活用电。

主要施工用电设备为桩基施工设备、混凝土浇筑设备、排水泵等，施工用电负荷装机容量约 800kW，计算负荷约 600kW。上述的各项施工用电负荷中，闸站基坑应急抽排水对保障安全施工较为重要，故配置满足应急排水泵容量的柴油发电机。

根据慈江闸站施工总布置，在南、北岸施工区各布置 1 座 10/0.4kV 施工变电所，分别位于南、北岸综合加工厂内,施工变电所分别安装1台500kVA、10/0.4kV变压器,用于慈江闸站主体工程施工用电。在施工营地安装1台250kVA、10/0.4kV变压器,用于综合加工厂等施工企业及其他生产、施工营地生活用电。慈江闸站施工变电所由地方电网10kV供电线路T接分支线路供电。施工供电系统主要工程量表见表2-32。

表2-32 施工供电系统主要工程量表

序号	工程名称	型号规模	单位	数量	备注
1	左岸施工变电所	1×500kVA、10/0.4kV	座	1	含配套高低压配电设备及计量装置
2	右岸施工变电所	1×500kVA、10/0.4kV	座	1	
3	施工营地变电所	1×250kVA、10/0.4kV	座	1	
4	10kV线路		km	2.6	单回线路长度
5	柴油发电机组	0.4kV、200kW	台	1	基坑排水应急电源

④综合加工厂

由钢筋加工厂、木材加工厂及辅助设施组成。分别在南岸及基坑内设置,泵站综合加工厂(1#综合加工厂),布置在下游围堰内的反压平台上,面积为900m²;水闸综合加工厂(2#综合加工厂)布置在北岸,面积为800 m²。

3.土石方调配与平衡

(1)土石方平衡调配原则

在质量、数量、时间、空间上对料源和填筑部位进行统筹规划,综合平衡,满足工程开挖和填筑进度的需要,同时,尽可能减少开挖料中转或暂存,尽可能缩短运距,提高开挖料的利用率。

(2)土石方平衡规划

工程开挖总量为16.96万 m³(自然方),其中,土方开挖及围堰拆除工程量为15.34万 m³,河道清淤1.62万 m³。

工程所需各种填筑料总计15.42万 m³(压实方),其中,土方填筑7.24万 m³(压实方,折成自然方8.52万 m³),塘渣及石料7.43万 m³(压实方),粗砂及碎石垫层料0.75万 m³(压实方)。

调配结果为:

①工程土方填筑约8.52万 m³(自然方),其中,围堰土方填筑0.88万 m³(自然方)和泵站土方回填1.00万 m³(自然方)共计1.88万 m³(自然方)采用开挖利用料,其余

6.64万 m³（自然方）外购；

②工程需塘渣、格宾石笼和抛石等块石料合计7.43万 m³（压实方），全部就近外购；

③工程需砂砾石垫层料0.75万 m³（压实方），全部就近外购；

④工程开挖弃渣共计约15.08万 m³（自然方），其中，土方开挖及围堰拆除弃渣约13.46万 m³（自然方），公路运至镇海区泥螺山北侧围垦工程的弃土场，运距约35km；河道清淤的水上开挖弃渣0.91万 m³（自然方），公路运至镇海区泥螺山北侧围垦工程的弃土场，运距约35km；水下开挖弃渣0.71万 m³（自然方），采用泥驳运至镇海区泥螺山北侧围垦工程的弃土场，水路运距约60km；

⑤灌注桩泥浆外运约7.81万 m³（自然方），公路运至镇海区泥螺山北侧围垦工程的弃土场，运距约35km。

（七）施工总进度

根据施工总进度安排，慈江闸站工程施工总工期28个月。施工准备期6.5个月，主体工程施工期20.5个月，尾工1个月。本工程2016年10月1日开始施工准备，2017年4月28日开始进行基坑基础处理，2018年6月底水下工程具备通水条件，2019年6月30日工程完工。各分项工程进度如下：

（1）施工准备

2016年10—11月进行进场道路和施工临时设施建设，工期2个月。

（2）泵站及水闸工程

2016年12月—2018年12月施工，工期25个月。

① 围堰工程

围堰填筑于2016年12月开始，工期为4个月。2016年12月初，完成进场道路及钢便桥施工，具备至基坑填筑下游围堰的交通条件。2016年12月—2017年1月施工闸站下游围堰，工期2个月。2017年2—3月施工闸站上游围堰，工期2个月。2017年3月下旬施工新旧闸基坑围堰，工期10天。

围堰拆除在2018年5—6月施工，工期2个月。

②基坑开挖、支护及基础处理

泵站基坑开挖、支护及基础处理在2017年4月中旬—8月施工，工期4.5月。

水闸基坑开挖、支护及基础处理在2017年4月中旬—7月施工，工期3.5月。

③泵站工程

2017年9月—2018年12月施工，工期16个月。其中，泵房主体结构混凝土施工时段在2017年10月—2018年3月，工期6个月；泵站进水前池、进水池及上游护坦及挡墙施工时段在2017年10月—2018年1月，工期4个月；泵站出水池、下游护坦及挡墙施工时段在2017年10月—2018年1月，工期4个月；2018年3—4月进行启闭机安装及检修闸门安装，工期2个月；2018年4月底，泵站具备挡水条件。

桥机安装时段为2018年4月，工期1个月；2018年3—4月进行机组埋件及二期混凝土施工，工期2个月；水泵机组安装及调试在2018年5—6月进行，工期2个月。

④水闸工程

2017年8月—2018年4月施工，工期9个月。其中，水闸主体结构混凝土在2017年8月中旬—2018年1月施工，工期5.5个月；水闸上、下游连接段及挡墙在2017年9—12月施工，工期3个月；启闭机排架混凝土在2018年2—3月施工，工期2个月；2018年4月进行闸门安装，工期1个月；2018年4月底具备挡水条件。

⑤生产用房结构

2018年7—12月施工，工期6个月。

⑥交通桥梁

2017年7月—2018年3月施工，工期9个月。

（3）支援闸及压占堤段工程

2017年11月—2018年5月进行支援闸施工，工期7个月。

（4）室外工程及配套设施

2018年7—12月施工，工期6个月。

（5）收尾工程及其他

2019年1月进行工程收尾及场地清理，工期1个月。

（八）施工劳动力及主要技术供应

慈江闸站工程主要劳动力和主要施工机械设备详见表2-33、表2-34。

表 2-33 主要劳动力汇总

单位：人

工种	按工程施工阶段投入劳动力情况						
	2016.10-2017.2	2017.3-2017.6	2017.7-2017.10	2017.11-2018.2	2018.3-2018.6	2018.7-2018.10	2018.11-2019.7
打桩机工	0	40	40	30	20	0	0
装载机司机	4	4	4	4	4	4	2
汽车司机	30	30	30	30	30	28	25
挖机司机	16	16	8	8	6	6	3
压路机司机	2	2	2	2	1	1	2
混凝土工	8	8	30	30	28	18	18
模板工	4	20	80	80	80	20	10
钢筋工	6	20	40	40	10	10	10
砌筑工	4	20	20	20	20	15	10
架子工	0	10	10	10	10	0	0
安装工	2	0	40	60	60	0	0
机修工	2	2	2	2	2	2	2
电工	4	4	4	4	4	4	4
普工	10	20	20	20	20	15	10
绿化工	0	0	0	0	0	30	30
总计	92	196	330	340	295	153	126

表 2-34 主要施工机械设备汇总

单位：台

序号	设备名称	型号规格	数量	备注
1	挖掘机	PC200	2	
2	挖掘机	PC260	8	
3	装载机	ZL-50	4	
4	泥浆泵	BW150 7.5kW	8	
5	回旋钻机	GPS-10	8	
6	自卸车	10t	30	

续表

序号	设备名称	型号规格	数量	备注
7	压路机	20t	2	
8	塔式起重机	QTZ80	1	
9	汽车吊	25t	1	
		50t	2	
		100t	2	
10	平板车	/	2	
11	汽车泵	/	4	
12	地泵	/	4	
13	振动碾	8t	2	
14	双轮胶车	/	15	
15	蛙式打夯机	HW-210	4	
16	砂浆拌和机	HJ350	2	
17	空压机	6m^3	10	
18	木工机械	/	8	
19	电焊机	/	20	
20	钢筋切断机	75kW	6	
21	钢筋调直机	GW40-1	4	
22	钢筋弯曲机	GW40-1	6	
23	排水泵	/	15	
24	离心泵	功率30kW，容量97m^3/h，扬程42m	6	
25	发电机	200kVA	2	

第三章　工程关键技术研究及应用

（一）大运河浙东运河宁波段慈江老闸保护

1. 工程概况

姚江二通道（慈江）工程慈江闸站项目位于宁波市江北区，在国家重点文物保护单位慈江老闸下游约90m处，西部紧邻余姚市，东距江北区政府约19km，距国家级历史文化名镇慈城老城约5km。本工程所在的慈江，是姚江的支流，自西向东横穿江北区平原，将江北区平原分为南北两片。

姚江二通道（慈江）工程西起慈江老闸，经江北慈江、镇海沿山大河，由澥浦老闸外排入杭州湾。工程采用"三级抽排＋局部高水高排"的工程排水格局，即设置慈江闸站、化子闸站和澥浦闸站强排接力泵站。慈江闸站项目位于江北段慈江起点，即为姚江二通道（慈江）工程二级干流闸站中的第一级，是姚江二通道（慈江）工程的骨干工程，是实现分洪姚江干流洪水的关键性工程。

2. 慈江老闸现状

慈江老闸建成于1974年，现状闸门9孔，总净宽33m，关闸后闸门板顶高程为1.63m，闸底板高程为-1.87m。2013年，慈江老闸作为大运河的组成部分，被国务院公布为第七批全国重点文物保护单位。慈江老闸现状如图2-5所示。

慈江老闸位于慈江右岸，慈江老闸左侧为中心岛，中心岛以堤坝与慈江左岸堤顶道路连接，中心岛堤坝上游115m处为支援闸。工程选址范围内，慈江左岸岸线不高铁边界为80～96m，高铁线路与慈江堤防之间为农田及护塘河。原水闸管理处位于慈江老闸右侧，管理区右侧70m外为自然村。自然村与水闸管理处之间现有石油管道及燃气管道各一根。距离慈江老闸下游170m处右岸边有讴思浦闸。

图 2-5 慈江老闸现状

3.慈江老闸保护方案

由于慈江老闸为保护文物，慈江闸站项目从工程布局和施工措施两方面进行保护。

（1）工程布局

慈江闸站工程规模为大（2）型，工程等别为Ⅱ等，主要建筑物级别为2级，次要建筑物级别为3级，临时建筑物级别为4级。闸站防洪标准按50年一遇设计，200年一遇校核。

根据姚江二通道（慈江）工程规划，慈江闸站位于慈江与郭塘河汇合处附近，慈江在此处江面向左岸变宽至约170～120m（含江心岛宽度），并被江心岛分割成左、右两道，右河道为现慈江主流，宽约为40～60m，现状建有慈江老闸，老闸轴线至左、右通道汇合处长约120m。

为保持新建闸站与慈江老闸布置相协调，慈江水闸布置于中心岛南侧，慈江泵站布置于中心岛北侧，泵站北侧布置安装检修间，南侧中心岛布置管理房，在慈江水闸南侧布置慈江闸站一桥，在泵站下游侧泵站出水池处布置慈江闸站二桥，在泵站上游侧布置一座5m宽的拦污栅桥，拦污栅桥与慈江老闸交通桥呈直线布置。慈江闸站工程布置如图2-6所示。

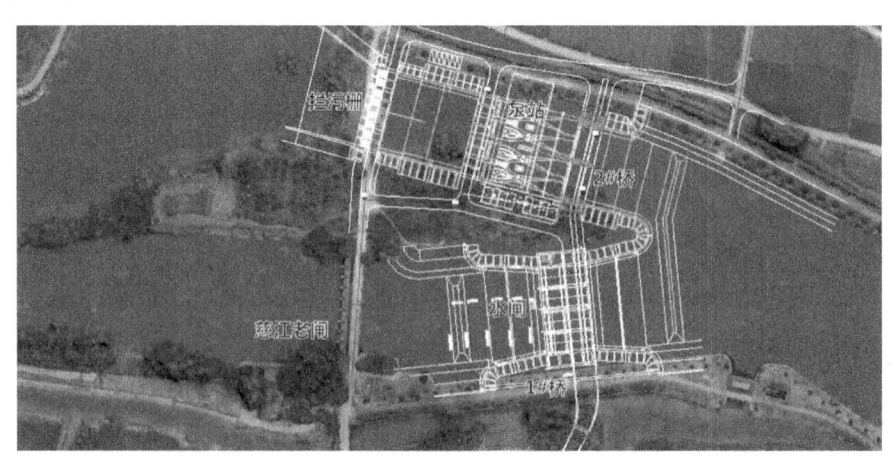

图 2-6 慈江闸站工程布置示意

由于慈江老闸为保护文物，新建闸泵的整体高度和外观需与老闸相呼应，因此，新建闸站按北泵南闸布置，新建水闸采用排架结构，上部建筑采用简约设计，白墙黑瓦，与慈江老闸相呼应；慈江新水闸闸门采用升卧门型式，降低了闸门启闭层高度。慈江闸站建筑效果如图 2-7 所示。

图 2-7 慈江闸站建筑效果

（2）施工措施

① 围堰工程

施工期，采用上、下游土石围堰一次性拦断慈江，形成干地施工条件。新建水闸位于慈江老闸的下游，老闸闸门板顶高程较低，遇洪水常遭漫顶，不具备施工期兼做围堰挡水的条件。受工程布置条件限制，上游围堰需布置在老闸的上游。

由于老慈江大闸为大运河世界文化遗产，有文物保护要求，为避免新建水闸基坑排水后使慈江老闸工况发生较大的改变，在新建水闸和老闸之间设置一道中间围堰，使慈江老闸位于中间围堰和上游围堰之间，施工时控制慈江老闸上、下游常年水位在高程 -1m。同时，为避免新水闸基坑开挖对慈江老闸下部地基造成影响，在慈江老闸下游护坦末端（新闸基坑内）设一道水泥土搅拌桩墙，使慈江老闸地基处于封闭状态。慈江闸站围堰布置效果如图 2-8 所示。

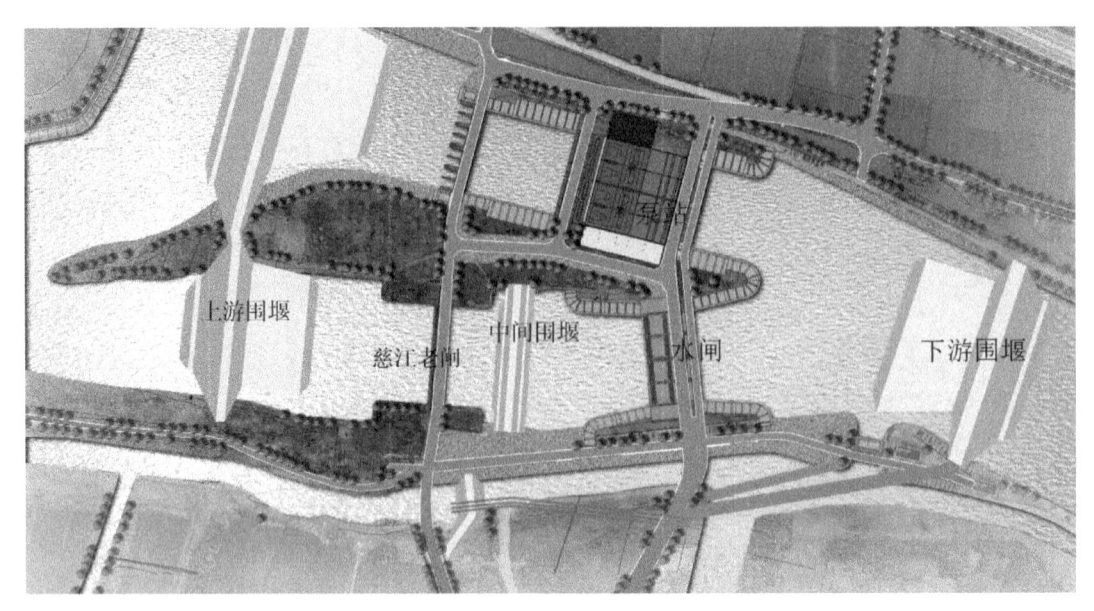

图 2-8 慈江闸站围堰布置效果

②基坑开挖支护

慈江闸站项目距离慈江老闸较近，新水闸底板高程为−1.87m，基础开挖不深，基坑边坡开口线影响不到慈江老闸；而北侧泵站基坑，泵站进水池局部开挖高程为−5.65m，中心岛高程为2.50m，如放坡开挖，上下高度为8.15m，需设置四级马道，按1∶4～1∶5的坡比开挖，泵站上游南侧开口线触及慈江老闸左岸岸墙，开挖将影响慈江老闸左岸边坡稳定。为了避免泵站基坑开挖对慈江老闸的不利影响，泵站基坑采用"钻孔灌注桩＋水泥土搅拌桩墙"联合支护型式，高程−2.00m以下采用垂直开挖，以上采用缓坡开挖与原地面相接，开挖开口线距离慈江老闸左岸岸墙约10.00m，通过边坡抗滑稳定计算，泵站开挖边坡是稳定的，泵站基坑施工期不影响慈江老闸结构安全。

③施工期临时监测

施工期临时监测包括三个方面：慈江老闸上、下游水位监测，慈江老闸左岸岸墙变形监测，闸泵基坑边坡变形监测。

慈江老闸上、下游水位监测：在慈江老闸的上、下游水面安放水位监测仪，监测老闸上、下游水位情况，低于高程−1.00m时，即采用水泵向老闸基坑抽水，保持慈江老闸始终处于有水状态，不干涸；由于慈江老闸下游的中间围堰不宜挡高于−1.00m的水位，因此，当老闸基坑水面高于−1.00m时，也需抽水排掉，维持水位−1.00m高程。

慈江老闸左岸岸墙变形监测：在慈江老闸的左侧岸墙顶部设变位监测仪，通过变位监测仪观察左岸端墙变形情况，如果发现岸墙附近出现较大的地面裂缝或岸墙顶部移位，即刻采取工程措施，确保慈江老闸结构安全。

闸泵基坑边坡变形监测：在边坡较高部位安设变形监测仪，监测边坡变形情况，一旦发现边坡蠕变，即采取坡后减载或放缓坡等工程措施，预防边坡大范围垮塌。

4. 按浙江省文物局审查意见制定的应对措施

（1）新闸基坑开挖对慈江老闸的影响分析

新水闸底板高程为-1.87m，基础开挖不深，约1.50m，基坑边坡开口线不影响慈江老闸，水闸基坑开挖平面及老闸监测点布置如图2-9所示。

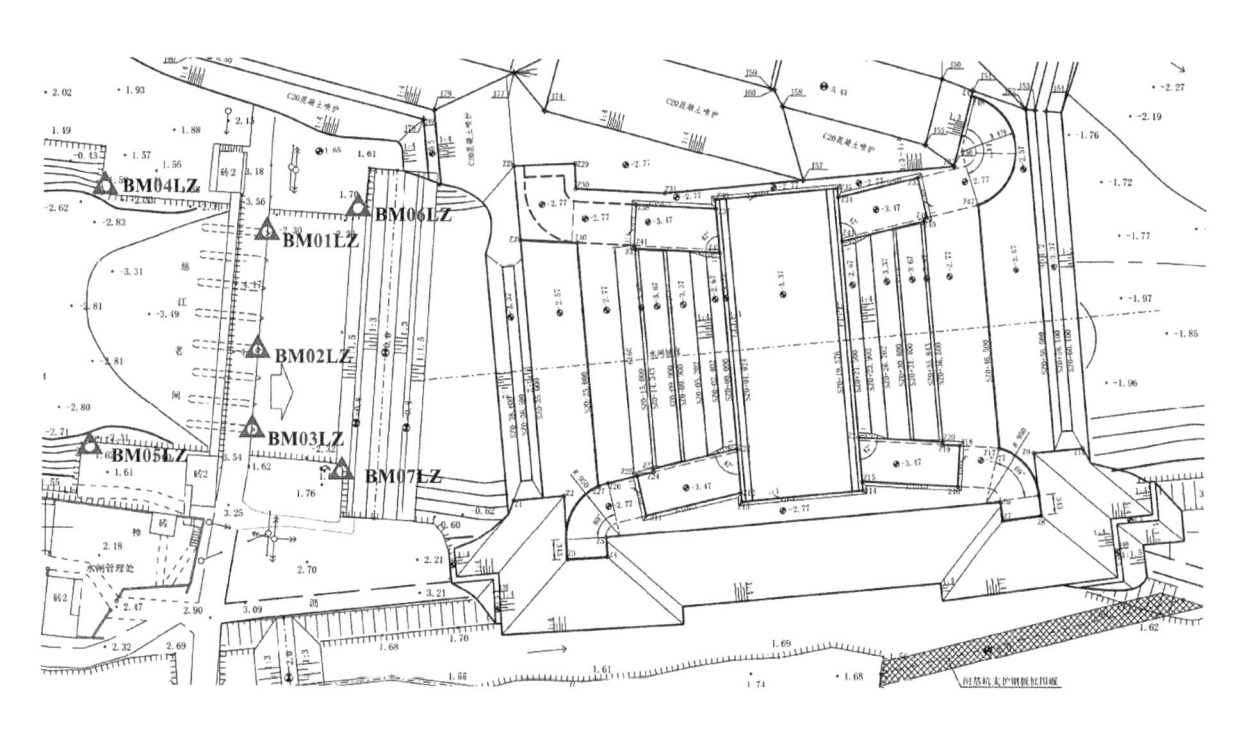

图2-9 水闸基坑开挖平面及老闸监测点布置

北侧泵站基坑，泵站进水池局部开挖高程为-5.65m，中心岛高程为2.50m。泵站基坑采用"钻孔灌注桩＋水泥土搅拌桩墙"联合支护型式，高程-2.00m以下采用垂直开挖，以上采用缓坡开挖与原地面相接，开挖开口线距离慈江老闸左岸岸墙最近约10m，经边坡抗滑稳定计算，泵站开挖边坡稳定，泵站基坑施工期不影响慈江老闸结构安全。泵房基坑开挖平面如图2-10所示。

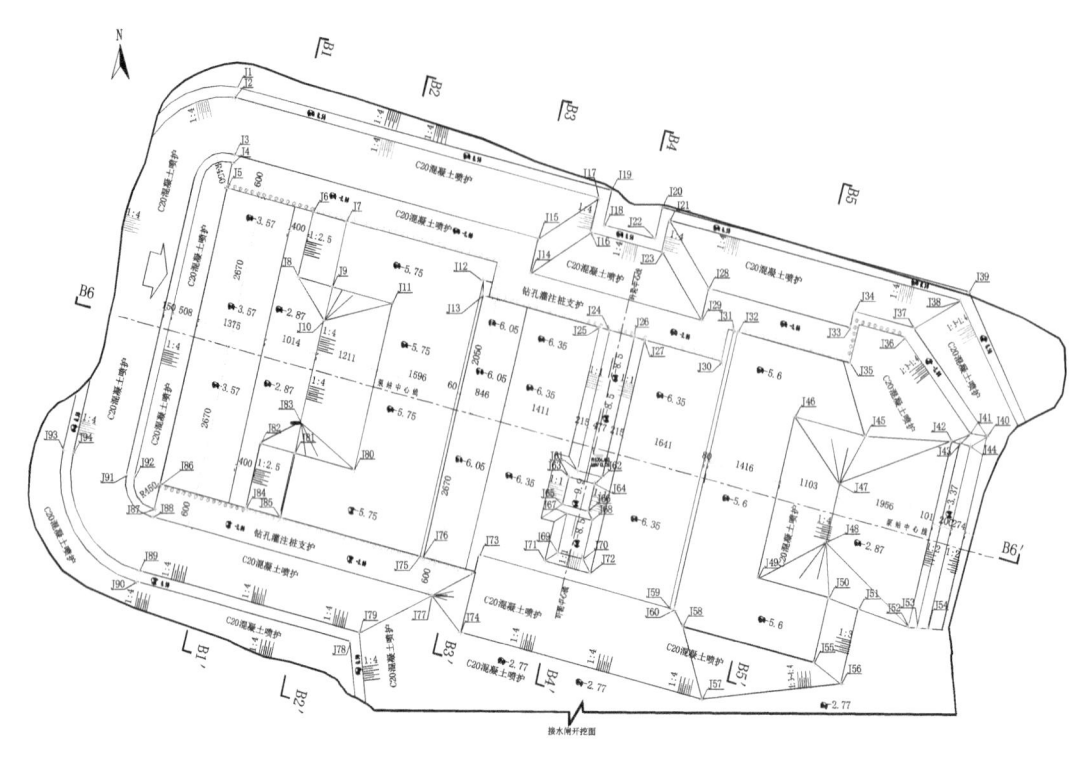

图 2-10 泵房基坑开挖平面

（2）施工组织设计及应急预案的制定

2017年2月，施工单位编制报批了《慈江闸站项目实施性施工组织设计》；2017年3月，编制报送了《慈江闸站项目深基坑开挖与支护专项方案》并制定了应急预案；2017年3月21日，组织召开了慈江闸站项目深基坑开挖与支护安全专项施工方案专家论证会并讨论通过。

慈江闸站基坑开挖于2017年8—9月进行，开挖过程中严格按照批复的施工组织设计及专项方案组织现场开挖施工。

（3）慈江老闸文物本体监测

为做好慈江老闸文物监测，确保慈江老闸文物安全，按照报批的监测方案对慈江老闸进行了监测工作，并定期报送慈江老闸监测成果，在老闸闸墩和两岸翼墙共设置监测点7个，编号为BM01LZ～BM07LZ。水闸基坑开挖平面及老闸监测点布置如图2-9所示。

5. 保护方案实施效果

自慈江闸站2017年5月24日对基础处理开始进行监测，到2018年6月24日回填完成，从慈江老闸各安全监测点监测到的最大累计变形仅2mm，说明慈江闸站项目从工程布局和施工两方面对慈江老闸进行的各项保护措施是合适、有效的。

（二）水闸闸门设计

1.设计理念

（1）慈江老闸现状

慈江老闸建成于1974年，具有浓厚的历史特点，现状闸门9孔，总净宽33m，闸门采用升卧式，关闸后闸门板顶高程为1.63m，闸底板高程为-1.87m。2013年，慈江老闸作为大运河的组成部分，被国务院公布为第七批全国重点文物保护单位。

（2）新闸闸门设计思路

由于慈江老闸为保护文物，新建闸泵的整体高度和外观需与老闸相呼应，因此慈江新水闸闸门也同样采用升卧门型式，降低了闸门启闭层高度，同时又满足了河网通航的要求。

新建水闸采用排架结构，上部建筑采用简约设计，白墙黑瓦，做到与慈江老闸周边建筑风格相融合。当地建筑风格如图2-11所示，建筑风格设计理念如图2-12所示，确定的建筑设计方案如图2-13所示。

聚落——地域建筑文化

群体建筑的思考

　　慈城至今已有1200多年的悠久历史，是我国江南地区目前保存最为完整的古代县城。作为中国传统县城的典范，慈城仍完好地保留着背山面水、左文右武及街巷棋盘式布局，这充分体现了传统风水布局和天人合一的聚落特色。

甍——地域建筑文化

单体建筑的思考

　　建筑工艺精致、色彩淡雅、空间序列变化富于庭院式结构。

　　从单体建筑中提炼元素、符号，用抽象的手法体现文脉特征，引起人们的地域认同感，唤起文化意识。

　　通过营造"意"的氛围和场所感，引起精神上的共鸣。

图2-11　当地建筑风格

聚落

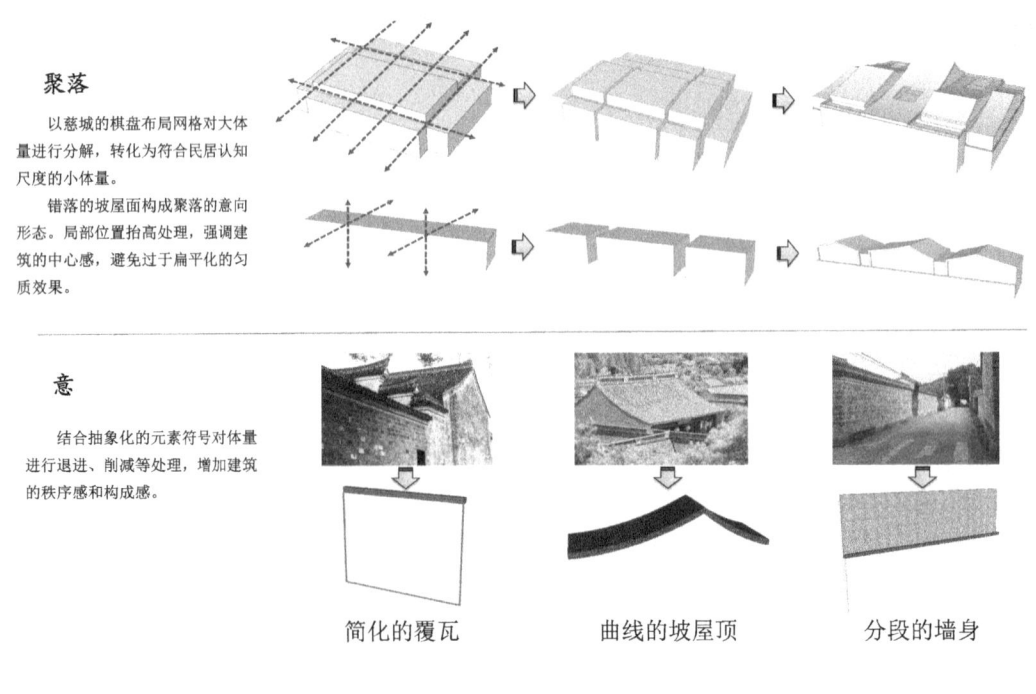

以慈城的棋盘布局网格对大体量进行分解，转化为符合民居认知尺度的小体量。

错落的坡屋面构成聚落的意向形态。局部位置抬高处理，强调建筑的中心感，避免过于扁平化的匀质效果。

意

结合抽象化的元素符号对体量进行退进、削减等处理，增加建筑的秩序感和构成感。

简化的覆瓦　　曲线的坡屋顶　　分段的墙身

图 2-12　建筑风格设计理念

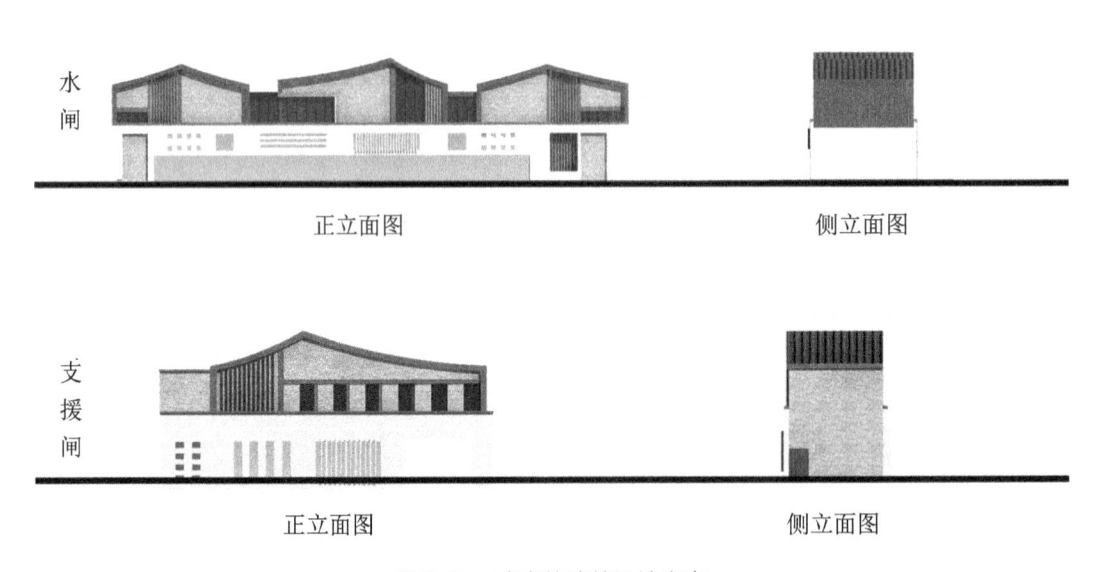

水闸　正立面图　侧立面图

支援闸　正立面图　侧立面图

图 2-13　确定的建筑设计方案

因慈江老闸是全国重点文物保护单位，同时也是世界遗产（慈江老闸世界遗产标志如图 2-14 所示），采用相同的闸门型式，是向世界遗产致敬。

图 2-14　慈江老闸世界遗产标志

2.闸门设计方案

（1）老闸的工作方式

慈江老闸闸门为钢筋混凝土结构，关闭状态为直立式，开启状态为升卧式，启闭机采用卷扬式启闭机，闸门锁定采用拉杆吊环，拉杆顶端固定在启闭梁上，通过吊环固定预埋在闸门上的吊钩达到锁定的目的。慈江老闸关闭状态如图2-15所示，慈江老闸开启状态如图2-16所示。

图 2-15　慈江老闸关闭状态

图 2-16 慈江老闸开启状态

（2）新慈江闸闸门设计方案

①升卧式工作闸门

新建慈江水闸有4孔，每孔设置露顶升卧式平面定轮工作钢闸门1扇，共4扇。闸门采用一孔一门一机布置。孔口尺寸为8.25m×5.47m，设计水头5.47m，底槛高程-1.87m。总水压力1229.15kN。

门叶尺寸约8.216m×5.800m×1.002m（宽×高×厚），门叶超高0.30m，闸门面板及底止水布置在上游面，侧止水布置在上游面，闸门门叶采用多主梁布置，主梁为焊接"工"字形组合结构，小梁为I20的工字钢，闸门分2节制造，到工地现场焊接成整扇。闸门止水宽度为8216mm，闸门支承跨度为8650mm，闸门采用双吊点，吊点距为7150mm。闸门主材为Q235B，闸门正反向支承为悬臂定轮，定轮直径为650mm，材料为35#锻钢，轴承为短圆柱球面滚子轴承，侧向采用钢板限位。闸门设置双向水封，侧止水橡皮为双联"P"形橡皮，底止水橡皮为"刀"形橡皮，水封材料均为SF6674，新水闸闸门布置如图2-17所示，闸门实景（开启）如图2-18所示，慈江闸站闸门和启闭机特性见表2-35。闸门全开时横卧在闸顶，并锁定后轮，闸门锁定装置锁定至检修状态位置如图2-19所示。

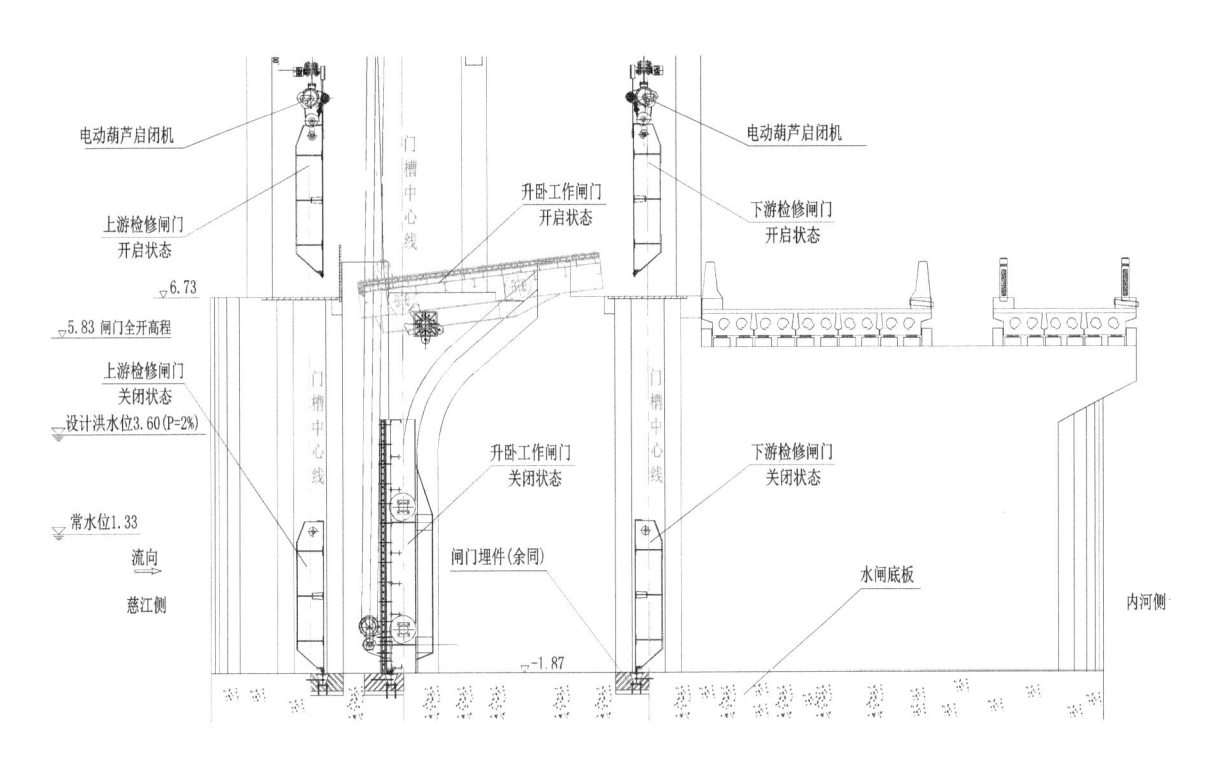

图 2-17　新水闸闸门布置

图 2-18　闸门实景（开启）

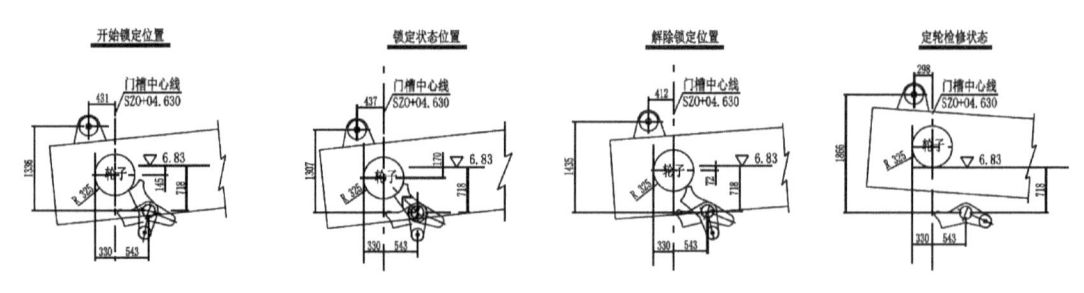

图 2-19 闸门锁定装置锁定至检修状态位置示意

表 2-35 慈江闸站闸门和启闭机特性

闸门特性表			
1	孔口尺寸（宽×高）（m）		8.25×5.80
2	孔口（个）		4
3	闸门（个）		4
4	埋件（个）		4
5	底坎高程（m）		−1.87
6	吊点间距（mm）		5000
7	支承型式		悬臂轮
8	操作条件		动水启闭
9	启闭机型式		固定卷扬式启闭机
启闭机特性表			
1	启闭容量（kN）		2×200
2	工作扬程（m）		8.530
3	闸门检修扬程（m）		9.025
4	起升总扬程（m）		10.00
5	起升速度（m/min）		2.00

②升卧式工作闸门启闭机

升卧式工作闸门动水启闭。闸门操作采用QW-2×200-10卷扬式启闭机，起升高度为10m，正常起升速度为2.00m/min，吊点距为5.00mm。起升电机功率2×7.5kW，转速950r/min，减速器型号为BJ12000-251，传动比251，卷筒直径400mm，钢丝绳型号为22ZAB-6×19SW＋FC-1670ZS。

本工程固定卷扬式启闭机采用了行星减速机，行星减速机结构如图2-20所示，无需配置专门的减速箱，启闭机安装后实景如图2-21所示。与常规固定卷扬式启闭机相比，行星减速机具有以下特点。

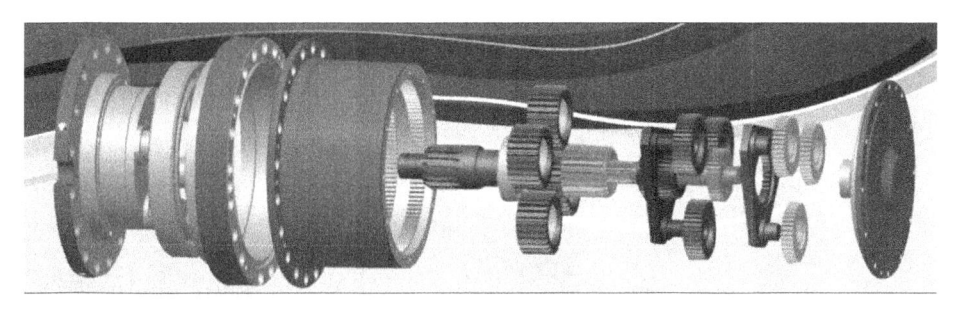

图 2-20　行星减速机结构

图 2-21　启闭机安装后实景

a. 体积小：只有输入轴，输出轴既是壳体又是内齿圈，相应的减少了建筑物尺寸。

b. 寿命长：采用行星式结构，运转平稳，无径向推力，无普通轮系轴承恒久承受径向推力之虑，轴承及齿轮寿命长。

c. 强度高：齿轮材质为合金钢加工而成，热处理硬度达HRC60以上。

d. 噪音低：空载运转时噪音仅65分贝以下。

e. 易联接：壳体直接用螺栓固定于卷筒，输入轴通过联轴器与电机联接。

f. 免维修：全面油封设计，特殊润滑用油，具耐久性，且无漏油之虑。

（3）慈江老闸处理方案

新建闸门完成后，慈江老闸本体保持原样不变，9扇老闸门中，中间3孔闸门保留，并保持常开状态，左、右岸各3扇共计6扇闸门采用汽车吊吊离老闸，整齐堆放在慈江老闸右岸空地上，并设置透视围挡，围挡外设一简介牌，供市民和游客参观，慈江老闸闸门堆放区及简介牌如图2-22所示。

图 2-22　慈江老闸闸门堆放区及简介牌

第三篇
余姚城北圩区候青江排涝泵闸工程

Chapter 3

平原地区闸泵工程实例

第一章 工程设计

（一）工程背景及建设内容

1.工程背景

余姚市位于宁波的西北部，地势总体南高北低，处于上姚江河谷地带，姚江进入余姚中心城区后一分为三，自然将余姚市中心城区分割成城北和城南两片。现状余姚中心城区明显低于周边区域地坪，形成"锅底地势"，致使其成为其他区域洪涝水转移的承接区域，特别是与干流连通的东江、中江、西江等河道堤防设防标准低，洪水期间，姚江干流上游洪水及南侧山区洪水通过连通河道入侵平原纵深，继而影响河道两侧城市的排水，甚至在薄弱堤段发生渗漏、倒灌、漫堤等，严重危及沿岸群众的生活和生产安全。此外，由于余姚中心城区位于上姚江排水末端，使得其除承担自身排涝任务外，还需承担上虞和慈溪石堰的过境水量，进一步加剧了中心城区的防洪排涝压力。在"加大东泄、扩大北排、增加强排、城区包围"的治理思路下，针对余姚城北圩区建设方案进行了优化调整，减少了线状堤防工程的建设范围，城北主要通过实施大包围战略及建设余姚城北圩区排涝泵闸工程来提升排涝能力。

排涝泵闸工程的建设能够提升圩区排涝能力，圩区内20年一遇目标水位满足20年一遇排涝标准，不超过3.13m；50年一遇目标水位满足圩区50年一遇防洪标准3.37m；需要外排强排泵站总规模279.70m³/s，在现状已有泵站规模的基础上，新增的泵站规模为232.60m³/s，其中候青江闸站设计闸宽60m，泵站规模为80m³/s。

候青江排涝泵闸工程是城北圩区南侧围堤封闭的重要节点工程，通过候青江排涝泵闸工程的实施，配合近期实施的余姚城防工程，使余姚城北城区堤防完全封闭，充分发挥余姚城防工程防洪效益，城北防洪标准达到20年一遇；近期80m³/s强排泵站使平原排水不再受外江高水位顶托影响，在一定程度上降低高水位及高水位持续时间。

2.工程建设内容

余姚城北圩区候青江排涝泵闸工程位于候青江玉皇山，离候青江河口凤山桥约310m。泵闸采用并列河床式布置，水闸靠右岸布置，基本正对上、下游河床主流，泵站靠左侧布置。

主要建筑物由闸室、泵房及外侧消力池、出水池和堤防等配套建筑物组成。节制闸考虑航道需要，设 3 孔18m＋24m＋18m，总净宽60m，总宽76.2m。泵站总规模80m³/s，选用单向 4 台竖井式贯流泵，单台设计流量均为 20m³/s。

（二）水文气象

工程所在区域属亚热带季风气候区，全年季节变化明显，以温和、湿润、多雨为主。冬季受冷高压控制以清冷干燥天气为主。春末夏初，冷暖空气遭遇，雨量丰沛，为梅雨季。

甬江流域的洪涝灾害主要发生在台汛期与梅汛期，根据流域降水特性，通常将4—10月作为汛期，其余月份作为非汛期。全年降水量的绝大部分发生在汛期。

甬江流域发生大暴雨主要由台风雨控制。本流域濒临东海，每年夏秋季节，天气系统为太平洋副热带高压所控制，台风暴雨影响严重，8—9月台风或热带风暴从福建、浙江沿海，尤其是象山港登陆，袭击本流域，因四明山脉和天台山脉对入流水汽的抬升作用，造成流域大暴雨。暴雨中心往往集中于四明山一带，台风雨短时间降雨强度大，往往形成较大灾害。台风型洪涝特点为降雨强度大，一次降雨中心点雨量可达数百毫米，但历时较短，一般仅为 1～3 天，相应平原水位的上涨速度快、幅度大。姚江流域年最大三日雨量分别为 364.10mm、298.20mm、441.70mm，奉化江流域最大三日雨量分别为 326.40mm、440.50mm、452.20mm。

暴雨取样采用同场雨年最大值统计，资料年限为 1956—2013 年（共 58 年）。分析认为"20131006""19620904"和"19630912"三场大暴雨均具有较好的代表性，其中"20131006""19620904"场次暴雨姚江流域重现期较奉化江流域大，"19630912"场次暴雨奉化江流域重现期较姚江流域大。

"20131006"暴雨空间分布与"19620904"暴雨类似，主暴雨中心位于姚江流域，山区大，平原小，与全流域多年平均暴雨等值线分布情况较为接近。"19620904"降雨为《甬江流域防洪治涝规划》选取的典型降雨，并且下游防洪工程设计均以此为依据，选取该降雨为典型可以与《甬江流域防洪治涝规划》及下游防洪工程设计相衔接。考虑"20131006"的"菲特"台风降雨集中，时空分配恶劣，若以其为典型，将会造成较大的工程投资，同时不利于跟已有规划和工程设计衔接。2014年发布的《余姚市防洪排涝规划报告》（简称《规划》）对比分析了"菲特"和"19620904"两场暴雨，采用"19620904"雨型作为规划雨型，并用"菲特"雨型进行规模复核。经分析计算，在满足《规划》推荐方案设防水位的前提下，若采用"62雨型"，可以适当减少北排的规模。因此，《余姚市防洪排涝规划修编报告》（2016年6月）仍然采用"19620904"雨型作为规划雨型。本报告选取"19620904"降雨为典型降雨。

设计洪水采用暴雨推求。在设计条件下，产流计算采用简易扣损法。汇流计算包括山区坡面汇流、山区河道汇流和平原河网汇流。本次研究的城北圩区，分为山区和平原两大类，共计集雨面积172.92km², 24h净雨243mm，调蓄容积1381.3万m³。城北圩区各重现期产水量（3日）情况见表3-1。

表3-1 城北圩区各重现期产水量（3日）情况

计算分区	集水面积（km²）	各重现期三日洪量（万m³）				
		100年	50年	20年	10年	5年
平原	128.15	4797.73	4140.60	3205.61	2528.65	1860.75
山区	44.77	1780.56	1532.58	1182.13	927.54	677.34
合计	172.92	6578.29	5673.18	4387.74	3456.19	2538.09

（三）工程地质

场址位于余姚市城区，为姚江冲积河谷平原，属于宁绍平原的一部分，西侧紧邻玉皇山，东侧为平原，工程区内地势平坦。本工程主要揭露土层有①-1层杂填土、①-2层粉质黏土、②1层泥炭质土、②2层淤泥质粉质黏土、③1层粉质黏土、③2层粉质黏土夹粉砂、③-3层粉质黏土、③-4层淤泥质粉质黏土、④-1层粉砂夹粉质黏土、④-2层粉砂夹粉质黏土、⑤层粉质黏土、⑤夹层粉砂夹粉质黏土、⑤-1层含粉质黏土砾砂、⑤-2层粉质黏土夹中砂、⑤-2夹层含粉质黏土中砂、⑤-3层含黏性土中砂、⑤-4层粉质黏土、⑥-1层中砂夹粉质黏土、⑥-2层含粉质黏土砾砂、⑦层粉质黏土夹碎石、⑧夹层破碎带、⑧-1层强风化凝灰岩和⑧-2层弱风化凝灰岩。工程地质勘察提出基本结论及建议如下。

①拟建场地不存在能导致场地整体滑移等的严重不良地质条件，整体稳定性较好，但场地地形地貌较为复杂，基岩面起伏较大，地层分布不稳定，存在厚层杂填土（夹杂较多碎石、块石），候青江东岸局部位置分布有②-1层泥炭质土（其厚度较薄，且主要分布于浅部），河道底部尚分布有河底淤泥，对前述不良地质现象采取适当工程措施后方可适用于本工程建设。

②本场地以Ⅲ类建筑场地为主，设计地震分组属第一组，抗震设防烈度为6度，属抗震不利地段。根据Ⅲ类场地类别调整后的地震动峰值加速度值为0.065g，地震动加速度反应谱特征周期为0.45s。

③工程区地表河水和地下水对混凝土无腐蚀性，对钢筋混凝土结构中的钢筋具有弱腐蚀性，对钢结构具有弱腐蚀性。勘察期间测得潜层含水层水位高程为1.05～1.69m，④层承压水层中稳定水位高程在0.05～0.46m。泵闸所在位置基坑开挖深度范围内，地基土中部分位置存在相对透水层（④-1或④-2），深基坑开挖具有突涌的可能，应采取适当的降排水措施；⑥层含水层上部隔水层厚度较大，对本工程基本无影响。

④本工程堤防护岸及导流明渠边坡宜适当放缓并采取适当的防冲措施。应进行强度和岸坡稳定验算，施工时应采取适当降排水措施。

⑤河道沿线分布的①-2层粉质黏土、③-1层粉质黏土和③-2层粉质黏土夹粉砂，土性尚可，可作为护岸、挡墙的基础持力层。但需进行下卧层强度和变形验算，不满足要求时可采用换填或短桩基础进行加固处理。若采用桩基，桩端可置于④-2层中，根据抗滑稳定和承载力要求合理选择桩长。

⑥对于拟建泵闸，宜采用桩基础，建议选择⑤层或⑤-2层、⑥层及其以下岩土层作为桩基持力层，桩型采用钻孔灌注桩，桩径和桩长根据上部荷载、施工条件等因素综合选定。

⑦第①-2层粉质黏土和③层（③-1层粉质黏土、③-2层粉质黏土夹粉砂）可作为闸站、护岸墙后填土料，施工时需清除其中杂质并适当翻晒。工程区附近无砂石料源产地，混凝土粗细骨料及块石料需要外购。

⑧工程施工对周边环境有一定影响，施工时应采取必要的防护措施，减少施工对周边环境的影响，同时加强对周边建筑物与沿河管线的监测，确保安全。

（四）工程建设任务和规模

1. 建设任务

工程建设任务是以防洪、排涝为主，兼顾生态环境改善。即在服从甬江流域防洪排涝总体格局和统一调度前提下，通过圩区堤防、水闸、泵站的建设，恢复和提高防洪排涝能力，保障区域生产安全，促进区域经济协调发展。

余姚城北圩区实现全面封闭后，在有可能发生台风、暴雨等灾害性天气时，在暴雨来临前通过闸或泵预降城北圩区（余姚城北圩区实现全面封闭的前提下）河网水位至0.63m。余姚城北圩区可预留出更多的调蓄库容，减轻排涝压力，更好地保护余姚城北圩区安全。

2. 建设规模

候青江排涝泵闸工程泵站规模为80m³/s，候青江排涝泵闸工程节制闸规模为60.00m（闸底坎顶高程−1.87m）。全部建成后可达到余姚城区防洪标准50年一遇；城市及城镇排涝标准20年一遇，24小时暴雨24小时排出；农田排涝标准20年一遇，3天暴雨3天排出。

工程为Ⅱ等工程，主要水工建筑物级别为2级，次要水工建筑物级别为3级，临时建筑物级别为4级。

（五）工程布置及主要建筑物

1. 工程布置

泵闸采用并列布置，节制闸靠西侧布置，闸门总净宽60.00m，分别为18.00m＋24.00m＋18.00m，共3孔，闸室总宽76.20m，采用下卧式平面钢闸门，液压启闭机操作。闸室底板顺水流方向长度根据闸门平卧尺寸以及液压启闭机和内、外检修门布置要求，并结合闸室整体稳定分析，综合确定为30.00m。垂直水流方向底板共分3段，一孔一段，边墩及中墩均厚1.10m，油缸支墩厚1.40m，两边孔底板宽均为23.00m，中孔底板宽29.00m。泵闸纵剖面图如图3-1所示，泵闸横剖面如图3-2所示。

图 3-1 泵闸纵剖面

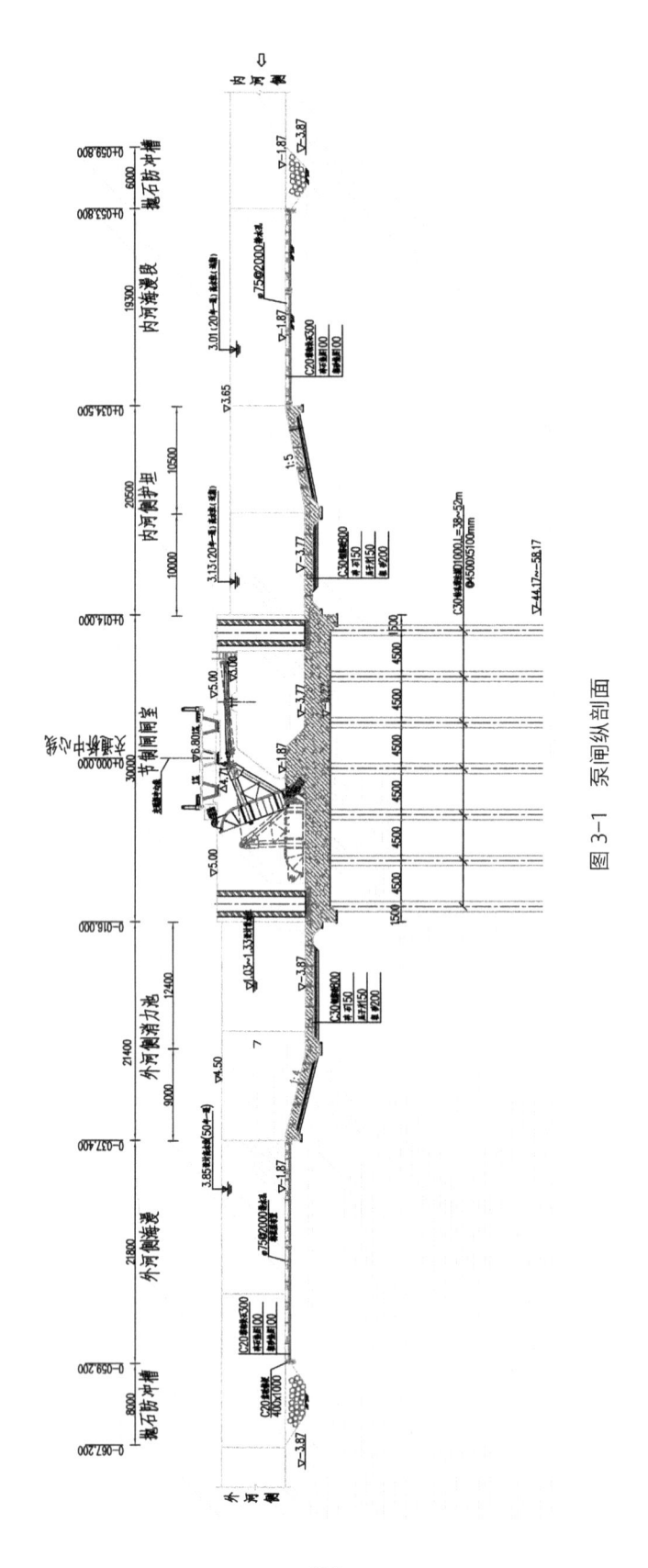

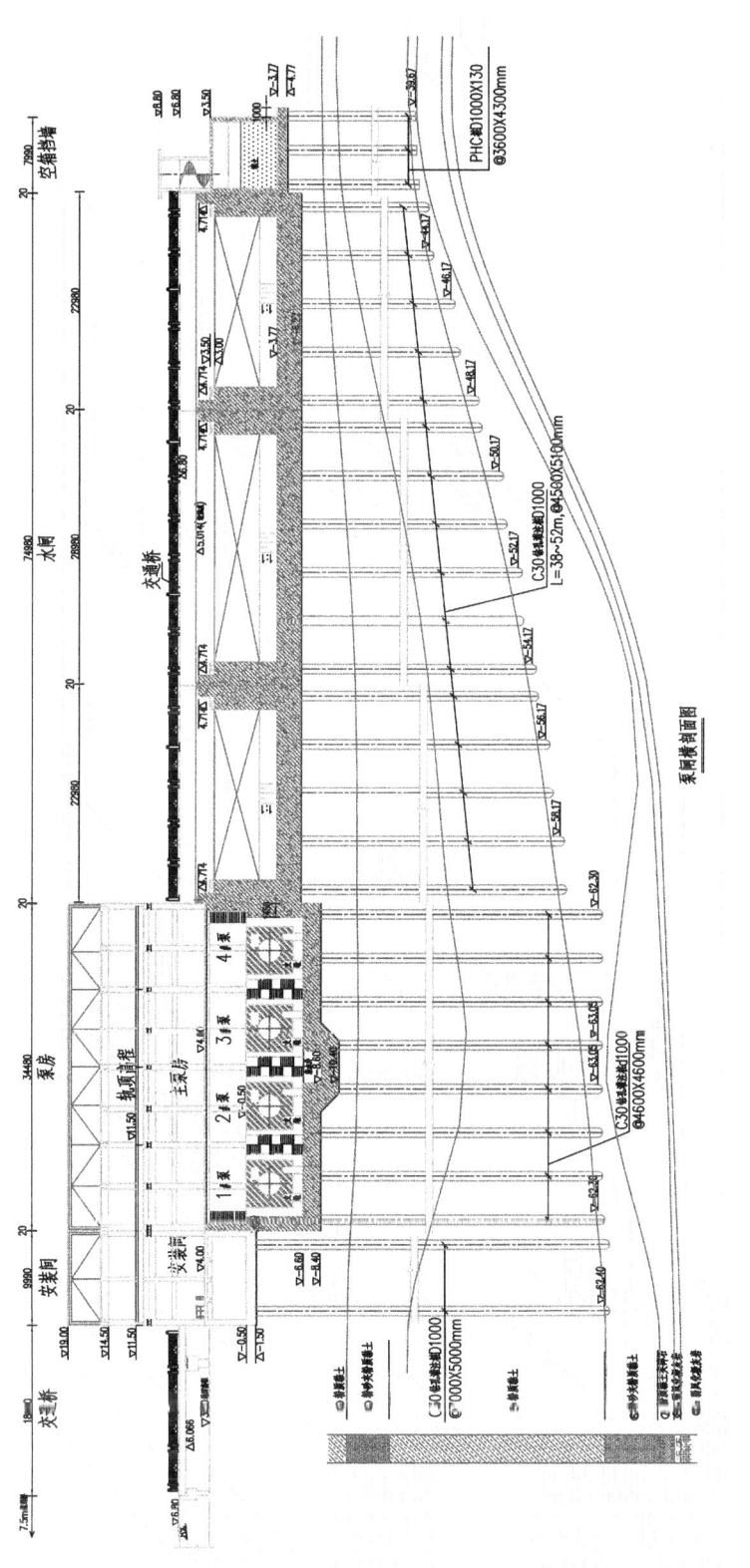

图 3-2 泵闸横剖面

2.主要建筑物

闸室采用钢筋混凝土整体结构，闸底槛高程为-1.87m，底板面高程为-3.87m及-3.77m，厚2.50m及2.60m。闸室基础采用钻孔灌注桩，分别为38.00m、52.00m，桩尖进入⑥层中砂夹粉质黏土约2.00m，桩直径为1000mm，桩间距为4.50m×5.10m。

泵站为单向泵站，采用堤身式布置，块基型结构，功能为从内河向外河排涝。选用竖井式贯流泵，单台设计流量20m³/s，设计总流量80m³/s。紧靠水泵的进水侧（内河侧）设置有清污机桥及清污机。主泵房内设有16/3t桥式起重机1台。

泵房段垂直水流方向宽34.50m，顺水流方向长40.10m。水泵采用单列布置，机组中心距8.20m，进水流道宽7.00m，被中隔墩分为2道，每道进水流道宽3100mm，中隔墩厚800mm，边墩厚为1.45m，中墩厚为1.20m，出水流道宽6.00m，边墩厚1.95m，中墩厚2.20m。泵房采用灌注桩基础，桩直径为1000mm，桩长56.00m，桩尖进入⑥层中砂夹粉质黏土约1.60m，间距为4.60m×4.60m。

（六）机电及金属结构

1.水力机械

本泵站为排涝运行泵站，泵站设计流量为80m³/s，运行净扬程为0～3.05m，为低扬程泵站，采用水力性能好、投资费用较小的4台单泵流量为20m³/s的竖井贯流泵，叶轮直径约2.60m，水泵转速约130r/min；配套电机采用水冷式异步电机，额定功率1000kW，转速约750r/min；采用平行轴齿轮减速箱传动，传动比约5.77。

水泵安装高程根据候青江侧最低运行水位0.63m、水泵气蚀性能确定，经估算，水泵叶轮中心安装高程为-3.50m，满足汽蚀性能要求和进出流道淹没要求。为配合水泵的启动、断流及检修，出水流道设置两道闸门，一道是带小拍门的快速闸门，另一道为事故闸门；进水流道设置一道检修闸门。

主泵房内设置一台20/5t电动葫芦桥式起重机，跨度约为15.50m。泵站设有技术供水系统、排水系统、油系统和水力量测系统，满足泵站运行主机组的润滑、冷却、监测要求及机组检修排水、泵房渗漏排水要求。

2.电气设计

水泵机组为单向水泵机组，肩负地区防洪排涝任务，若在汛期停电将严重影响地区防洪排涝的实现，在政治和经济上造成较大损失，因此确定为二级负荷。

根据负荷等级、负荷容量、工程重要性，采用两回35kV双电源供电，引自距本工程6km的屯山变电所的不同母线。35kV电源以电缆方式引至泵站，经主变压器降压至10kV后向各用电负荷供电。35kV侧采用线路—变压器组接线方式。10kV侧采用单母线分段带分段断路器的接线方式，正常运行时分段断路器断开，由两台主变分别向两段10kV母线供电。进线及分段断路器之间设电气及机械闭锁，防止变压器并列运行。当一回35kV电源失电或一台主变停运时，分段断路器合上，由二回或另一台主变供电。

本工程的控制方式按"无人值班"（少人值守）原则进行设计，采用以计算机为基础的综合自动化监控系统。

3.金属结构

水闸按三孔净宽为 18.00m＋24.00m＋18.00m 设置，中孔工作闸门为1孔，净宽24.00m，边孔为2孔，每孔净宽18.00m。节制闸的闸门采用水下卧倒门型式。闸门挡水时为斜立位置，过水时放下为水平位置，能够满足动水启闭、双向挡水要求，并可局部开启；布置简单，地面无任何建筑物，易于与周围景观协调。闸门采用液压式启闭机操作，底槛上设有冲淤装置。

金属结构设备：进水口（内河侧）有清污机、内河侧检修闸门，出水口（外河侧）有快速闸门、事故闸门及启闭设备。

（1）进水口

泵组进口共4个流道，每条流道的外侧由中墩将其一分为二，4个流道分为8孔，设置一道拦污清污装置，型式采用回转格栅式清污机。在回转格栅式清污机后设有一道检修闸门，8孔共用2扇检修闸门，满足1台泵组检修的需要。检修闸门孔口尺寸为3.10m×3.40m（宽×高），底槛高程－4.70m，门型采用潜孔式平面滑动钢闸门，检修闸门采用临时设备操作。

（2）出水口

泵站4台泵组，流道出口设置一道快速闸门和一道事故闸门，满足泵组的启动、断流、检修以及泵站的防洪要求。快速闸门采用带小拍门的平面定轮钢闸门，4台机组共设4扇快速闸门。事故闸门采用平面定轮钢闸门，4台机组共设4扇事故闸门。

工程金属结构设备中所有钢闸门的防腐蚀均采用喷涂锌外加封闭漆，门槽埋设件埋入混凝土中的构件表面采用无苛性钠的改性水泥胶浆涂层，外露部分采用喷涂锌外加封闭漆。

（七）消防设计

1.建筑物消防设计

泵站主要建筑物为泵房、副厂房，泵房为钢筋混凝土剪力墙结构，副厂房为钢筋混凝土框架结构。各建筑物耐火等级、危险类别、耐火极限、燃烧性能等参见火灾危险性类别及耐火等级表（表3-2）、燃烧性能和耐火极限表（表3-3）。

表3-2　火灾危险性类别及耐火等级

危险类别 耐火等级	丙	丁
二级		安装间、主泵房、辅机室
	中央控制室	继电保护室、高低压开关柜室、高压无功补偿室

表3-3　燃烧性能和耐火极限

构件名称 燃烧性能和耐火极限		二级
泵房副厂房	防火墙	非燃烧体 3.00 h
	房间隔墙	非燃烧体 0.50 h
	柱	非燃烧体 2.00 h
	梁	非燃烧体 1.50 h
	楼板	非燃烧体 1.00 h
	吊顶	难燃烧体 0.25 h

泵房和副厂房高度均在24m以下，从生产运行的需要出发，将泵房（包括主泵房和安装间）和副厂房划分为两个防火分区，其隔墙为防火墙，墙上门窗为防火门窗。

泵房内地面层设有二个楼梯通道，分别设在端泵组的外侧，连接主泵房内-0.50m中间层；主泵房内-0.50m层在4台泵组的3个间隔处设有楼梯通道，可到达-6.60m廊道层。泵房在4.00m高程有两个安全出口，泵房北侧一个，安装间一个。副厂房一层设有直接朝外的多个出口。一楼的电气设备室均可直接向外开门。副厂房内设有两部楼梯通二楼。

所有安全疏散用的门、走道、楼梯均符合：门净宽＞0.90m，并向疏散方向开启；走道净宽＞1.20m；楼梯净宽＞1.10m，坡度＜45°。电缆层的门采用防火门，电气用房、中控室门采用乙级防火门。

工程区的进场道路与市政道路连接，区内均设置5米宽的消防车道，形成环形通路，或在端部设回车场，建筑物至少两边临靠道路，满足消防要求。

2.消防设施配置

泵站设室内消火栓系统，室内消防设计流量为10L/s，火灾延续时间按2h计。室内消火栓系统采用稳高压消防给水系统，由河道取水经消防泵加压后供应。在泵站安装间下层设消防水泵房，消防泵为自罐式吸水。

水泵房内配置XBD5.0/10G-FLG型消防主泵2台（1用1备），单泵性能参数为$Q=10L/s$，$H=50m$，$N=11kW$；CK3-7型消防稳压泵2台（1用1备），单泵性能参数为$Q=1L/s$，$H=27m$，$N=0.55kW$。

泵站内设置单栓消火栓灭火器组合箱，间距不大于30m。下层灭火器箱内设贮压式磷酸铵盐干粉手提式灭火器2具，型号为MF/ABC3（2A）。

副厂房不设置室内消火栓系统，配置贮压式磷酸铵盐干粉手提式灭火器。中控室按严重危险级A类火灾考虑，配置灭火器型号为MF/ABC5（3A）；其余按中危险级A类火灾考虑，配置灭火器型号为MF/ABC3（2A）型。

室外消防用水由市政给水管网直接供应。室外消火栓设计流量为15L/s，火灾延续时间为2h。室外消火栓系统采用低压制消防给水系统，场区设置1只室外地上式消火栓，距道路边不大于2.00m，距建筑物外墙不小于5.00m。发生火灾时，由消防车直接从室外消火栓取水，经加压后进行灭火。

3.消防用电设备电源

泵站消防用电设备的电源应按二级负荷供电。泵站消防用电设备为消火栓供水泵，正常情况下由泵站1#站用变低压侧母线供电。备用电源由泵站2#站用变低压侧母线供电，两路电源在控制箱内实现末端自动切换，以保证消火栓泵供电。消火栓供水泵采用单独的供电回路，电缆选用耐火电缆。

4.火灾事故照明

在泵站主要疏散通道、楼梯间以及控制室、消防泵室主要疏散通道等处均设置火灾事故照明。火灾事故照明采用自带蓄电池的灯具，正常时由交流照明电源供电，正常电源消失时由自带蓄电池供电，蓄电池供电时间不小于180分钟。

5.火灾报警控制系统

泵站火灾报警系统保护对象按二级考虑，配置了区域火灾报警控制系统，主要功能是在泵站各设备场所设普通感烟、智能感烟、红外对射探测器，进行火灾监测报警，确认后进行警铃报警和联动控制。火灾报警控制系统采用智能型集中二总线制。

火灾报警控制器布置在副厂房二层的中控室内。通过安装在泵站各个地方的火灾探测器或手动报警按钮，对火灾进行检测和监视，一旦发生火灾，给出声、光报警信号，通知运行人员和检修人员进行检查和消防灭火。

在主泵房电机层采用红外光束感烟探测器，辅机室、电缆廊道、副厂房采用普通点型感烟探测器，上述地方同时设置智能手动报警按钮和警铃。

火灾报警控制器对消火栓系统具有以下功能：控制消防水泵的启、停，显示消防水泵的工作、故障状态，显示启泵按钮的位置。

火灾报警系统设有双电源切换回路的交流220V电源和直流备用电源，直流备用电源由火灾报警控制器自带专用蓄电池提供。

6.电线电缆防火

所有导线均采用阻燃电线，阻燃级别为D级。动力电缆均采用阻燃电缆，阻燃级别为B级。

火灾报警及联动控制所使用的电线、电缆均为阻燃或耐火的铜芯绝缘导线和铜芯屏蔽电缆，阻燃级别采用B级，其电压等级不低于交流450/750V。导线最小截面不小于1mm^2，电缆线芯最小截面不小于0.50mm^2。电缆电线穿管暗敷。

电缆穿越防火分区处、垂直敷设穿越楼板处、电缆沟隔墙处、穿越外墙处以及电气盘柜的开孔处均采取防火封堵措施。

（八）建设征地与移民安置

本工程占地包括上下连接段、建筑物、施工和管理等占地，根据占地性质，分为永久占地和临时占地。

1.永久占地

永久占地包括上下连接段、建筑物和管理区等占地。余姚国土资源局按照征地范围图，提供工程永久占地面积为27219m^2，其中农用地906m^2，建设用地15680 m^2，未利用地为10633 m^2。

2.临时占地

临时占地主要包括施工生活及生产设施临时占地、施工临时道路占地、周转土料场占地及导流明渠。根据施工临时布置和施工组织方案，施工临时生活设施占地3600m^2，施工临时生产设施占地3000m^2，土方周转场占地34600m^2，施工临时道路占地7500m^2，其余临时占地28816m²，导流明渠21544m²，临时占地面积共计90142m²。

3. 永久占地补偿

本工程占地范围内大部分实物已进行拆迁，综合补偿标准为534万元/hm²，集体土地（未办农转非）综合补偿标准为97.5万元/hm²（均含地面附着物补偿及安置补偿）。本工程涉及477m²的建设用地，拆迁过程中估算土地综合补偿标准为3750万元/hm²。

4. 临时占地补偿

临时征用耕地补偿费由土地补偿费、青苗补偿费、土地复垦费和恢复期补助费四部分组成，参照本地区类似工程，临时征用土地补偿费共为18000元/亩。

5. 拆迁补偿

本工程永久占地及临时占地补偿费共计1442.93万元。其中，工程补偿单价及费用均根据当地已实施和正在实施的拆迁具体情况确定，补偿费中的其他费用基本已包含在土地综合补偿标准中。

（九）环境保护设计

1. 环境保护目标

控制工程建设过程中生产废水和生活污水的排放，施工产生的泥浆水应经沉淀池沉淀后回用，施工期生活污水经临时污水处理系统处理达到《污水综合排放标准》（GB 8978—1996）三级标准后委托环卫部门外运，使建设项目周围的地表水质受工程建设的影响减至最小。

控制本工程建设过程中的空气污染物的排放，工程废气排放应达到《大气污染物综合排放标准》二级。

对工程建设过程中的噪声污染源进行控制和治理，使施工期间场界噪声符合《建筑施工场界环境噪声排放标准》（GB 16297—1996）中的有关规定，工程投入运行后厂界环境噪声符合《工业企业厂界环境噪声排放标准》（GB 12523—2011）2类标准，工程区域环境噪声达到《声环境质量标准》（GB 3096—2008）2类标准。

环境空气敏感目标为严家道地小村和玉皇山公园。工程建设对环境的不利影响主要集中在施工期。

2. 地表水环境保护设计

施工生产废水经处理达标后用于生产加工或场地冲洗，剩余部分排放入河道，严禁直接排放。工区内的施工废水经排水沟汇集后，自流进入隔油沉淀池进行加药沉淀处理，处理达到《污水综合排放标准》（GB 8978—1996）一级标准后方可排入河道，处理后的尾水应回用于道路洒水。隔油沉淀池的上层浮油外运处置，禁止就地燃烧。

施工期生活污水经临时污水处理系统处理达到《污水综合排放标准》（GB 9878—1996）三级标准后，委托环卫部门外运。注意施工场地的清洁，及时维护和修理施工机械，施工机械若产生机油滴漏，应及时收集并妥善处理；加强对施工现场的监督和管理，禁止施工人员生活污水和未经处理的施工生产废水直接排入河道；施工弃土、弃渣及时堆放在弃渣场，并采取有效措施，防止弃土、弃渣随雨水冲刷进入河道。

3.固体废弃物处置设计

开挖弃土、弃渣全部运至指定弃土场，弃土场应及时进行平整和压实并在施工结束后恢复。弃土运输过程中，土方车应有防止渣土散落的措施。弃土场应有水土流失的保护措施，弃土开始前应建设好弃土场的临时排水设施，防止弃土场的水土流失。

加强施工区生活垃圾的管理，分类设置垃圾箱，并定期委托当地环卫部门予以清运；弃土（渣）、建筑垃圾等固体废弃物的运输应有防止散落的措施。

4.生态环境保护设计

对施工人员进行生态环境保护宣传教育，禁止施工人员捕食野生动物，提高施工人员生态环境保护意识。规范施工活动，防止人为对工程范围外土壤、植被的破坏。合理安排施工进度，尽量缩短施工时间，以减小对生态环境的影响。工程施工完毕，应将临时占用的施工场地和施工临时道路恢复原状，由租借方组织复耕或植被恢复。

工程建成后，利用多物种进行合理配置，在河道两岸一定范围内种植乔灌草，使区域环境得到极大的改善；在工程施工河段进行底栖动物增殖放流，对河道的生态损失进行补偿。

5.空气环境保护设计

为保持施工区域的空气环境，禁止不符合国家废气排放标准的施工机械、车辆进入场地。为防止起尘，施工弃土、弃渣及时运离现场，黄砂、水泥等表面应加遮盖，同时保持施工场地和道路的整洁。现场配备洒水车，对工地上车辆行驶频繁的路面和施工场地经常洒水，保持地面有一定的湿度，减少扬尘。

6.声环境保护设计

选用低噪声的施工机械，严格按照《建筑施工场界环境噪声排放标准》（GB 12523—2011）中的有关规定执行。施工工区设立隔声屏，将施工工区与外环境隔离，围屏高度一般为2.5m。合理安排施工车辆进出场地的行驶线路和时间，限速行驶，不高音鸣号,并避免由于车辆拥堵而增加周边地区的交通噪声。加强施工管理,文明施工,减少施工期不必要的人为噪声对周边区域的影响。

(十)水土保持设计

1.水土流失防治目标

根据相关标准及余姚当地多年平均降水量大于800mm/a的水土流失防治执行二级标准,水土流失防治目标见表3-4。

表3-4 水土流失防治目标一览

防治指标	标准规定	按降水量修正	按土壤侵蚀强度修正	采用标准
扰动土地整治率(%)	95			95
水土流失总治理度(%)	85	+2		87
土壤流失控制比	0.7		+0.3	1.0
拦渣率(%)	95			95
林草植被恢复率(%)	95	+2		97
林草覆盖率(%)	20	+2		22

2.水土流失防治措施设计

在防治责任范围内,结合项目主体工程开发建设特点,结合已实施的具备水保功能的工程措施,设计采取增加排水沟、临时挡护等措施,以水土流失预测为科学依据,合理配置各防治分区的水土保持措施。

工程结束后,建筑物周边管理范围共有0.85hm²的土地需要采取植物措施进行防护,种植植物前需要对这些土地进行绿化覆土,覆土厚度30cm,覆土量约2678m³。绿化植物种类考虑充分结合景观要求,选用当地园林树种和草种进行配置,以满足景观、游憩、水土保持和生态保护等多种功能的要求。

在采取植物措施时结合考虑园林美化措施,按"四季有花、常年有香、绿地常青、皂白相间"的原则,采用乔、灌、花、草结合,点、面结合,创造宜人的办公环境。对几块裸露空地分别铺植高羊茅草坪进行绿化防护,草坪中的合适位置以孤植、对植等方式种植少量树形、高度适合的乔木,如金丝垂柳等,株行距3.00m×3.00m,周边辅以瓜子黄杨、杜鹃等多种灌木配置的花卉带,密度为630株/100m²。

施工生产生活区占地类型为耕地，施工结束后进行复耕。对临建工程的施工工序应加强监督管理，施工结束后及时将地表建筑物全部清除，清除施工垃圾，复耕处理后归还地方。

按照"三同时"的原则，水土保持措施实施进度与主体工程建设进度相适应，及时防治新增水土流失。临时堆土区先采取挡土措施，施工临时占地区在工程完毕后，按原占地类型及时进行恢复。

3.水土保持监测

对主要水土流失部位的水土流失量及水土流失的主要因子进行监测，分析各因子对水土流失的作用机理，分析工程建设区水土流失的动态变化，监测水土保持措施实施效果，监测水土流失产生的危害，编制监测报告。

水土保持监测内容围绕监测水土保持工程是否达到6项防治目标制定，具体包括施工期及运行初期水土流失因子、水土流失状况、水保措施防治效果。

（十一）劳动安全与工业卫生

1.劳动安全

（1）安全疏散

泵站设地面泵房，泵房在4.00m高程有两个安全出口，安装间一个，主泵房一个。泵站进、出水平台为露天开敞式，可以与室外交通道路直接相连。泵房内分三层，每层之间两端设有楼梯，可以上下连通。

泵房东侧设副厂房，副厂房为二层长条形结构，一层主要布置电气设备用房，包括消弧线圈室、电容器室、配电房、主变室、10kV开关室、35kV开关室等，二层主要布置有办公室、值班室、控制室、电气二次设备室等，按规范要求设置多个出入口。

（2）防洪、防淹

内、外河两侧建有防汛墙，可阻挡洪水。管理区地面设有排水设施，可迅速排除雨水。泵站设有排水集水井和排水泵，并由两路电源供电，防止水淹泵房。与进出水池相连的管路上均设有阀门，可防止水倒灌入泵房。

（3）防火、防爆

水利工程各生产运行场所消防设计主要依据是"建规"和"水规"，按各生产运行场所火灾危险性分类，火灾危险性类别及耐火等级见表3-5。

表 3-5 火灾危险性类别及耐火等级

生产场所及建筑物、构筑物名称	火灾危险性类别	耐火等级
泵站	丁	二
控制室	丙	二
高、低压配电装置室	丁	二
管理楼：生产、工作室		三

各建筑物均为钢筋混凝土剪力墙结构或框架、砖混结构，其耐火等级能达到一、二级所要求的耐火极限。防火门等设施配置满足相应的等级规定及耐火极限要求。

根据各建筑物的特性、所在位置及当地消防条件，按"预防为主，防消结合"的消防设计原则，结合泵站的布置，在泵房以及副厂房等均配备了一定数量的使用方便、灭火效果好的手提式灭火器和室内外消火栓。当出现火情时，先由运行管理人员采用手提式灭火器和消火栓实施自救，并报警。由于本工程地处市区，消防车可及时赶到。

电气设备室均采用耐火极限达1.2h的甲级防火门。

电缆进入电气盘、柜和穿过隔墙的孔洞处要采用耐火材料密实封堵，构成有效的阻火层。变压器选用防火性能较好的干式变压器。

为防止油系统房间的设备包括油桶、油泵、油处理设备、油管及风管等在生产过程中产生静电引起火灾，要将这些设备有效接地。

（4）防雷电及防电气伤害

本工程按A类电气装置的接地要求考虑。工作接地、保护接地和雷电保护接地共用一套接地系统，考虑到计算机监控系统及工业电视监视系统的要求，接地系统接地电阻要求不大于1Ω。所有电力设备的外壳等均须可靠接地。低压配电系统采用TN-S制接地型式。按三类建筑物防雷要求，各建筑物屋顶均装设避雷带，引至入地处设集中接地极。

站用变压器布置在低压开关室变压器柜内，高、低压配电设备均采用成套开关柜，设备防护等级为IP4X，外壳温升小于30K，符合《水利水电工程劳动安全与工业卫生设计规范》（GB 50706—2011）。

（5）防机械伤害、防坠落伤害

泵房设计时，已考虑了吊运设备的空间要求。在吊运设备时，可设置临时围拦和标志，以引起人员注意，防止什物和人员坠落，造成伤亡事故。设备由合格的专职人员操作。各起吊设备及起吊高度依其起吊最重设备来确定。

对易引起人员伤害的机械或电气设备，均有外壳保护，或在四周用围栏保护，以防闲杂人员进入。闸门的门槽处需设置防护栏杆或盖板。凡检修时可能形成的坠落高度在 2m 以上的孔、坑，均设置临时防护栏杆。电气设备间、工具车间等，内部设备布置和安全设施严格按有关规定要求设置。楼梯及平台采取防滑措施。

2.工业卫生

（1）防噪音及防振动

生产运行场所应防噪音、防振动。控制室、配电装置室、电气试验室等噪声A声级限制值为 70dB。水泵在流道内，电机为密闭水冷却电机，噪音不大。通风机将采用低噪音产品。管理区内房间门窗均采用隔音较好的塑钢门窗。

产生噪音较大的设备风管装设消音器，风管与风机进行软连接，防止共振，以降低噪声对环境的影响。

给水支管的水流速度≤1.0m/s，并在直线管段设置胀缩装置，防止水流噪音的产生。

（2）温度和湿度控制

泵房主要采用机械通风方式，各房间均有机械通风设备；副厂房主要房间均能自然通风，控制室、办公室、会议室等装设空调，以调节室内温度。

（3）采光与照明

在有天然采光条件的建筑物内，天然光均加以充分利用，不能完全达到天然采光照度要求时应加以人工照明。人工照明应创造良好的视觉作业环境，各类工作场所要求的最低照度具体见天然采光照度最低值表（表3-6）和人工照明最低照度表（表3-7）。

表3-6 天然采光照度最低值

序号	工作场所	室内采光照度最低值（Lx）
1	电气控制室	100
2	配电装置室	50

表3-7 人工照明最低照度

工作场所	工作照明照度最低值（Lx）	事故照明照度最低值（Lx）
控制室	200	30
继保室	100	5

续表

工作场所	工作照明照度最低值（Lx）	事故照明照度最低值（Lx）
配电装置室	75	3
电气试验室	100	
主要楼梯和通道	10	0.5

（4）防尘、防污、防腐蚀、防毒

各生产运行场所的所有门窗采用密闭塑钢门窗，开启窗设有纱窗。配电装置室采用不起尘埃的水磨石地坪。生活用水及排放水均满足规范要求。管理区内适当绿化，种植花草树木。

（5）安全卫生机构设置及人员配备

配置1人来管理安全卫生工作，根据生产需要定期向职工进行劳动安全、工业卫生等方面的教育、宣传，保障劳动者在生产过程中的安全和健康，并负责保养维修安全卫生设施。

（6）安全标志

按现行标准《安全标志》（GB2894—2016）设置安全标志。标志分为禁止、警告、指令、提示四种类型，安全标志设置场所及类型见表3-8。

表3-8　安全标志设置场所及类型

标志名称	安全色	设置场所	标志内容
禁止标志	红色	闸门门槽等防护栏杆； 控制室、继保室、高低压开关控制室、及电气设备检修期间； 放水口、堤前滩地禁锚、禁采砂	禁止跨越； 禁止吸烟； 禁止使用无线电通信； 禁止合闸，有人工作
警告标志	黄色	吊物孔盖板打开时	当心孔洞
提示标志	绿色	消防设施； 安全疏散通道； 堤顶道路行车标志	消火栓、灭火器； 安全通道、安全出口； 交通指示

（十二）节能设计

1.建筑能耗组成

建筑能耗受诸多因素影响。除室外热环境质量、室内空气质量和气候环境、建筑功能、规划布局等外部因素以外，主要是建筑本身的因素。一是结构能耗，如围护结构传热系数、建筑体形系数、窗墙比等限值，其中，建筑的保温隔热和气密性是影响建筑能耗的主要内在因素。围护结构传热的热损失约占70%～80%，门窗缝隙空气渗透的热损失约占20%～30%。因此，加强围护结构的保温及加强窗户的保温性和气密性，是减少结构能耗的重要环节。二是使用能耗，主要是冬季供热和夏季空调制冷，占整个建筑能耗的55%以上，说明采用高效率的供热、空调设备是实现建筑节能的另一重要环节。

2.建筑节能措施

屋面为倒置式保温隔热屋面；墙面选用外保温隔热砂浆；建筑总平面的布置和设计，利用冬季日照并避开冬季主导风向，利用夏季自然通风。通过对建筑的各个部位进行处理，达到节能的目的，并营造出一个舒适、健康的室内外空间。

建筑外墙保温隔热的重点在西面外墙，它蓄热大，夏季直到夜晚12时，遭受西晒后的墙体还在向室内散热。为改善西墙热环境，除了运用上述墙体保温方式外，建筑应尽量采用南北向或偏南北朝向，主要房间宜布置在南向，东西向墙原则上不设置窗户。

窗户与墙壁的面积之比为0.3～0.4，即可达到通风、采光的目的。对于夏热冬冷地区，建筑节能标准中有明确规定：一般朝向的窗占墙面积的1/3左右，朝南的窗不能超过墙面的1/2。为满足节能要求，不采用大门大窗。

在植物配置上，广植树木花草，减少周围硬质地面，可以缓解曝晒及骤雨造成建筑物表面的温差变化，使绝大部分辐射热不致进入围护结构向室内传递，从而改善生态和室内环境，实现节能。

道路两侧栽种乔木、灌木和草本植物，以减少交通造成的尘土、噪音及有害气体的污染。行道树应尽量选择枝冠水平伸展的乔木，起到遮阳降温作用。

在植物种植位置的选择上，应注意室内的采光通风和其他设施的管理维护，从而避免因植物影响采光而导致不必要的能源消耗。因此，建筑物旁边绿地种植应考虑建筑物的朝向，在近窗位置不宜种高大灌木，而在建筑物的西面，宜种高大阔叶乔木，这对夏季降温有明显的效果。

3.电气节能

直管型节能荧光灯采用三基色荧光灯，一般显色指数（Ra）不应小于80，统一眩光值小于19。室内开敞式灯具效率不低于75%，室内隔栅灯具效率不低于60%。照明配套的镇流器选用高功率因数（>0.90）低谐波含量的电子镇流器。

主、副厂房选择分体式空调系统。空调设备采用国际认可的环保冷媒R410a，对臭氧层无破坏，空调能效比COP高达3.1。考虑到项目所在地夏热冬冷，一年四季风力较强，充分利用热压和风压通风的原理，在楼梯间形成竖井，形成不同楼层的自然通风。在建筑外立面合适位置开启窗扇，使室外空气顺畅地穿过建筑，春夏两季可通过自然通风带走余热，缩短空调系统运行时间，达到节能的目的。配电室、卫生间等则采用机械排风，自然补风。

空调系统风机的单位风量耗功率不高于0.48W/（m³/h）。通风系统风机的单位风量耗功率不高于0.32W/（m³/h）。空调风管保温采用密度48kg/m³的离心玻璃棉，厚度取30mm，防潮层采用复合铝箔，满足节能标准"最小热阻"0.74m²·K/W的要求。空调水管采用高效保温橡塑材料（NBR/PVC），导热系数≤0.034W/m²·K。

4. 给排水节能措施

利用室外管网压力直接供水；大便器采用两档式冲水水箱，水箱容积不大于6L；小便器配套采用延时自闭式冲洗阀；洗脸盆、洗涤盆采用陶瓷片等密封耐用、性能优良的水嘴；给水管道管材与管件为同一材质，管件与管道同径，管材与管件连接的密封材料应卫生、严密、防腐、耐压、耐久。

5. 机电设备节能设计

作为排涝泵站，年运行时间不长，但安全可靠性要求高，汛期一旦停运，社会影响较大。根据泵站的运行扬程，优选水泵模型，确定水泵参数；收集参照相近扬程规模泵站，对进、出水流道进行研究归纳，确定水泵直径约2.60m，转速约130r/min。

结合泵站运行要求，经分析比较，选用高速异步电机，采用集中高压无功补偿方式，功率因数基本可以保持0.9（超前），基本不需要线路的无功输入，减小线路损耗，满足供电系统的要求。

结合泵站布置和配套电动机的形式，选用平行轴齿轮箱减速传动。齿轮箱的润滑油采用油盆飞溅润滑方式，箱体内带冷却装置，有利于提高齿轮箱本体的润滑效率，降低运行损耗，减小运行噪音。

主变压器容量均为6300kW，35±3³×2.5%/10.5kV。选用三相油浸式双绕组自冷有载调压分体式变压器，该变压器为国家推荐使用的节能产品。

水泵电机无功补偿方式采用集中补偿方式，设两组无功补偿装置，补偿容量为1000kvar/组。0.4kV低压负荷采用集中补偿方式，在两段0.4kV母线上各设置一套无功补偿装置，补偿容量为300kvar。

根据计算，本工程运行期主要设备年用电量为100.03万kW·h。

（十三）工程管理设计

1. 工程管理体制

余姚市流域防洪工程建设指挥部作为项目法人，具体负责项目实施。工程结束后设立专门的运行管理部门，并纳入余姚市水利局的统一管理。工程运行调度统一接受余姚市水利局的调度指令。

2. 工程运行管理

（1）工程调度原则与方式

候青江排涝泵闸的调度运行纳入余姚市防汛安全体系中，在汛期则要根据防汛防台的预警，接受余姚市水利局的统一指挥进行调度。候青江泵闸本着尽量实施预排预降、能排则排、尽量不增加余姚城区和下姚江防洪压力的原则进行调度。

排涝期间，候青江泵闸调度原则如下：在发生流域洪水或台风高水位时，可提前预降，自排或抽排过程中，控制前池水位不低于 0.63m，预降结束，务必及时关闭闸、泵，防止姚江高水位时进入候青江。即当姚江水位高于候青江水位时及时关闭闸门挡水，当候青江水位高于姚江水位时开闸排水，当候青江水位低于姚江水位时，根据候青江水位和姚江水位对泵站进行分级调度。在防洪过程中，闸能排则排，不能排则关闭闸门用泵排，当前池水位达到0.63m时关闭泵站。流域洪水过境后，当候青江水位高于姚江水位时闸门打开。

具体调度方式为：水闸工程在平时是全开的，若需要预降时，可以趁姚江低水位时尽量外排，当前池水位降至0.63m时关闭闸门；或当姚江水位高于候青江水位时及时关闭闸门挡水，启用泵站预降水位，当前池水位降至0.63m时关闭泵站。当前池水位通过闸排降不到0.63m时，可启用泵站继续预降水位；当前池水位降至0.63m时泵站关闭。

候青江侧泵站前池水位$Z \leqslant 1.60$m，且低于余姚站水位时，开1台泵；候青江侧泵站前池水位1.60m$<Z \leqslant 1.80$m，且低于余姚站水位时，开2台泵；候青江侧泵站前池水位1.80m$<Z \leqslant 1.90$m，且低于余姚站水位时，开3台泵；候青江侧泵站前池水位$Z>1.90$m（干流警戒水位），且低于姚江水位时，开4台泵。

泵站排涝过程中，当姚江站水位接近3.68m时，根据流域防汛防台的需要，由流域指挥中心统一调度，决定候青江排涝泵闸是否停止运行或降低规模运行。

在洪水期间，应对城北圩区内部农保区排涝进行有序调控，当中心城核心区水位较高时，农保区泵站进行错峰排涝，并考虑适当滞蓄。即当候青江闸前水位达到3.01m

时，农保区泵站停止向外排水，待候青江闸前水位降至3.01m以下时，农保区泵站进行错峰排涝。

（2）工程建筑物管理

投入运行后应定期清除附着壁面的水生物和沉积物。在启闭前必须对启闭设备、闸门位置、显示仪表、动力电源、水位情况、有无影响余姚城北圩区候青江排涝泵闸工程启闭的漂浮物等情况进行检查。根据布置的观测点对余姚城北圩区候青江排涝泵闸工程不同部位的沉降和位移进行观测。当余姚城北圩区候青江排涝泵闸工程运行区域出现泥沙淤积影响正常运行时，应及时进行清淤。

机电设备管理应定期检查、维护和保养机电设备，发现缺陷应及时修理或更换。余姚城北圩区候青江排涝泵闸工程的检修维护主要是各种设备的检修维护和门体的检修维护，以及各种设备的日常检修维护。

余姚城北圩区候青江排涝泵闸工程泵闸系统的日常检修与维护主要有：每周应巡检2次，主要检查电气设备绝缘，注意电机间是否干燥、清洁，照明应完好；每月可试运转1次，应检查电动机的温升是否正常，有无噪声或振动出现，控制箱各电器工作是否正常，有无异常响声或振动情况；每年汛期来临前，检查拦污栅有无锈蚀、损坏，并清理污物，注意检查余姚城北圩区候青江排涝泵闸工程泵、闸有无损坏，附近有无障碍物等，汛中对重点部位进行重点检查，汛后进行跟踪检查。

（十四）工程投资

工程概算总表见表3-9。

表3-9 工程概算

单位：万元

序号	项目名称	建筑安装工程费	设备购置费	独立费用	合计
I	工程部分				
一	建筑工程	11139.52			11139.52
二	机电设备及安装工程	424.96	2243.36		2668.32
三	金属结构设备及安装工程	323.40	1798.25		2121.65
四	临时工程	3271.52			3271.52
五	独立费用			3399.13	3399.13
	第一至第五部分合计	15159.40	4041.61	3399.13	22600.14

续表

序号	项目名称	建筑安装工程费	设备购置费	独立费用	合计
六	预备费				1130.01
	基本预备费5%				1130.01
	静态总投资				23730.15
	建设期还贷利息				939.35
	工程部分投资合计				24669.50
Ⅱ	征地和环境部分				
一	征地补偿和移民安置投资				1442.93
二	水土保持工程				177.94
三	环境保护工程				209.60
	静态总投资合计				1830.47
	建设期贷款利息				166.62
	征地和环境部分合计				1997.09
Ⅲ	供电外线（供电公司提供）				
	静态总投资	4011.82			4011.82
	建设期贷款利息	49.53			49.53
	电力公司高可靠性供电费用				107.00
	供电外线合计				4168.35
Ⅳ	工程总投资				
	静态总投资合计				29679.44
	建设期贷款利息				1155.50
	工程总投资合计				30834.94

（十五）经济评价

余姚城北圩区候青江排涝泵闸工程任务以防洪、排涝为主，属于以公益性事业为主的水利工程建设项目，其效益不但表现在有相当的防洪排涝效益，还体现在改善社会环境、提升人民生活品质的巨大社会效益上，但不具备财务评价条件，因此，仅作国民经济评价。

1.国民经济评价

结合工程施工进度安排及资金安排，经济计算期取42年（其中建设期跨2个年度，运行期40年），以2016年为计算基准点。根据投资估算，本工程总投资为30834.94万元，建设期还贷利息1155.50万元。工程静态总投资为29679.44万元。

年运行费指运行初期和正常运行期每年所需支出的全部运行费用，包括工资及福利费、材料、燃料及动力费、维护费和其他费用等，为保证本工程建成后能正常发挥作用，达到预期的效益，参照本地区已建成的类似工程，对本工程的年运行费进行初步测算，合计约1300万元。

流动资金包括维持项目正常运行所需购买的燃料、材料、备品、备件和支付职工工资等的周转资金。参照其他类似工程，本工程流动资金按年运行费的15%计取，流动资金在工程运行的第一年投入，共计195.0万元，于运行期最后一年回收。

国民经济分析结果为，本工程经济内部收益率为8.92%，大于社会折现率6%；经济净现值为13430.86万元，大于0；经济效益费用比为1.46，大于1.0。说明本工程从国民经济角度分析是可行的。从敏感性分析的各项指标来看，经济内部收益率为6.28%～7.62%，表明本工程具有一定的抗风险能力，但在建设过程中仍需注意控制投资。

2. 工程效益

余姚城北片是余姚市老城商贸文化中心、高铁商务中心，在余姚市起着重要作用。目前，余姚市的防洪排涝能力明显赶不上余姚市社会经济发展，随着社会经济的发展，经济损失也呈增长态势。

2007年的"罗莎"台风造成余姚市直接经济损失1.87亿元；2012年受"海葵"影响，全市直接经济损失达7.565亿元；受2013年"菲特"强台风影响，全市直接经济损失高达206亿。余姚市多年平均经济损失约26.93亿元。根据统计数据，2011年，余姚市全年实现地区生产总值658.77亿元；2012年，全年实现地区生产总值711.77亿元；2013年全年实现地区生产总值749.63亿元。2011—2013年地区生产总值平均为706.72亿元，因此，全市平均损失率约为3.81%。

本工程对缓解余姚城北圩区防洪排涝压力、避免或减轻洪涝灾害损失起着重要作用，具有显著的经济效益。考虑到本工程仅是余姚城北圩区排涝闸泵工程系统的一个组成部分，本工程分摊的经济损失率约10%，因此，本工程减免的年直接经济损失估计为4308.8万元。

3. 社会效益

本工程提高了当地的防洪除涝能力，为当地营造了一个安全、稳定和优美的生产生活环境，因此将直接吸引各方投资。在市场经济条件下，该地区的土地、房地产等固定资产会有很大的增值潜力。

（十六）工程特性表

工程特性汇总见表3-10。

表3-10 工程特性汇总

序号	项目		单位	数量	备注
一	工程等别				
	泵闸工程			Ⅱ等	
二	建筑物级别				
1	主要建筑物			2级	泵房、闸室、外河消力池及进水池
2	次要建筑物			3级	除上述建筑物以外的永久性建筑物
3	临时建筑物			4级	施工围堰等临时性建筑物
三	抗震设防烈度		度	6	
四	外河防洪标准			外河50年一遇	
五	内河排涝标准			内河20年一遇	
六	航道等级			候青江航道等级为Ⅵ级	
				姚江航道等级为Ⅳ级	
七	特征水位				
1	外河	设计高水位	m	3.85	$P=2\%$
		设计高水位	m	3.68	$P=5\%$
		设计高水位	m	3.39	$P=10\%$
		常水位	m	1.03～1.33	
		泵运行高水位	m	3.85	$P=2\%$
	内河	设计高水位	m	3.37	$P=2\%$
		设计高水位	m	3.13/3.01（近期/远期）	$P=5\%$
		设计高水位	m	2.71	$P=10\%$
		常水位	m	1.03～1.33	
		泵站前池水位	m	0.63	内河预降

续表

序号	项目		单位	数量	备注
八	水工建筑物主要特征值				
1	节制闸	孔口宽度	m	18＋24＋18	
		闸室长	m	30	
		闸室宽	m	23＋29＋23	
		门槛顶高程	m	−1.87	
2	泵站	泵站设计流量	m³/s	80	
		水泵	台	4	贯流泵
		水泵安装高程	m	−3.00	
		泵站长	m	40.1	
		泵站宽	m	34.5	
3	翼墙	外河翼墙顶高程	m	4.50/3.60	
		内河翼墙顶高程	m	3.65	
九	供电电源				
1	常供电源			35kV	两路互为备用
2	站用变			10kV	干式变压器
十	工程管理				
1	定员		人	22	
2	建筑占地面积		m²	1325	
3	建筑面积		m²	1862	
十一	主要工程量				
1	土方开挖		m³	213786	
2	土方回填		m³	84514	
十二	施工工期		月	24	
十三	征地面积				
1	永久征地		亩	40.83	
2	临时征地		亩	135.21	
十四	工程投资估算				
1	工程部分		万元	24669.50	

续表

序号	项目	单位	数量	备注
2	独立费用	万元	3399.13	
3	征地补偿	万元	1442.93	
4	水土保持工程	万元	177.94	
5	环境保护工程	万元	209.60	
6	供电外线	万元	4011.82	
7	工程总投资	万元	30834.94	

第二章 工程施工

（一）施工条件

1.工程条件

候青江排涝泵闸工程位于余姚市候青江上，外江侧与余姚江连通，候青江为Ⅵ级航道。工程主要建设内容包括：新建净宽60m的节制闸、流量80m³/s的泵站和上、下游连接段挡墙。新建泵闸主要由泵房、闸室、内外河侧消力池及进出水池、翼墙、安装间及副厂房等分项工程组成。主要工程量汇总见表3-11。

表3-11 主要工程量汇总

工程	项目	单位	工程量	备注
主体工程	土方开挖	m³	213786	
	土方回填	m³	84514	
	混凝土	m³	35674	
	钻孔灌注桩	m³	18060	
	灌砌块石	m³	1337	
	抛石	m³	2152	
	砂石垫层	m³	2328	
临时工程	明渠开挖土方	m³	45540	
	明渠回填土方	m³	45540	
	围堰填土	m³	9584	
	围堰袋装土	m³	25015	
	护坡混凝土	m³	5932	
	钢板桩	t	1029.29	
	反滤土工布	m²	2029	
	防渗土工膜	m²	1918	
	抛石护坡及护底	m³	330	

2.对外交通条件

本工程水陆交通较为便利,工程区附近有阳明东路、城东路、中山中路、北姚江路等市政道路通过。余姚市河网发达,候青江为Ⅵ级航道,外江侧与余姚江连通,工程主要建筑材料和部分施工机械可通过水路或陆路运输进场。现有候青江出口处凤山桥梁底高程约4.30m,河道常水位1.03～1.33m,桥底净空约3m,通航条件差,故施工期工程施工河段不考虑通航要求,过往船只可从周边水系通行。

3.施工场地条件

工程区河道两岸地势平坦,场地开阔,西岸主要为山体公园,东岸主要为农田及部分房屋建筑,施工临时设施可就近征用农田进行布置,临时生活设施可搭建活动板房。

4.水、电及材料供应条件

工程区域附近有市政供水系统,可提供施工期间生活用水,候青江水可作为生产用水来源。

施工用电从附近区域的市政供电系统中接入,为了防止施工期间临时停电,施工单位自备发电机组作为应急供电电源。

块石、碎石、水泥、钢材等建筑材料可在当地建筑材料市场采购。混凝土采用商品混凝土。建筑材料及物资设备运输以陆运为主,其中,工程所需的石料可从产地经水运至工程区附近码头上岸转陆路至施工现场。

(二)料场选择与开采

本工程所需的天然建筑材料主要为土料、块石及砂石料。

1.土料

本场区河道两岸沿线浅部分布的①-2层粉质黏土可作为本工程的填筑土料,使用前需清除其中杂质并适当翻晒。河道拓挖的土料一般可满足本工程填筑土料用量的要求。

2.石料

本工程共需块石料3819m³、砂石料2328m³。工程沿线两侧料场贫瘠,所需块石、碎石等石料可从当地就近采购,各石料场岩性以凝灰岩为主,强度较高,岩石坚硬,质量及储量均可满足设计要求。通往料场的地方道路情况良好,块石料可由自卸汽车运输至工地。工程所需砂砾料可从上虞、奉化等地采购,由自卸汽车运输至工地。

（三）施工导流

1.导流标准

泵闸需跨汛期施工，导流建筑物设计洪水标准为全年20年一遇最高水位。泵闸上、下游连接段挡墙因工程量小，施工期短，且在非汛期施工，相关导流建筑物设计洪水标准采用5年一遇洪水标准。

2.导流施工

根据地形及水工结构布置情况，施工导流采用一次拦断、明渠导流方式。考虑在闸址上、下游修筑拦河围堰进行干地施工，在泵闸上、下游连接段挡墙填筑顺河围堰进行干地施工。泵闸西岸为公园，地势较低，考虑于泵闸西岸修筑纵向围堰，并与上、下游拦河围堰衔接，保证基坑干地施工条件。由于施工期间河道不具备断流条件，在河道东岸空地开挖导流明渠，施工期原河道水体通过导流明渠过流。

导流明渠顶宽35m，底宽15m，坡比1∶2.5，坡面采用混凝土护面，进出口设置抛石护底。因明渠开挖需破坏现有大堤，为确保施工期工程区域现状防洪标准不因破堤而降低，于明渠两岸坡顶修筑临时防汛墙与上、下游围堰衔接，形成封闭的防汛体系。临时防汛墙墙顶高程同现有大堤顶高程，防汛墙采用袋装土结构型式，顶宽1.50m，内外边坡1∶1.2。明渠采用C25混凝土护面。

3.围堰工程

钢板桩围堰结构形式参见钢板桩围堰断面图（图3-3）。

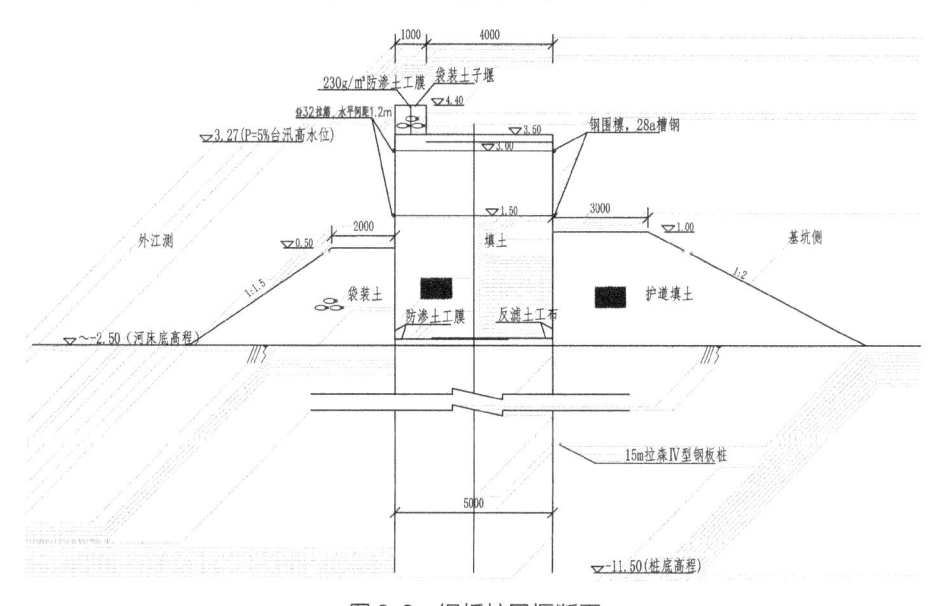

图3-3　钢板桩围堰断面

根据现场地形地貌及实际施工情况综合考虑，选择233t平板驳配合履带挖机液压振动锤、运输船进行钢板桩定位插打工作。打桩船及运输船至指定施工位置后，先设置安装导向架，导向架安装设置完毕后，从靠岸侧开始进行施打。内江侧、外江侧围堰施工时，都是先施工内侧围堰，待内侧围堰钢板桩打至岸边指定位置后按照原有顺序进行外侧围堰施工。双排钢板桩围堰完成后对两排围堰进行围檩、拉杆加固施工，回填土，加强围堰整体稳定性和防渗性能。驳船打桩施工工艺流程如图3-4所示。

内河侧、外河侧围堰长度分别为101.00m和68.00m，钢板桩选用拉森Ⅳ型，采用长度为15.00m，顶高程3.50m，底高程-11.00m。钢板桩工程量为1060.33t，钢拉杆、围檩为31.04t。

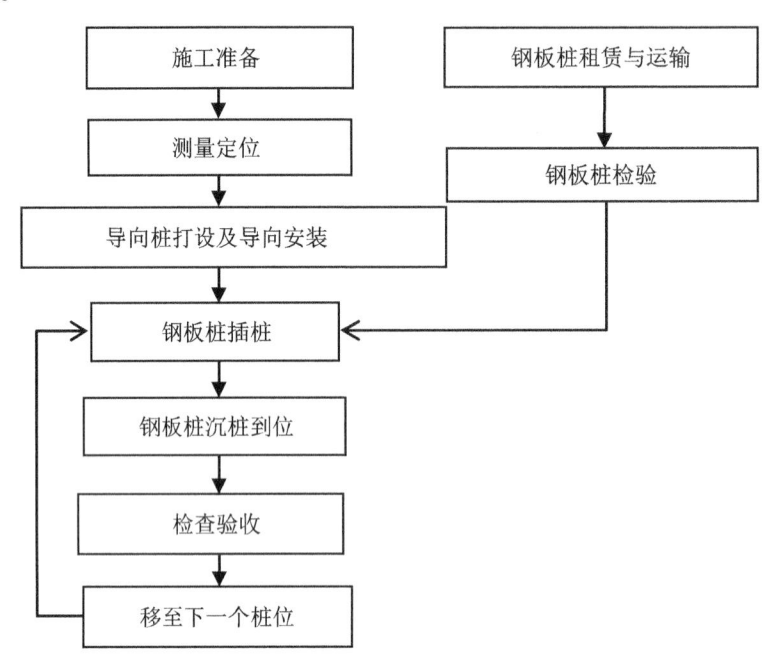

图3-4 驳船打桩施工工艺流程

钢板桩运到现场后，用一块长1.50～2.00m、类型规格均相同、锁口标准的钢板桩对所有同类型的钢板桩做锁口通过检查，即用卷扬机从桩头至桩尾拉动，若发现钢板桩有弯曲、破损、锁口不合的均需要修整。

在施打钢板桩前，在顶层内导环上用红线划分桩位，为不使钢板桩在插打和搬运过程中弄错顺序，根据锁口套联情况，将钢板桩分为甲、乙两组，再用红线标出。钢板桩两侧锁口均在插打前涂满黄油以减少插打时的摩阻力，同时，在不插套的锁口下端打入硬木楔，防止沉入时泥砂堵塞锁口以及钢板桩插打时发生跑位现象。夹板在插打过程中逐副拆除。

钢板桩准备工作完成后，用25t汽吊转运至运输船上，按插桩顺序堆码。堆码层数最多不超过四层，每层用垫木搁置，垫木高差不得大于10mm，上、下层垫木中线应在同一垂直线上，允许偏差不得大于20mm。

平板驳船运载打桩设备沿姚江经凤山桥开到候青江排涝泵闸工程围堰施工现场，分别紧靠内江侧、外江侧围堰外边线停靠，利用船上自身定位桩定位。用全站仪先测出围堰起始点，插放型钢作为定位体系，并在河道中部设置定位桩，打桩时拉线定位。为防止钢板桩累计偏差，打桩从中间部位开始，向两端开展。为保证钢板桩插打的位置准确，首先设置定位桩，定位桩采用6根20m长H400型钢前后翻打，打入深度为10m。

现场拼装尺寸固定的导向梁，在围堰定位边线适当位置插打24～30m钢管做立柱。将导向梁架设在立柱上面，导向梁采用H400型钢制作，具有一定竖向和侧向刚度，保证施打时不变形，导向正确。

采用233t平板驳船配合履带挖机液压振动锤插打钢板桩，测量人员现场测量控制。钢板桩采用逐块插打，插打顺序从中间开始向两侧施打。

插打钢板桩时严格控制好桩的垂直度，尤其是第一根桩打入时要加强定位和双向垂直度检查，必须保证位置正确。起吊钢板桩呈垂直状态时完成插桩，考虑到水流的影响，第一根桩插设时需有一定的预留量。插桩稳定后，精确复测桩的位置与双向垂直度，不符合要求时需重新插桩，直至合格为止。

第一根桩打设完毕后，顺着事先固定好的导梁依次插打其他钢板桩，钢板桩顺前一根钢板桩的锁口插入，插桩到位后加塞固定，启动振动锤分次沉设至设计高程。

钢板桩沉设时，采用全站仪跟踪测量，随时检查钢板桩的偏位情况，当钢板桩发生偏斜时及时用倒链校正，以利及时纠偏，当偏斜过大不能用拉挤的方法调整时，应拔起重插。

导向桩打好之后，导向桩和围檩焊接牢固，确保导向桩不晃动，以便打桩时提高精确度。插打线桩时，钢板桩起吊后人力将桩插入锁口，动作要缓慢，防止损坏锁口，插入后可稍松吊绳，使桩凭自重滑入。钢板桩振动插打到小于设计高程40cm时，小心施工，防止发生超深。

回填土方取自场内临时堆场，土方填筑用长臂挖机分层回填，均衡上升，逐步回填。回填前按设计位置铺设固定防渗土工膜和反滤土工布。

钢板桩围堰在使用过程中，防止围堰内水位高于围堰外水位。在低水位处设置连通管，待围堰内抽水时，再予封闭。在围堰内抽水时，遇钢板桩锁口漏水，可在围堰外撒大量细煤渣、木屑、谷糠等细物，借漏水的吸力附于锁口内堵水，或者在围堰内用板条、棉絮等楔入锁口内嵌缝。撒煤渣等物堵漏时，要考虑水流方向并尽量接近漏缝，漏缝较深时，用袋装下放到漏缝附近处徐徐倒撒。当围堰内抽水至各层支撑导梁处时，逐层将导梁与钢板桩之间的缝隙用木楔楔紧，使导梁受力均匀。

在泵闸水下部分完成验收后，将污水泵安装在内、外河侧围堰上，向基坑内注水，待围堰内外水位相同时，开始钢板桩围堰的拆除。围堰拆除时，首先拆除堰顶袋装土子堰，钢板桩顶铺设路基板，采用退占式分段拆除。钢板桩拔除时，采用反铲改装的履带式打桩机拔桩，拆除顺序为：袋装土子堰→铺设路基板→分段开挖堰体上部土方，围檩、拉杆拆除和拔钢板桩，下部土方开挖→下一段循环作业，直至清理完毕。

在拔桩时，拔一根清理一根，并及时运走，以保证场地的清洁。为防止将临近板桩同时拔出，宜将钢板桩和加固的槽钢逐根割断。先割除钢板桩的支撑，再拔钢板桩。拔出的钢板桩应及时清除土砂，涂以油脂。

（四）基坑开挖与支护

1.边坡设计

泵闸基坑开挖最深处为泵房段，基坑底高程−8.50m，地面高程约3.00m，基坑开挖深度11.50m。基坑东岸为空地，西岸为现有公园绿地，基坑开挖土体变形对周边环境影响一般，基坑工程安全等级为二级。为保证基坑开挖边坡稳定性，考虑采用多级放坡开挖方式。开挖边坡1∶2～1∶2.5，综合开挖坡比为1∶2.65，并在各级放坡间设置2m宽的马道。开挖完成后，边坡坡面采用15cm厚钢筋混凝土挂网护面保护。

2.基坑开挖

（1）开挖流程

基坑开挖必须与排水方案的实施保持一致，遵循"分层分块，限时开挖"的原则，控制基坑变形。合理确定土方开挖层数、层厚等，挖土自上而下水平分段、分层进行，相邻基坑开挖时，遵循先深后浅的施工程序。基底土方开挖采用机械开挖和人工清挖相结合。开挖机械不得碰撞排水系统和监测系统。

开挖的流程为：测量放线、切线分层开挖、排降水、修坡、边坡衬砌、保护层开挖等。

（2）开挖安排

土方开挖主要分为泵站土方开挖及水闸土方开挖，土方开挖合计213786m³。主汛期后进行内、外河侧围堰施工，于2016年11月21日开始泵闸基坑开挖。开挖时，以主泵房和闸室结构轮廓为基准线，左、右岸按照设计坡比开挖，内、外河侧以基坑内临时道路坡比满足车辆运输为原则合理放坡，到12月5日完成至−3.77m高程（水闸闸室段开始钻孔灌注桩施工）和泵房主体土方开挖（高程−6.50m）。

泵房、闸室和相邻消力池等主体开挖量按75000m³算，11月21日开始开挖，15天开挖完成，则开挖强度为5000m³/d。PC260挖掘机挖桩土的台班生产率为650m³/台班，每天按3个台班计，每台挖掘机每天取土方为650×3÷1.3＝1500m³/d。

明渠开挖与泵站开挖同时进行，节制闸开挖在围堰形成后进行。根据计算，选用PC260挖掘机5台，另配备PC200挖机2台用于修坡，PC260挖机2台用于土方周转场卸土。

（3）开挖步骤

第一阶段，场地平整后土方开挖至0.00m高程，马道开挖整平，并进行坡面修整、截水边沟和坡面钢筋混凝土施工；

第二阶段，在0.00m高程施工管井，管井抽排水正常后开挖0.00～−3.00m高度范围内土方，而后削坡和马道开挖整平，施工截水沟和浇筑坡面钢筋混凝土；

第三阶段，开挖−3.00～−6.00m高度范围内土方，在开挖至−4.50m高程后，及时浇筑钢筋混凝土护面和布置轻型井点施工，在轻型井点抽排水正常的情况下布设桩机，开始泵站和水闸的钻孔灌注桩施工，桩机完成后，继续开挖至−6.00m高程，而后削坡和马道开挖整平，施工截水沟和浇筑坡面钢筋混凝土；

第四阶段，完成剩余土方开挖，并施工截水沟和坡面钢筋混凝土。

各阶段各层开挖时，首先开挖边坡部位，削坡后及时进行钢筋混凝土护坡施工。

（4）开挖线路

土方开挖前，对基坑四周的场地进行平整，并确保平整后的场地高程不高于设计高程；为避免扰动地基土，土方开挖至坑底设计高程以上20～30cm时改用人工开挖，挖至基底高程、复测后及时申请隐蔽工程验收，并在24小时内进行垫层施工，尽量减少基坑暴露时间；在基坑开挖过程中，应根据检测信息及时与有关各方进行协商，调整挖土顺序；挖土施工过程中保持坑内排水的连续性；挖桩间土时，注意保护桩身不被扰动。

在泵闸基坑开挖之前完成该部分的钻孔灌注桩施工，主汛期后围堰形成，基坑抽排水，开始分阶段放坡开挖。挖土过程中测量员配合测定高程，当挖土接近槽底时，用水准仪放控制线，并撒上白灰标记。各层开挖后及时削坡并进行钢筋网混凝土浇筑护面。削坡采用人工配合挖掘机削坡。开挖过程中，随时用标杆检查边坡坡度是否准确无误。

泵站土方开挖线路：泵房、清污机桥土方开挖→进水池、出水池土方开挖→内河侧、外河侧海漫土方开挖→抛石防冲槽土方开挖。

水闸土方开挖线路：闸室土方开挖→内河侧护坦、外河侧消力池土方开挖→内河侧、外河侧海漫土方开挖→抛石防冲槽土方开挖。

在距离设计开挖高程20～30cm时，测量人员在基坑架设水准仪控制基底高程，人工开挖，双胶轮车运输至基坑外。人工开挖整平后进行复测，满足要求后申请进行隐蔽工程验收，隐蔽工程验收后及时封底，进行垫层浇筑。

开挖工作面不同，其运输线路也不同。在基坑下游侧布置下基坑道路，到达泵闸基坑，同时绕过节制闸空箱基础，修建临时道路到达上游护坦。

基坑开挖运输线路为：各作业点场内道路→土方周转场→场外道路→业主指定的弃土场。

3.基坑排水

（1）降排水设计

泵房集水井底高程为-8.50m，闸室底板底高程为-6.27m。根据地质勘测资料，④层粉砂夹粉质黏土具有弱承压性，稳定水位高程在0.464m，层顶标-18.19～-9.95m，开挖建基面上部土体厚度1.45～11.92m，对基坑有突涌可能性。

为防止基坑开挖出现管涌等现象，影响基坑开挖安全，在泵房以及闸室段采用管井降水，共布置14口管井，井深25m。

泵闸开挖建基面位于③层粉质黏土中，该土层垂直渗透系数约为5.13×10^{-5}cm/s，水平渗透系数为7.46×10^{-5}cm/s，为保证基坑工作面干地施工条件，考虑在沿进出水池段、内外河消力池段布置轻型井点降水，共布置6套轻型井点，井管长6m。

基坑内初期排水采用水泵排水，水位下降速度不超过0.70m/昼夜，以防止围堰以及两侧边坡因排水速度过快而产生崩塌。排水过程中对围堰以及边坡进行监测，一旦出现险情，立即停止抽排，待边坡土体稳定后再恢复排水。

施工中基坑表面积水采用明排方案，高水高排，低水低排。明沟沿基坑四周设置集水井，明沟积水通过集水井抽排至内外河中。

（2）降排水施工

基坑内初期排水采用水泵排水，围堰形成后计划在围堰上安装8台功率为37kW的

6寸泥浆泵排水，单机出水量为200m³/h。基坑内初期排水量为50000m³，5天可完成。

明排方案即沿基坑四周布置明沟，根据现场每隔一段距离设置集水井（在基坑四角及每边中间处），将地表水引至集水井，通过集水井抽排至围堰外侧江中。明沟（400mm×400mm）和集水井采用砖砌体砌筑，内表面采用水泥砂浆抹面以防止渗水。

排水明沟布置在结构物基础边0.40m以外，沟边缘离开边坡坡脚不小于0.30m。排水明沟的底面应比基坑（齿墙底面）高程低0.30~0.40m，集水井底面比沟底面低0.50m以上，明沟的坡度不小于0.3%。

管井降水是为防止基坑开挖出现管涌等现象，影响基坑开挖安全。按照初设要求，在泵房以及闸室段采用管井降水，共布置14口管井，井深25m，降水时间3个月。

开挖前，在基坑两岸泵房和闸室段分别打设一排降水管井，计划水闸侧布置6眼，水泵侧布置8眼，井间距13m左右，PVC管井成孔直径300mm，管井布置在0.00m高程马道上，管底进入粉砂夹粉质黏土层，抽水泵进入井底2m，确保砂滤层施工质量，做到出水常清。

管井施工工艺流程为：定位→成孔→清孔→下管→填砾→洗井→下泵。

轻型井点施工在进出水池段、内外河消力池段插入单排井点管，井点管通过软胶皮管与积水总管连接，积水总管与抽水设备连接；抽水设备的选择和数量的配备，要考虑到每台真空泵的抽水能力。井点管的水平布置间距按1.20m设置，转角处可增设，吸水井点管的长度为6.50m。

井点管采用Φ48mm硬塑料管，下端为长1.20m、钻有10mm梅花形孔（6排）的滤管，外缠8号铁丝，间距20mm；外包尼龙砂布二层、棕皮三层，缠20号铁丝，间距40mm。连接管采用塑料透明管、胶皮管，管径38~55mm，顶部装铸铁头。集水总管采用Φ75~100mm钢管。滤料为粒径5~30mm石子，含泥量小于1%。

井点管工艺程序为：放线定位→铺设总管→套筒式冲孔或钻孔→安装井点管，填砂砾滤料，上部填水泥土密封→用弯联管将井点管与总管接通→安装集水箱→开动水泵抽水→测量观测井中地下水位变化。

（五）主体工程施工

1.混凝土钻孔灌注桩

泵闸基础为钻孔灌注桩，混凝土强度等级C30，桩径为1000mm，桩顶超灌高度0.80~1.00m。泵房基础共72根，长度54~56m，@4600mm×4600mm；安装间基础共8根，长度61m，@5000mm×7000mm；副厂房基础共48根，长度10～45m，@4800mm×4700mm；节制闸基础共112根，长度32～51m，@4.50m×5.10m；清污机桥基础16根，长度56m。

按照工程部位划分为主泵房段、安装间段、副厂房段、节制闸段、左右岸空箱挡段、内外河侧挡墙及导流墩基础部位。

各部位施打顺序为：安装间段、清污机桥段、主泵房段、副厂房段→空箱挡墙2段（泵站侧）→节制闸段→空箱挡墙1段（水闸侧）→内外河侧围堰内挡墙段→内外河侧围堰外挡墙段。挡墙基础钻孔灌注桩施工从邻近泵闸部位由近及远各部位同步进行钻孔和灌注混凝土。

主汛期过后拆除老泵站，9月20日开始泵站侧灌注桩施工。安排9台桩机负责钻孔灌注桩施工，共191根，包含水上及陆地部分，具体部位有：安装间及副厂房、泵站基础、清污机桥基础、闸底板紧邻泵房侧一排、内外河侧临近泵闸各一段、泵站侧空箱挡墙基础。

围堰形成后，基坑降排水结束，土方开挖至高程-3.77m，安排10台桩机对节制闸灌注桩、左侧挡墙基础灌注桩等进行施工。多台钻机同时施工时，相邻两钻机不宜过近，以免相互干扰。在混凝土刚灌注完毕的临桩旁成孔时，其安全距离不小于4倍的桩径，或控制间隔时间不少于36小时。

泵站灌注桩施工是关键线路上的最重要施工任务，计划工期40天，其完成时间对泵闸工程的通水节点工期至关重要。泵房主体及其周边共191根钻孔灌注桩在基坑开挖前先施工，分上水部分和陆地部分。根据施工经验，每台桩机施工强度为每3天完成2根灌注桩，安排8台桩基施工，36天可完成，满足工期要求。

水上施工平台在2016年9月20日前完成搭设和安全检查，并将桩机就位完成调试。

节制闸剩余105根灌注桩、内外河挡墙（节制闸侧）48根灌注桩、空箱挡墙（节制闸侧）30根灌注桩、导流墩24根，共计207根灌注桩，在围堰形成、基坑降排水后开始施工。安排10台桩机施工，30天可完成。

（1）施工流程

先平整场地，以便钻机安装和移位。准备一定数量的造浆用黏土，以便孔口护筒的埋设。钻孔灌注桩施工工艺流程如图3-5所示。

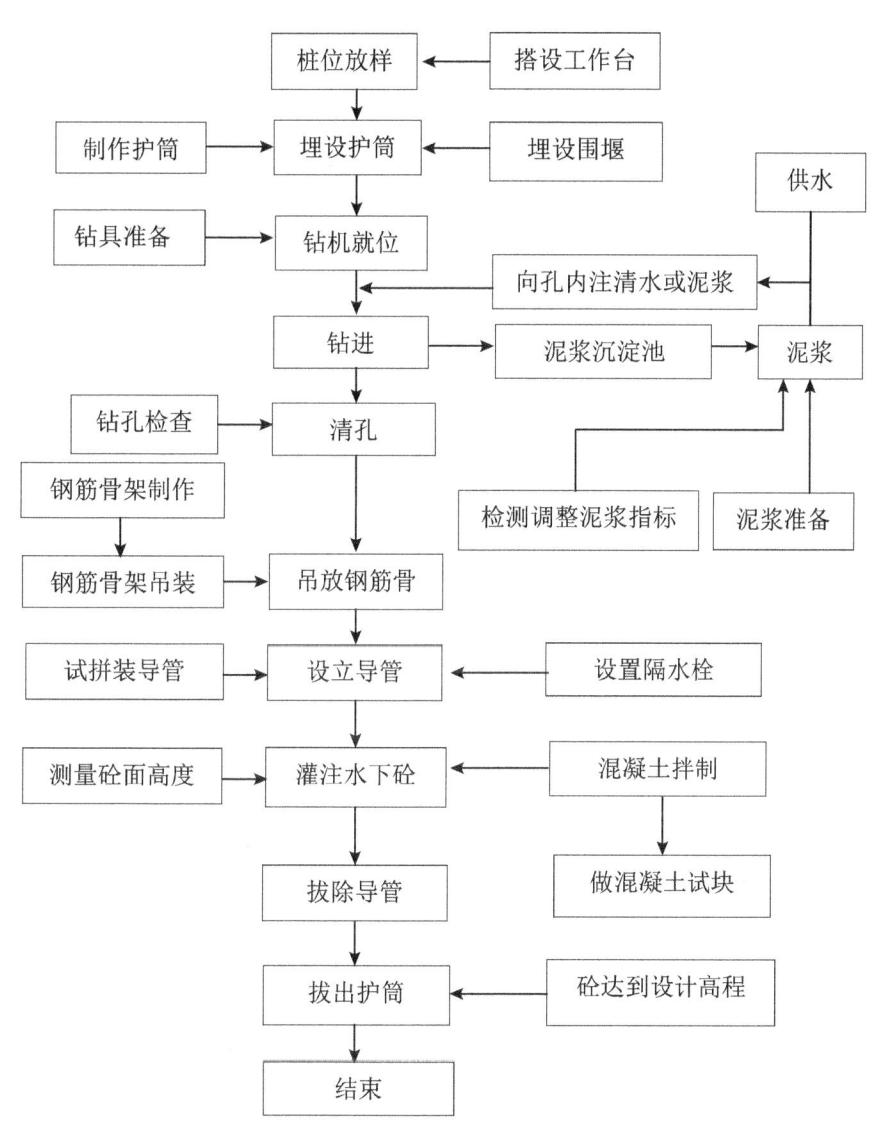

图 3-5　钻孔灌注桩施工工艺流程

（2）钻孔灌注桩质量检验

单桩完整性检测：主要用于判定桩身是否存在缺陷、缺陷的程度及其位置，检测遵循随机、均匀并具有足够代表性的抽样原则；灌注桩100%进行低应变检测；必要时采用高应变法、超声波透射法等方法综合评定桩身质量。

桩身完整性检测采用低应变反射波法。在检测前对所需检测的基桩做好测前处理，凿除桩头浮浆至坚硬的混凝土层，凿平修平桩头。同时，对仪器设备进行检查，性能正常方可使用。检测时将传感器稳固地安置在桩头上，连接好仪器，用手锤或棒锤对桩头进行竖向激振，并通过测试仪器采集记录激振所产生的信号。每一根被检测的单桩均应进行二次及以上重复测试。

单桩承载力试验：单桩竖向抗压承载力采用静载荷和高应变动测法试验。静载荷试验根据工程部位和承载特性由设计确定检测方法和数量。桩基检测委托具有检测资质的第三方试验单位进行。

桩身混凝土强度检测：主要是通过抗压试件的强度检测来体现，在混凝土灌注过程中，现场制作抗压强度试件，标准养护28天，送往有资质并被监理人批准的实验室检测。

直径大于1m或单桩混凝土超过25m³的桩，每根桩桩身混凝土应留有1组试件；直径不大于1m或单桩混凝土不超过25m³的桩，每个灌注台班不得少于1组；每组试件应留3件。

2.模板工程

（1）模板和支架的选择与安装

泵闸工程施工模板的型式应与结构特点和施工条件相适应，模板表面光洁平整，拼缝严密，制作简单，装拆方便。模板及支架应具有足够的强度、刚度和稳定性，保证浇筑后结构物的形状、尺寸和相互位置符合设计要求。

模板选材与混凝土结构的特征、施工条件和施工方法相适应。面板材料选用钢模板或竹胶合板，模板支架材料以钢材为主，局部使用方木。模板制作时，宽度尺寸按现有施工条件尽可能大，使模板在使用中减少拼接缝，从而提高现浇混凝土墙面质量。

模板与混凝土接触面，以及与各块模板接缝处，应平整、密合，防止漏浆，保证混凝土表面的平整度和混凝土的密实性。分层施工时，逐层校核上、下层偏差，模板下端紧贴混凝土面。

模板与混凝土的接触面涂刷脱模剂，并避免脱模剂污染或侵蚀钢筋和混凝土，不应采用影响结构性能或妨碍安装工程施工的脱模剂。

模板安装前按照设计图纸测量放样，重要结构多设控制点，以利检查校正。模板安装的允许偏差应在规范允许的范围内，满足结构物的安全、运行调节、经济和美观的要求。

模板及支架安装与钢筋绑扎、止水带和预埋件安装、混凝土浇筑工序密切配合。

模板支架的基础面坚实，有足够的支承面积与防滑措施。支撑在软土地基上时要加设垫板，周边有排水措施。

模板支架立杆之间的纵横连接杆与立杆连接牢固。多层支架的立杆应垂直，上、下层立杆应在同一中心线上，立杆间的垫板平整，立杆间加设横杆、剪刀撑等确保稳定。

本工程节点工期紧张，混凝土浇筑速度较快，支撑及支架选用Φ48钢管，连接件为U型卡，墙体模板对拉螺栓选用Φ14圆钢两端套扣，水平间距为60cm，竖直方向间距为75cm，靠近对拉螺栓左、右两侧各立一根钢管，然后安装扣件，旋紧螺母。

（2）异形模板安装

流道层模板和竖井内衬模板采用异形钢模板，选择专业的模板生产厂商进行加工。

流道模板在安装时，按照模板上的编号依次进行拼装。模板安装确保有足够的强度、刚度和稳定性，保证浇筑后结构物的尺寸和相互位置符合图纸规定，各项误差在规范允许的范围内。

钢模板对接焊缝在外侧焊接，焊缝打磨平顺去掉毛刺。

（3）墩墙模板

模板现场配置，厚度为2cm，墩墙弧形圆头采用定制的组合大钢模板，钢模表面光滑，无凹坑、皱折及其他表面缺陷。圆弧段浇筑一次成型，有效消除圆弧段模板间的接缝，提高成型闸墩的混凝土外观美感。支撑架采用钢管脚手架材料。

工厂加工的模板进场后将进行各细部尺寸复核，检查其是否满足建筑物结构外形尺寸要求，加工偏差是否在允许偏差范围内。模板安装按施工放样图现场拼装，模板安装前，在基础面上弹出立模线，检查控制线；模板按立模线架立，架立过程中根据控制线检查结果不断调整、检查、校正其位置。侧面模板立好后，采用钢管支撑固定；墙体单侧模板架立好后，通过模板后纵横围图与脚手架相连固定，在墙体钢筋绑扎完成后，再采用Φ16对销螺栓将墙体两侧模板固定，对销螺栓按66cm×81.5cm网格状布置，对销螺栓在模板内侧位置均焊有定位钢筋头，以固定模板尺寸，在每个对销螺丝的位置，水平和垂直都用两根钢管双管卡固定，每个螺丝头都用双螺帽，以防螺丝口滑丝。模板安装确保有足够的强度、刚度和稳定性。

为加强脚手架的整体稳定性，在闸底板混凝土浇筑时预埋短钢管，用长钢管进行撑、拉连接。模板表面无水泥渣，无破损，并刷有无色油性脱模剂，保证浇筑后结构物的形状、尺寸符合施工图纸规定。保证外形、尺寸和相互位置符合图纸规定，各项误差在规范允许范围内。脚手架的搭设结点牢固并考虑到整体稳定性，采用剪刀撑、斜支撑等构造处理，最终保证模板不变形，不漏浆，混凝土成型好。模板安装过程中测量定位很重要，要求随着模板不断升高，经常根据控制线用垂球、经纬仪、钢卷尺等工具校核其位置。模板安装过程中保持足够的临时固定设施，以防倾覆。

（4）柱梁模板

柱立模程序为：放线→设置定位基准→第一块模板安装就位→安装支撑→邻侧模板安装就位→连接第二块模板，安装第二块模板支撑→安装第三、第四块模板及支撑→调直纠偏→安装柱箍→全面检查校正→柱模群体固定→清除柱模内杂物，封闭清扫口。

根据图纸尺寸制作柱侧模板后，按楼地面放线的柱位置钉好压脚板再安装柱模板，两垂直向加斜拉顶撑。柱模板安装完成后，应全面复核模板的垂直度、对角线长度差及截面尺寸等项目。柱模板支撑必须牢固，预埋件、预留孔洞严禁漏设且必须准确稳牢。

柱箍的安装应自下而上进行，柱箍应根据柱模尺寸、柱高及侧压力的大小等因素进行设计选择（有木箍、钢箍、钢木箍等）。柱箍间距一般在40～60cm，柱截面较大时应设置柱中穿心螺丝，由计算确定螺丝的直径、间距。

梁模板安装程序为：放线→搭设支模架→安装梁底模→梁模起拱→绑扎钢筋与垫块→安装两侧模板→固定梁夹→安装梁柱节点模板→检查校正→安梁口卡→相邻梁模固定。

在柱子上弹出轴线、梁位置和水平线，钉柱头模板。

梁底模板按设计高程调整支柱的高程，然后安装梁底模板，并拉线找平。当梁底板跨度≥4m时，跨中梁底处应按设计要求起拱，如设计无要求，起拱高度宜为全跨长度的1‰～3‰。主次梁交接时，先主梁起拱，后次梁起拱。

梁下支柱支承在基土面上时，应将基土平整夯实，满足承载力要求，并采取加木垫板或混凝土垫板等有效措施，确保混凝土在浇筑过程中不会发生支顶下沉现象。

梁侧模板根据墨线安装梁侧模板、压脚板、斜撑等。梁侧模板制作高度应根据梁高及楼板模板碰旁或压旁。当梁高超过70cm时，梁侧模板宜加穿梁螺栓加固。

（5）模板拆除

模板在竖向结构自身强度能保证构件不变形、不缺棱掉角时方可拆除。梁板等水平结构拆模时，应通过同条件养护的混凝土试件强度的试验结果，结合结构尺寸和支撑间距进行验算来确定。悬挑构件及跨度大于8m的梁的支撑必须待混凝土强度达到100%，且上部结构施工一层或屋面施工完成后，方可拆除。

拆除模板时，要按照程序进行，操作人员不得站在墙顶晃动、撬动模板，禁止用大锤敲击，防止混凝土墙面及门窗洞口等出现裂纹和损坏模板。先拆除模板之间的对拉螺栓及连接件，松动斜撑调节丝杆，使模板后倾与墙体脱开，在检查确认无误后，方可起吊大模板。在无特殊规定的情况下，应采取先支后拆、后支先拆或先拆非承重模板、后拆承重模板的顺序。拆下的模板及支架及时清理维修，分类堆存，并覆盖防锈，底部平稳支撑。

（6）**质量控制**

模板及其支架必须有足够的强度、刚度和稳定性，其支架的支承部分必须有足够的支承面积。如安装在基土上，基土必须坚实并有排水措施。安装现浇结构的上层模板及支架时，下层楼板应具有承受上层荷载的承受能力，或加设支架；上、下层支架的立柱应对准，并铺设垫板。固定在模板上的预埋件、预留孔和预留洞均不得遗漏，且应安装牢固，其偏差应符合相关规定。

模板安装应满足下列要求：模板的接缝不应漏浆；在浇筑混凝土前，木模板应浇水湿润，但模板内不应有积水；模板与混凝土的接触面应清理干净并涂刷隔离剂，但不得采用影响结构性能或妨碍装饰工程施工的隔离剂，在涂刷模板隔离剂时，不得沾污钢筋与混凝土接槎处；浇筑混凝土前，模板内的杂物应清理干净。

对跨度不小于4m的现浇钢筋混凝土梁、板，其模板应按设计要求起拱；当设计无具体要求时，起拱高度宜为跨度的1/‰～3/‰。在同一检验批内，对梁应抽查构件数量的10%，且不少于3件；对板应按有代表性的自然间抽查10%，且不少于3件；对大空间结构，板可按纵、横轴线划分检查面，抽查10%，且不少于3面。

在模板制安时，选用有足够钢度、强度的模板，在安装中确保模板稳定性。采用木模，减少接缝，拉锚采用套筒螺栓，模板表面光洁平整，接缝严密，并在模板之间加设0.5cm厚的海绵条，使其不漏水泥浆，以保证混凝土表面质量。模板的面板涂脱模剂，避免因污染而影响钢筋及混凝土表面质量。圆弧段模板在内侧张贴镀锌铁皮，涂脱模剂，曲线光滑平顺。在倒棱角处刷涂腻子，以弥补接茬的不平顺。在混凝土浇筑过程中，设立专人负责，经常检查，确保模板的稳定及不走形。拆模时，根据锚固情况，分批拆除锚固连接件，防止大面积模板坠落，影响混凝土表面质量。

3.混凝土工程

（1）**主体混凝土施工顺序**

泵房：施工准备→泵站底板、清污机桥底板、外河侧消力池底板、进水池底板、安装间底板、副厂房底板→泵室、泵房闸墩、进水池闸墩、安装间、副厂房→交通桥、清污机桥、安装间、副厂房→二期混凝土。

节制闸：施工准备→水闸底板、内河侧护坦底板、外河侧消力池底板→闸墩、外河侧挡墙、内河侧挡墙→二期混凝土。

底板混凝土（含泵闸、进出水池和消力池、挡土墙）根据结构分缝进行混凝土浇筑分仓。底板混凝土浇筑前按设计铺设素混凝土或碎石垫层，在垫层达到一定强度后进行钢筋架设、绑扎以及立模，然后进行混凝土浇筑。混凝土由混凝土泵送入仓，实行混凝土分层连续浇筑，要增长缓凝时间，控制每层混凝土覆盖周期，确保混凝土层间不会出现冷缝。

（2）混凝土运输及入仓

本工程混凝土采用商品混凝土，混凝土运输采用混凝土罐车。混凝土运输过程中保持其均质性，不得有分离、漏浆和严重泌水现象。入仓采用混凝土输送地泵、汽车泵，必要时配以塔吊吊运。浇捣前详细检查模板、支撑刚度，清除模内杂质。

混凝土运至浇筑地点时，需具有配合比设计时所规定的坍落度，坍落度不合要求的混凝土坚决弃掉。

（3）混凝土浇筑

开始工作之前，检查泵送管路，管长及软管确保连接可靠，为减少泵送摩阻力，泵管与结构物连接紧固，并力求弯管最少、线路最短最省。

混凝土浇筑前8小时（隐蔽工程为12小时），通知监理对浇筑部位的准备工作进行检查，包括基面处理、模板、钢筋、预埋件、止水和观测仪器等设施的埋设和安装等，经监理检验合格后，方可进行混凝土浇筑。

节制闸计划按五层浇筑，第一浇筑层完成至底板表面-3.77m高程，闸墩按四次浇筑，分层高度约2.00m；泵站按六层浇筑，首层浇筑至底板顶面-4.50m高程，第二层是流道层，完成至-0.50m高程，运行层按两层浇筑，最终完成至4.50m高程，第五层完成至交通桥顶面6.80m高程，其上为第六层。节制闸及泵站混凝土分仓如图3-6所示，泵站混凝土分仓浇筑如图3-7所示。

图 3-6 节制闸混凝土分仓浇筑示意

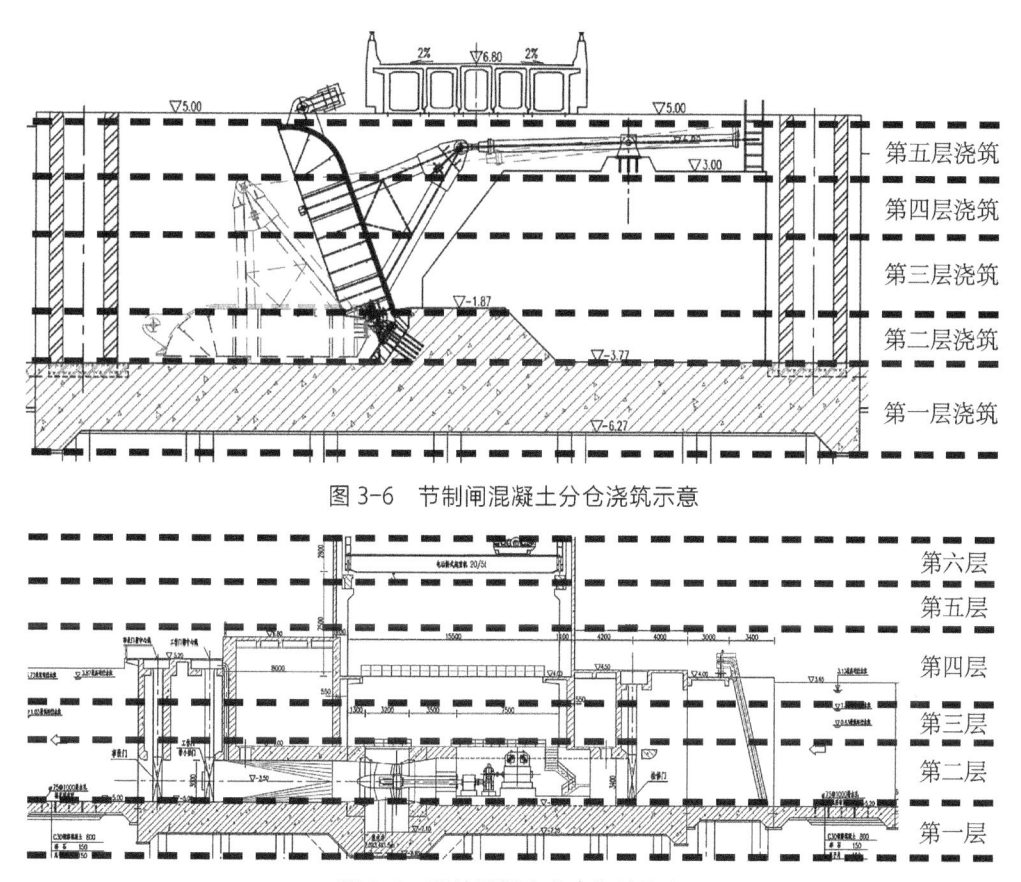

图 3-7 泵站混凝土分仓浇筑示意

混凝土按一定的方向、厚度和顺序浇筑，每个浇筑层厚度按 50cm，浇筑面大致水平。混凝土采用人工平仓，随浇随平，不能使用振捣器平仓，有粗骨料堆叠时，将其均匀分布于砂浆较多处，禁止用砂浆覆盖。不合格的混凝土严禁入仓，已入仓的不合格混凝土必须予以清除，弃置到指定地点。浇筑混凝土时严禁在仓内加水，如发现混凝土和易性较差，采取加强振捣等措施，以保证质量。

（4）施工缝、止水、结构缝

在已硬化的混凝土表面浇筑混凝土前，应清除垃圾、水泥薄膜，表面松动的砂石和软弱混凝土层，用压力水冲洗干净并充分湿润，一般不宜少于 24 小时，残留在混凝土表面的积水应予清除。施工缝位置附近回弯钢筋时，要做到钢筋周围的混凝土不受松动和损坏。钢筋上的油污、水泥砂浆及浮锈等杂物也应清除。

在浇筑前，水平施工缝宜先铺上一层 2~3cm 厚的水泥砂浆，其配合比与混凝土内的砂浆标号相同，铺设的砂浆面积与混凝土浇筑强度相适应，并且尽快覆盖混凝土，保证新浇混凝土与基础面或老混凝土接合良好。从施工缝处开始浇筑时，要避免直接靠近缝边下料，机械振捣前宜向施工缝处逐渐推进，在距80～100cm时停止振捣，但应加强对施工缝接缝的捣实工作，使其紧密结合。

施工时钢筋不能穿过止水带和伸缩缝，固定止水带可通过止水带上附设的安装孔，用钢筋固定，以保证不发生位移。止水带接头避免放置在转角处，转角处的止水带作成圆弧状，其半径不小于15cm。在安装墙体模板时，认真检查其外表的质量。浇筑混凝土时，加强止水带周围的混凝土振捣，确保混凝土与全部止水带紧密结合，但不得冲撞止水带，当混凝土将淹埋止水带时，再次清除其表面污垢。接头时，将接头表面的污染物清理干净，用专用夹具将橡胶止水带夹紧，用钢锯将橡胶止水带从中间割开，露出完整的粘接面，再用手挫将粘接面打毛，清除粘接面的橡胶碎末后待用。将按粘接面尺寸裁剪的生胶片粘贴在其中一条橡胶止水带的粘接面上，再将另一条橡胶止水带的粘接面与生胶片粘贴，以待加压热接。用专用钢板夹具将止水带粘接部位夹紧，然后加热钢板，加热过程中钢板两面反复烤热，以保证加热均匀。加热10～15分钟后取下一块由接头挤出的胶片，用手拉直，弹性好即热接合格，则停止加热，放置15～20分钟使其冷却，拆卸钢板即可。粘接时仔细作业，保证接头内无气泡，粘接牢固，接头平顺不毛糙。

伸缩缝内用闭孔泡沫塑料板填筑，严禁使用外表光面的板材，按施工图要求安装，混凝土接缝面两侧混凝土与闭孔泡沫塑料板挤紧，并确保其位置的准确性。

（5）混凝土养护

混凝土浇筑完毕，应及时进行洒水养护，要派专人洒水养护，保持混凝土和模板湿润，养护使用淡水，拆模后用草袋、草帘等及时覆盖，继续洒水养护。

当气温低于5℃时，要采取保温措施，不应向混凝土洒水，可先覆盖一层塑料膜，再加盖保温层。混凝土的养护时间根据水泥品种、气候条件确定，不少于14天。对于重要部位和需要利用后期强度的混凝土，以及在炎热或干燥气候情况下，要适当延长养护时间。

（6）二期混凝土

水泵机组、闸门槽混凝土分二期施工，需要在一期混凝土中预埋插筋，在水泵机组、闸门槽埋件安装前，对一期混凝土进行凿毛处理，其标准与混凝土施工缝处的凿毛程度相同。门槽埋件安装检查完毕后，进行二期混凝土浇筑，浇筑速度减慢，用插入式振捣器振捣，防止碰撞埋件造成闸门槽移位。二期混凝土配制时，其强度标准高于一期混凝土一个等级。混凝土浇筑完成后初凝前，检查门槽的位置是否变动，如发现移动，及时调整。

（7）质量控制措施

严格控制配合比，采用薄层浇筑，每层浇筑厚度控制在30cm，振捣时间控制在25～40秒，以混凝土表面无泡、不下沉、不泛浆为原则。

坚持施工过程中的试验制度，在混凝土浇筑现场对每批混凝土须进行坍落度试验，并记入施工记录，控制坍落度误差，保证混凝土试验的频率，试件组数达到设计规范要求，施工一旦发现不合格的混凝土拌和物立即废弃。按设计规范要求对混凝土制作试块，送养护池养护，及时送试验室试压，以便及时掌握施工情况，保证施工资料的完整、及时。

混凝土运输过程应防止离析，运送混凝土的路面应定期进行养护，保证机械设备良好通行。

混凝土浇筑期间，按次序一次振捣，如略带倾斜，则倾斜方向保持一致，以免漏振。

4.钢筋工程

（1）原材料的控制

每批钢筋均附有产品质量证明书及出厂检验单，在使用前，分批进行以下钢筋机械性能试验：以同一炉（批）号、同一截面尺寸的钢筋为一批，每批质量不大于60t；根据厂家提供的钢筋质量证明书，检查每批钢筋的外表质量，并测量每批钢筋的代表直径；在每批钢筋中，选取表面检查和尺寸测量合格的两根钢筋，取一个进行拉力试验（含屈服点、抗拉强度和延伸率试验），另一个进行冷弯试验，如一组试验项目的一个试件不符合监理人规定数值，则另取两倍数量的试件，对不合格的项目做第二次试验，如有一个试件不合格，则该批钢筋为不合格产品。

钢筋的表面洁净无损伤，油漆污染和铁锈在使用前清除干净。带有颗粒状或片状老锈的钢筋不得使用。钢筋平直，无局部弯折，钢筋的调直遵守规定：冷拔低碳钢丝在调直机上调直后，其表面没有明显擦伤，抗拉强度不低于施工图纸的要求。水工结构的非预应力混凝土中，不采用冷拉钢筋。

（2）钢筋的加工和安装

钢筋加工全部在加工厂内进行。严格按施工图给定的型号、直径、尺寸、数量进行加工，每种规格的钢筋加工时，均有配料单和下料牌，加工后的钢筋用平板车运至绑扎现场，但要防止混乱。加工前，认真熟悉图纸，长短搭配合理配料，加工尺寸符合设计及施工规范要求。

钢筋弯曲时，Φ12mm以上钢筋采用弯曲机进行弯曲加工，Φ12mm以下钢筋采用手工弯曲，已加工好的钢筋，分类归堆，并挂上标示牌。

钢筋绑扎一般在现场手工绑扎，先铺料，然后划线，再按标示绑扎，现场焊接竖向和斜向直径大于25mm的钢筋，采用绑条焊，轴心受拉构件、小偏心受拉构件或其他混凝土构件中直径大于25mm的钢筋接头，均采用焊接连接。双层或多层钢筋之间，采用短钢筋支撑，以保证钢筋位置的准确。

在绑扎前先熟悉施工图，核对成品钢筋的钢号、直径、形状、尺寸和数量等是否与配料单、料牌相符。绑扎采用22#铁丝，根据绑扎钢筋直径的大小，切成几种长度的钢筋绑线。钢筋绑扎程序是划线、摆筋、绑扎、安放垫块等。划线要注意间距、数量，安放的垫块放置在钢筋交叉点处。

底板和顶板采用钢筋绑扎。底板钢筋绑扎时，首先将底层钢筋网绑好，用混凝土垫块垫起，然后设置底板架立筋，最后绑扎顶层钢筋网。顶板钢筋绑扎需要在顶板模板安装完成后进行，与底板钢筋绑扎程序基本相同。绑扎时，除靠外围两行钢筋的相交点全部扎牢外，中间部分的相交点可相隔交错扎牢，但必须保证受力钢筋不位移，双向受力的钢筋网片须全部扎牢。

墙体采用钢筋绑扎。底板钢筋绑扎完成后，按设计墙体的轴线进行墙体钢筋的架立工序，立筋与底板钢筋网采用手工电弧焊点焊牢固。然后绑扎墙体水平钢筋，绑扎高度至底板上层钢筋1m。待底板混凝土浇筑完成后，进行上部墙体和顶板钢筋的绑扎。

（3）钢筋保护层

控制混凝土的保护层采用混凝土垫块，厚度与设计的保护层厚度相等，垫块尺寸为5cm×5cm，垫块标号采用C20，制作时加强养护。垂直结构（如墙、柱等）中使用时，可在垫块中埋入20#绑线，用铁丝把垫块绑在钢筋上，底板底层和墙体钢筋垫层每平方米放置一块，梅花形布置。底板或顶板顶层钢筋固定时，由于板厚较大，为防止顶层钢筋网在浇筑过程中变形，采用"A"形架腿作为顶层筋的支撑，架腿的高度为二层钢筋网的净间距，架腿每米放置一根，用手工电弧焊将架腿与上层对应的主钢筋焊牢，作为架立横筋，以保证顶层钢筋位置的准确。

墙体两排钢筋采用"Z"形撑铁控制，由Φ12钢筋加工而成，用绑线固定在两排竖向钢筋上，每4m²放置一根。钢筋接头采用焊接和绑扎两种形式，为节省钢筋降低消耗，钢筋直径为18mm以上时，接头全部焊接，钢筋直径在18mm（含18mm）以下时，采用绑扎接头。

（4）焊接与绑扎

需要焊接的接头，宜采用帮条焊焊接，必须是经过专业培训后的操作人员持证上岗。所用的主筋接头在加工厂内完成大部分，其余的接头在现场焊接。

对于 $\Phi 18$ 及以下的钢筋采用绑扎接头，搭接长度如下：C20混凝土中Ⅰ级钢筋为30d（d为钢筋直径），Ⅱ级钢筋为40d；C25混凝土中Ⅰ级钢筋为25d，Ⅱ级钢筋为35d。光面钢筋绑扎接头的末端做成弯钩。

在绑扎过程中，钢筋接头错开布置，从任一绑扎接头中心至搭接长度的1.3倍区段内，在受拉结构中，同断面接头数量不超过25%；在受压结构中，同断面接头数量不超过50%。

绑扎接头的搭接长度末端距离钢筋弯折处，不得小于钢筋直径的10倍，接头不宜位于构件最大弯矩处。

5.金属结构设备

候青江泵闸排涝工程金属结构设备包括：节制闸三孔工作闸门、操作闸门的液压启闭机和内河侧、外河侧各一套检修门，泵站进水口清污机（含皮带输送机）、进水口检修闸门、出水口工作闸门及启闭机、出水口事故闸门及启闭机等。

（1）安装前检查

设备安装前，根据有关规定和图纸、资料，对设备进行全面的检查，以确定合同规定的各项设备是否完好，各施工图纸和所需的资料是否齐全，埋设部件的一、二期混凝土结合面是否已凿毛并清洗干净，预留钢筋的位置和数量是否符合图纸要求。

主机设备在安装前应将零件组合面所涂的防锈漆清扫干净，通常可用柴油或汽油来溶解清洗。对非加工面或非精密加工面可用刮刀、钢丝刷来清扫；对精密加工面应用软金属片如铜片、铝片等刮去漆皮，再用酒精、甲苯等清洗，最后用棉纱或白布擦干。

对设备总成进行检查和必要的解体清洗。对应当灌注润滑油脂的部位，灌足润滑油脂。

在门槽内搭设脚手架，全面检查一期混凝土预留槽的尺寸及预埋插筋的位置是否符合设计要求，将弯折的钢筋调直，并对一、二期混凝土的结合面进行凿毛处理。安装前，用高压水将门槽表面的砕屑、浮渣清理干净。

按设计图纸所示尺寸，放出安装的基准线（包括门槽纵向和横向中心）、轨道安装的控制线、基准高程点等，并做明显标记。各部位埋件的安装基准点要明确统一，埋件定位要以基准点为基准，用水准仪、经纬仪、线垂等工具，按图纸和规范要求控制各部位尺寸、公差等。所有为安装设置的基准线、点，必须保留到安装验收合格后才能拆除。

(2) 一期埋件

安装前对安装的基准点和控制点进行校测，并检查埋件的安装轴线、基础高程、基础混凝土强度和基础周围回填夯实是否符合施工图纸的规定。

埋件的吊装、运输使用现场起重机（小型埋件人工搬运）。安装前对钢构件进行检查，当钢构件的变形超出允许偏差时，应及时校正后才能安装。安装时，对容易变形的构件进行必要的加固。施工图纸要求顶紧的接触面，应有70%的面紧贴，用0.30mm厚塞尺检查，塞入面积之和应小于30%，边缘最大间隙不应大于0.80mm，并做好记录。埋件的连接接头，应按施工图纸的规定，检查后方能连接。在焊接和螺栓并用的连接处，应按"先栓后焊"的原则进行安装。

(3) 二期埋件

二期埋件包括门槽主轨、副轨、反轨、侧轨、底槛、门楣（或胸墙）、启闭机机械和电气设备基础埋件等。埋件安装均采用现场起重设备吊装。

底坎吊装前，将预埋插筋焊成支架，支架形式依底坎结构而定，其架面高程一般要低于底坎构件底面10~50mm，待底坎就位后，尚有调整的余量，利用门槽两侧放好的样点，拉一根水平钢丝线，找正底坎的高程，每隔0.50m测量一点，要求高程误差控制在±5mm之内，或者用水平仪测量检查底坎高程。底坎中心的调整是利用已设置的闸孔纵横中心线来控制，中心偏差值不得超过±5mm，底坎倾斜值一般应控制在1~2mm，底坎左右两头相对高程差不超过3mm。此外，还应检查支铰中心至底坎中心的半径R值，误差不得超过±5mm。底坎是门槽构件安装的基础，安装好后必须支撑加固可靠，电焊牢固，以防二期混凝土浇筑震捣时走样。

主轨、侧轨安装时在闸墩顶部侧轨附近挂一个3t的手拉葫芦，用手拉葫芦吊装就位，吊装次序为自下而上，先调整好最下节主轨并加以固定，再吊上一节，依次逐节安装到顶。主轨调整用千斤顶或在预埋插筋上焊调整螺丝，拧动调整螺丝、螺帽使其工作段主轨对孔口中心差不大于±2mm。主轨的扭曲度不大于±2mm。垂直度和扭曲度的误差用经纬仪检查，或者用吊锤球的办法进行，该误差值不大于±3mm。

门楣的安装在门槽轨道安装后进行。先在左右两轨道的侧面各焊接一块托板，托板顶面的高度即为门楣底缘的高度，门楣吊至托板上后，利用导链、千斤顶等工具将门楣就位，调整使轨道止水座面与门楣的止水座面平齐，门楣止水中心的高度达到设计要求后与插筋和轨道焊接固定。

埋件安装前，按设计图纸要求放出埋件的纵、横向中心线，并复测校核正确，埋件安装就位并经测量检查无误后立即进行固定。采用电焊固定时，注意防止烧伤埋件的工作面；采用临时支架固定时，支架的强度和刚度必须满足要求。防止在混凝土浇筑过程中发生位移。整个施工期间要注意保护好全部预埋件，防止其发生损坏和变形。

门槽埋件焊接指底坎、轨道与插筋的加固焊接，轨道与底坎、轨道与轨道之间的结构焊接。埋件与插筋间的连接钢筋必须符合图纸要求，加固筋不能直接焊在埋设件上，而应焊接在连接板或补强板上。轨道与门楣间的不锈钢止水座面必须使用不锈钢焊条焊接，焊后应用砂轮机磨平。埋件焊接过程中应采取如小电流、多层多道焊接等方式，防止焊接变形。埋件上的所有不锈钢材料的焊接接头，全部使用相应的不锈钢焊条进行焊接。

埋件安装完、混凝土浇筑前，对埋件进行一次全面检查，对加固薄弱的部位进行必要的补充加固，所有焊接、支撑部位均要可靠固定，使其具有足够的强度，以防止在混凝土浇注过程中发生变形、位移等现象。

安装好的门槽，除主轨道轨面、水封座的不锈钢表面外，其余外露表面均按施工图纸或制造厂技术说明书的规定进行防腐处理。混凝土浇筑完毕后，用磨光机将埋件工作面上的所有连接焊缝进行仔细打磨，其表面粗糙度应与焊接构件一致。

埋件安装完毕后，对所有工作面进行清理，门槽范围内影响闸门安全运行的外露物必须清除干净，并对埋件的最终安装精度进行复测。要控制主、反轨安装时的焊接变形，待埋件安装结束后，质检人员要按图纸尺寸及规范进行检查。

（4）闸门安装

泵站设内河侧检修闸门8扇，外河侧设快速闸门4扇、事故闸门4扇。节制闸共设3孔，每孔设一扇工作闸门和内、外河侧两个检修门槽。

节制闸紧邻排涝泵站布置，具有换水、防洪、排涝的功能。为了满足通航要求，中孔净宽24m，两个边孔均净宽18m，闸底高程-1.87m。节制闸闸门在安装位置现场拼装。

将门叶支铰吊装就位，初步找正后将下节门叶吊入与支铰座连接，调整门叶水平及中心位置后，将门叶与支铰连接螺栓均匀拧紧。

按出厂编号及预装标志依次吊装各节门叶并进行拼装，门叶的节间拼装要求同门叶制造，按工厂预装标志定位，调整组合间隙，检查门叶纵向中心和平面度是否符合要求。

检查门叶各部位尺寸符合要求后，即可进行节间焊接。将门叶面板及边梁外侧所有能够焊接的焊缝全部焊接，其余焊缝则留待门叶立起后再行焊接。

门叶组拼合格后，安装水封，止水橡皮和水封压板需按工厂预装编号配装，止水橡皮顶面必须在同一平面，且与闸门中心的跨距相等。

门叶组焊合格后，再复测一次门叶中心、水平、安装高程以及两支铰的同心度、高程、间距等尺寸是否符合要求，并通过千斤顶等工具再进行一次精确调整，直至全部达到图样及规范要求后，再浇筑支铰座二期混凝土。

按门叶在开启时的支臂状态安装门叶起重支臂。将两支臂按图纸及预装标记拼装焊接成整体后，分别整体吊装就位。按工厂预装标记安装就位，复测两支铰孔同心度、高程、跨距等符合要求后，拧紧支臂与门叶的连接螺栓。

待闸门启闭机安装完成、门叶支铰混凝土强度达到要求后，开动启闭机将门叶拉起至关闭位置，进行门叶纵梁隔板等其余焊缝的焊接，安装门叶锁定装置等附件。

闸门安装完毕后，全面清除埋件表面和门叶上的所有杂物，特别要注意清除不锈钢水封座板表面的水泥浆。在滑道支承面和滚轮轴套上涂抹或灌注润滑脂。

采用无水全行程启闭试验，试验过程中检查支铰、滑道、滚轮运行有无卡阻现象，双吊点闸门的同步应达到设计要求。在闸门全关位置，水封橡皮无损伤，漏光检查合格，止水严密。本项试验的全过程中，必须对水封橡皮与水封座板接触面采用清水冲淋润滑，防止损坏水封橡皮。

采用动水启闭试验，试验水头应尽量接近设计操作水头。应根据施工图纸要求及现场条件，编制试验大纲，报送监理工程师批准实施。对泵站出水口工作门、事故门在进行动水条件下的全行程启闭试验和在失电事故情况下的快速闭门试验，对下卧门应进行全程启闭试验和局部开启试验，检查支铰转动、闸门振动等有无异常情况。

采用通用性试验，对一门多槽使用的平面闸门，必须分别在每个门槽中进行无水情况下的全程启闭试验，并经检查合格。

出水口工作门上的小拍门，在闸门入槽前处于垂直位置时，各小拍门必须能灵活转动，无论开启到哪个位置均能灵活恢复到关门位置。

安装、试验、检测、验收等完毕后，闸门不允许在无水情况下操作使用。

（5）启闭机安装

启闭机安装包括节制闸QHLY型液压启闭机、泵站QPKY-D型液压启闭机的安装。

油缸总成安装前，对油缸进行仔细检查，查验油缸总成的出厂合格证及装箱清单，与实际相符后，再行安装。确认油缸内部是否清洁。检查缸体、活塞杆、吊头等重要部件上的螺纹，要求表面光滑，不得有裂纹、凹陷和断扣。各相对运动部件间不得相互干涉。

机架不允许有撞痕、变形、板面凸凹不平及裂纹，并仔细地检查、清扫干净。液压启闭机吊装用汽车吊。油缸竖立时，注意防止油缸吊头部分碰伤。油缸就位后，调整、检查中心位置是否正确，油缸垂直度及中心位置符合设备技术文件的规定后，拧紧油缸基础螺栓。

油箱就位后，其水平度必须符合设备技术文件的规定，各油道口内应保持清洁。油箱在加入清洗油前，应仔细检查，油箱内部不允许有任何杂物，若有杂物，应用汽油仔细清洗干净。循环冲洗后，排空油箱中的清洗油并用汽油洗刷干净油箱。

配管前，油缸总成、液压站及液控系统设备已正确就位，所有的管夹基础埋件完好。按施工图纸要求进行配管和弯管，管路布置应尽量减少阻力，布局应清晰合理，排列整齐。管路预安装合适后，拆下管路，正式焊接好管接头或法兰。焊接完毕后，将焊接表面熔渣及两侧飞溅物、氧化皮等清理干净并打上焊工代号，然后，按规范中的有关要求对管路进行处理。

液压管路系统安装完毕后，使用冲洗泵进行油液循环冲洗。循环冲洗时，将管路系统与液压缸、阀组、泵组隔离（或短接），循环冲洗流速应大于5m/s，冲洗时间不少于72小时。循环冲洗后，油液清洁度应达到NAS8级，最终应使管路系统的清洁度达到设计或规范的规定。

液压站油箱在安装前必须检查其清洁度，所有的压力表、压力控制器、压力变送器等均必须校验准确。液压启闭机电气控制及检测设备的安装应符合施工图纸和制造厂技术说明书的规定。电缆安装应排列整齐。全部电气设备应可靠接地。

液压启闭机油缸支铰座吊耳中心高程及上、下游水平位置的安装误差不大于±2mm，与孔口中心的偏差应小于±1.5mm。同一扇闸门两油缸支铰座吊耳中心的同轴度应小于±1.5mm。

油箱清洗时，加入清洗油的过滤精度不低于$10\mu m$，泵站循环冲洗时间不少于2小时。

不锈钢管道焊接采用氩弧焊。两管道之间的同心度偏差应小于管壁厚度的1/10，焊缝质量不低于Ⅱ级焊缝标准。管材下料采用锯割方法，切口光洁整齐。弯管采用弯管机冷弯加工。

管道连接时不得强行对正、加热。所有管件安装的高程极限偏差不大于±10mm，同一平面上排管间距及高程偏差不大于5mm。液压管路系统安装完毕后，应用冲洗泵对管路进行循环冲洗。循环冲洗时，将管路系统与油缸、泵组、阀组隔离，循环冲洗流速不大于5m/s。

启闭机安装好以后，对启闭机进行清理，加注合格的液压油。

液压启闭机安装完毕后，进行管路的耐压试验、泵站动作调试、泵站耐压试验、启闭机空负荷全行程运行试验、启闭机慢速负荷试验和无水条件下快速闭门试验。

首先检查电气系统接线是否正确，确认控制机构动作灵敏、正确后才能进行试验。对采用PLC控制的电气控制设备应先对程序软件进行模拟信号调试，正常无误后再进行联机试验。

管路系统耐压试验，试验压力分别按各工况额定工作压力的50%、75%、100%和125%进行。最高试验压力值：$P_{额} \leqslant 16MPa$时，$P_{试} = 1.5 P_{额}$；$P_{额} > 16MPa$时，$P_{试} = 1.25 P_{额}$。在各试验压力下连续运转15分钟后保压10分钟，检查压力表的指针变化和管路系统漏油、渗油情况，整定好各溢流阀的溢流压力。

在活塞杆吊头不与闸门连接的情况下，做全行程空载往复动作三次，用以排除油缸和管路中的空气，检验泵组、阀组及电气操作系统的正确性，检测油缸启动压力和系统阻力、活塞杆运动有无爬行现象。

在活塞杆吊头与闸门连接而闸门不承受水压力的情况下，进行启门和闭门工况的全行程往复动作试验，整定和调整闸门开度传感器、限位开关、位移传感器、接近开关和电、液元件的设定值，要求显示正确、各元件运行灵敏。同时，检测电动机的电流、电压和油压的数据及全行程启、闭的运行时间。该试验重复三次，每次均应做好记录。

在闸门承受水压力的情况下，进行液压启闭机额定负荷下的启闭运行试验，检测电动机的电流、电压和液压系统内的油压及全行程启、闭运行时间，要求启闭过程无超常振动，启停无剧烈冲击。

电气控制设备应先进行模拟动作试验，正确后再做联机试验。

6. 主泵组安装

（1）安装流程

水泵固定部件安装流程如图3-8所示，水泵转动部件安装流程如图3-9所示。

（2）施工准备

根据泵站测量基准点，复测机坑的水泵中心线、叶轮中心线、电机中心线和高程，使之与泵组设备安装测设的基准水泵中心线、叶轮中心线、电机中心线和高程一致。考虑到水泵中心线在水泵安装中要使用多次，因此，将线架制作为刚度较强的固定式线架，每次测量中心时，将30#钢琴线从线架上的Φ0.50mm孔中穿过即可，这样既保证了每次使用水泵中心线的一致性，又可节约每次设置水泵中心线的时间。

水泵安装前，检查基础的中心位置、高程尺寸、预留孔坑、地脚螺栓孔位置等的浇筑质量及尺寸是否符合设计及设备图纸要求；各部位外形尺寸的允许误差要符合规范或图纸的要求，混凝土强度达到设计值的80%以上，安装调整和固定用的埋件要预埋好；已准确、牢固地设置好机组中心线和高程的基准点；已取得泵组布置图，设备的主要零部件图、安装图，安装说明书，设备出厂合格证，出厂检验记录，设备到货明细表等。

主泵和有关附属设备的安装、调试、试运行必须在制造厂的安装指导人员指导下进行。安装、调试、试运行的方法、程序和要求均应符合制造厂提供的技术文件的规定。

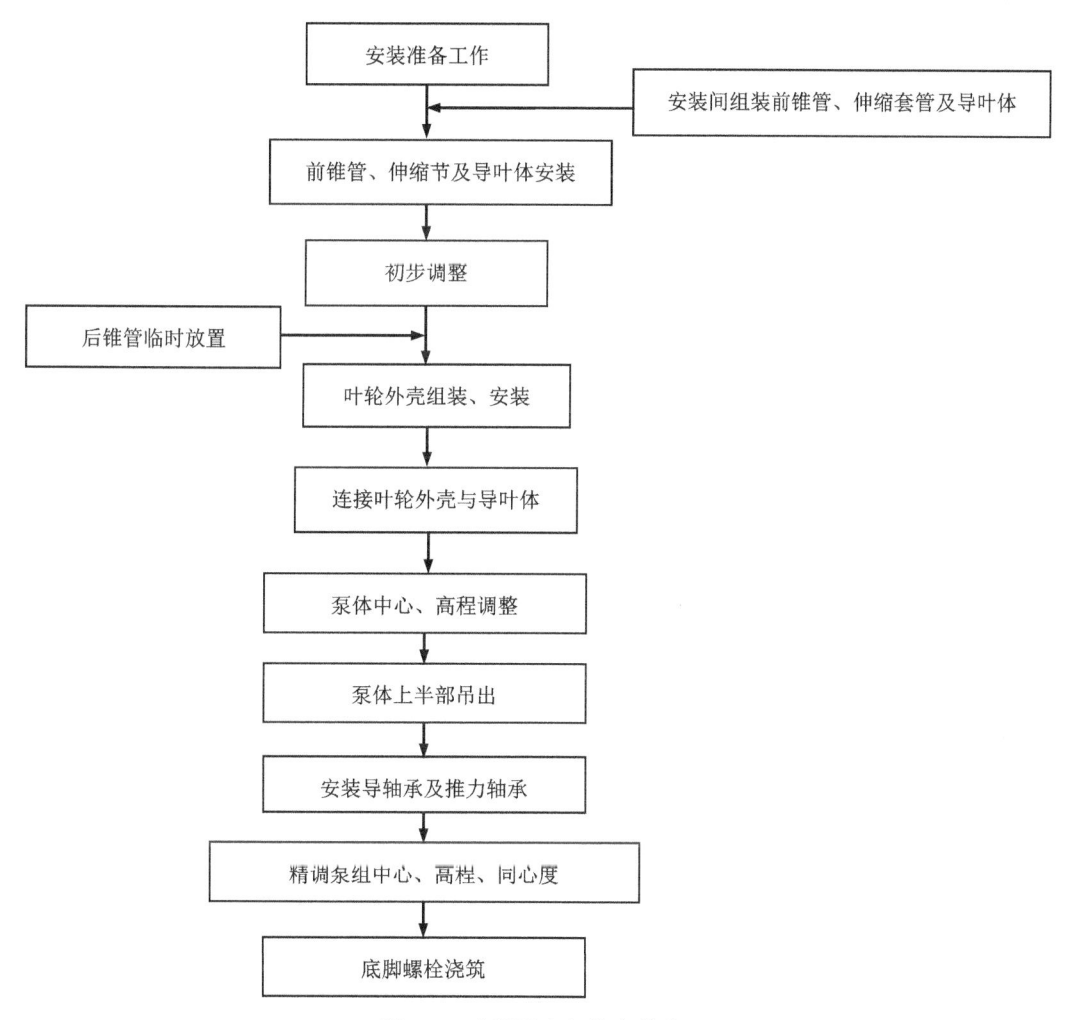

```
         ┌──────────────────┐
         │   安装准备工作    │──────┐
         └────────┬─────────┘      │
                  ▼         ┌──────────────────────────────┐
   ┌──────────────────────┐ │安装间组装前锥管、伸缩套管及导叶体│
   │前锥管、伸缩节及导叶体安装│◄┘
   └────────┬─────────────┘
            ▼
      ┌──────────┐
      │ 初步调整 │
      └────┬─────┘
           ▼
┌──────────────┐  ┌──────────────────┐
│后锥管临时放置│─►│  叶轮外壳组装、安装│
└──────────────┘  └────────┬─────────┘
                           ▼
                 ┌──────────────────┐
                 │连接叶轮外壳与导叶体│
                 └────────┬─────────┘
                          ▼
                 ┌──────────────────┐
                 │  泵体中心、高程调整│
                 └────────┬─────────┘
                          ▼
                 ┌──────────────────┐
                 │   泵体上半部吊出  │
                 └────────┬─────────┘
                          ▼
                 ┌──────────────────┐
                 │ 安装导轴承及推力轴承│
                 └────────┬─────────┘
                          ▼
                 ┌──────────────────────┐
                 │精调泵组中心、高程、同心度│
                 └────────┬─────────────┘
                          ▼
                 ┌──────────────────┐
                 │   底脚螺栓浇筑    │
                 └──────────────────┘
```

图 3-8　水泵固定部件安装流程

```
                    ┌──────────────┐
                    │   准备工作    │
                    └──────┬───────┘
                           ▼
                    ┌────────────────────────────┐
                    │ 转轮部件检查，放置在叶轮外壳内 │
                    └──────┬─────────────────────┘
                           ▼
    ┌──────────┐    ┌────────────────────────┐
    │ 主轴清理  │───▶│ 导轴承、推力轴承上部吊出 │
    └──────────┘    └──────┬─────────────────┘
                           ▼
                    ┌──────────────┐
                    │   吊入主轴    │
                    └──────┬───────┘
                           ▼
    ┌──────────┐    ┌──────────────┐
    │ 轴承回装  │───▶│ 转轮与主轴连接 │
    └──────────┘    └──────┬───────┘
                           ▼
    ┌──────────────────────────────────┐   ┌──────────────┐
    │调整叶轮轴向位置、中心调整叶片与外壳间隙│   │ 测量轴瓦间隙  │
    └──────────────┬───────────────────┘   └──────┬───────┘
                   └──────────────┬──────────────┘
                                  ▼
                           ┌──────────────┐
                           │ 盘车测量摆度  │
                           └──────┬───────┘
    ┌──────────────────────┐     ▼
    │上半部回装与后锥管安装  │────▶┌──────────────────┐
    └──────────────────────┘     │ 测量叶片与外壳间隙 │
                                 └──────┬───────────┘
                                        ▼
                           ┌──────────────┐     ┌──────────────────┐
                           │ 浇注二期混凝土│◀───│监测泵体中心及同心度│
                           └──────────────┘     └──────────────────┘
```

图 3-9　水泵转动部件安装流程

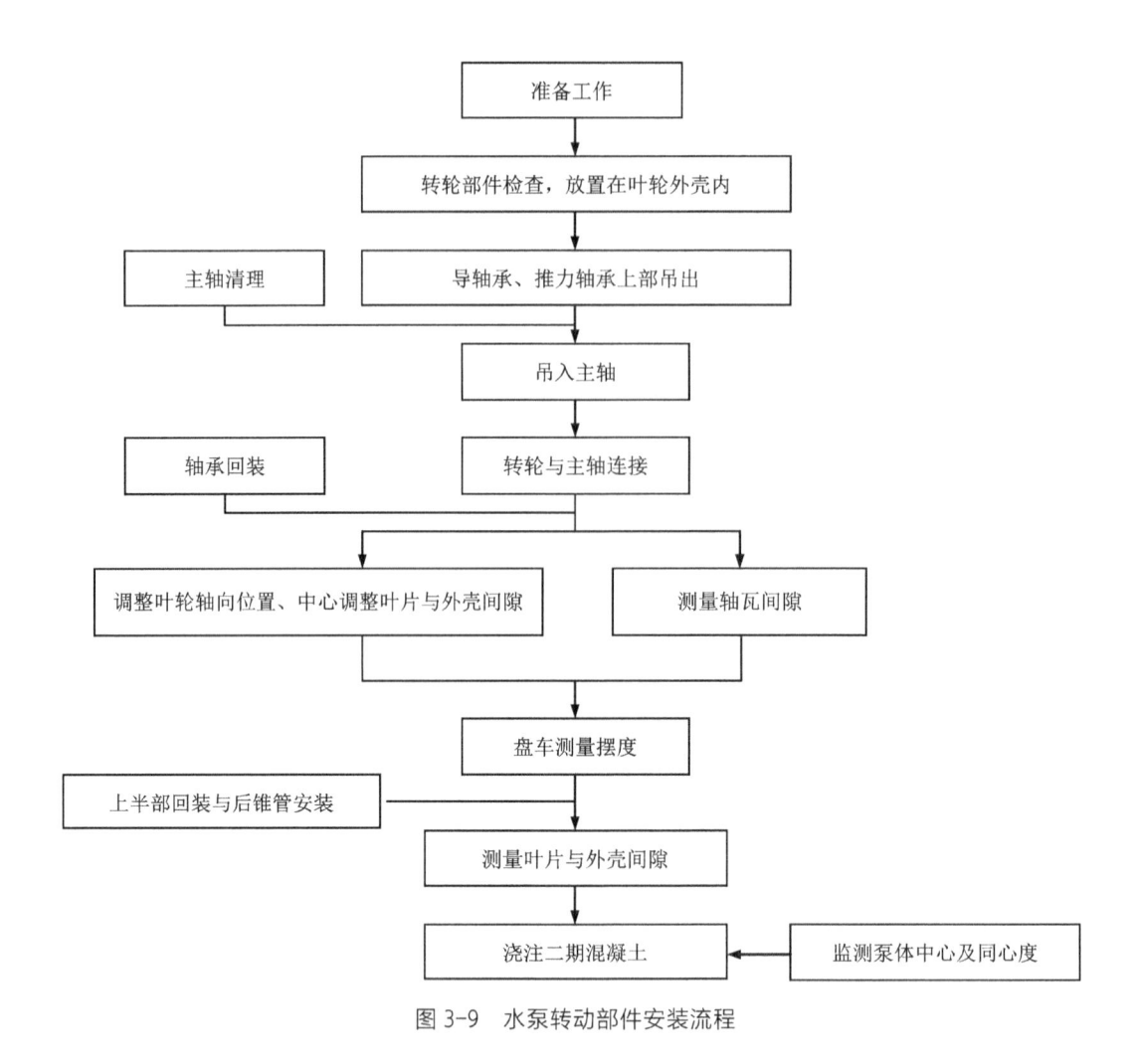

埋设部件接触混凝土的结合面，应无油污和锈蚀。混凝土与埋设件的结合应密实，不应有空隙。调整用的楔子板应成对使用，搭接长度在2/3以上。设备安装前，组合面的合缝间隙用0.05mm塞尺检查不能通过。

各连接部件的销钉、螺栓、螺帽，均应按施工图要求进行锁定或点焊固定。有预应力要求的连接螺栓，其伸长值与连接方法应符合施工图要求。基础螺栓、千斤顶、拉紧器、楔子板、基础板等均应点焊固定。

组合面的水平和垂直度达不到要求时，不允许在组合面之间用加垫的方法来调整。

（3）水泵预组装

在安装间将叶轮放在叶轮工位上，叶轮法兰面上装测圆工具进行测圆。检查各叶片的安装角和叶片伸长是否相同。将叶轮外壳与叶轮组合在一起，在叶轮和叶轮外壳下，各放3只千斤顶，先调平叶轮上端面，再调整叶轮外壳水平。测出叶轮外壳四周与每个叶片上部和下部的间隙，当上、下间隙基本相等时，说明叶轮和叶轮外壳的水平中心线一致。

（4）泵组结构安装

在安装间将分瓣的导叶体组装成整体，与叶轮外壳连接的法兰面朝下。吊上伸缩节放在它上面与其连接，此时伸缩节长度是设计长度，然后支撑好伸缩节。再吊前锥管与伸缩节连接。连接后加固伸缩节（采用此方案的原因：一是前锥管用吊车不能直接就位，二是3件组件连接在一起共用4个支腿，更为稳定）。

导叶体、前锥管与伸缩节在安装间组装成整体，经检查合格后，按图纸设计方位将其整体吊入机坑，挂钢琴线，采用电测法与经纬仪相结合，初步调整组合体位置。

吊装后锥管临时放置在安装位置靠内河侧100mm左右。然后，吊装叶轮外壳就位，与导叶体把合。挂钢琴线测量，调整叶轮室中心及导叶体的中心，以拉紧器、千斤顶调整其圆度。叶轮室调整从三个断面位置进行测量，所测半径与平均半径之差不超过叶片与叶轮室设计间隙的±10%为合格。导叶体与叶轮室的同轴度偏差符合设计文件或技术规范规定。

泵轴与轴瓦试装，导轴瓦顶部间隙应符合技术要求，两侧间隙各为顶部间隙的一半，下部轴承与轴颈的接触角为60°。两端间隙差不超过间隙的10%。轴瓦应无夹渣、凹坑、裂纹或脱壳等缺陷。

导轴承安装在导叶体内部，其结构应为水平分缝型式，安装工作分两步进行：第一步是在安装水泵叶轮前将导轴承放置在导轴承体内，悬挂机组中心线，使用钢丝线、吊机和千分尺进行初步调整；第二步是在叶轮和泵轴吊装就位后，盘车检查轴线和跳动，在盘车过程中调整轴承的中心和间隙值。导轴承第一次调整后，将下半部轴承固定牢靠，上半部轴承拆除，以便于安装泵轴及叶轮。

推力轴承安装前应进行清洗检查，清洗应在专门的清洁场所进行。测量径向轴承、推力轴承与主轴的安装位置的相对制造公差，必须符合设计要求。按图纸安装方式，将径向组合轴承镶嵌在主轴上。

滚动轴承内圈和轴的配合应松紧适当，轴承外壳应均匀地压住滚动轴承的外圈。润滑剂和注油量符合相关规定。滚动轴承工作面光滑无裂纹，滚子和内圈接触良好，与外圈配合转动灵活；推力轴承的紧圈应与活圈平行并与轴线垂直。

泵组结构部件整体调整用琴线吊机法调整并找正叶轮外壳、导轴承、推力轴承三者之间的同心，偏差控制在0.1mm以内。

浇筑底脚螺栓二期混凝土，待达到强度要求后，拧紧底脚螺栓，并复查再找正，直至达到要求。

（5）水泵转动部分安装

清理、检测泵轴与叶轮连接的外径和内径，除去高点及毛刺，注意只能使用细砂纸和油石，以免修磨量过大影响机组转动部分轴线。叶轮检查合格后，利用临时吊装工具将叶轮吊入机坑，找正中心位置后，放置在叶轮外壳上，并进行适当固定。

清理主轴，拆去轴承上部，将泵轴部件调平并吊入竖井坑内，从填料密封孔中穿过，伸入泵体内。此时，将填料盒套于主轴上，并缓缓与叶轮连接，最后将其放在导轴承上。

在桥机的配合下，使用小楔子板和千斤顶调整叶轮中心。用塞尺检查叶轮叶片与叶轮室之间的间隙是否均匀，叶轮室内表面与叶片外圆直径方向最大间隙为叶轮直径的1‰，半径方向（测量进水边、出水边和中间三处）间隙不超过直径方向最大间隙的40%为合格。

叶轮中心调整到位后，装配水泵轴承、推力轴承，检查、调整水泵中心位置及轴线水平，应符合设备技术文件和技术规范的规定。

安装泵轴密封的水封圈、填料压盖。在安装过程中，要将泵壳密封填料环四周均匀压紧，但不能过紧，应使压紧螺栓保留一定的压紧余量。在压紧螺栓的过程中，以人力盘动泵轴，转动应灵活，不得有偏重、卡涩、摩擦等现象。填料环内侧，挡环与轴套的单侧径向间隙，一般为0.25～0.50mm。填料接口应严密，两端搭接角度一般为45°，相邻两层填料接口应错开120°～180°。

盘车测量摆度，盘车前导轴承及推力轴承加润滑油，填料处加润滑水。机组盘车采用人力方法进行。先清除转动部分上的杂物，确认无异物卡阻。检查各连接螺栓紧固情况。在水泵轴承及主轴连接法兰处按水平和垂直方向各装一只百分表，以手推动水泵叶轮，观察并记录百分表的读值，确认全部转动部分处于自由状态。调整过程中以百分表密切监视。转动部分确定中心后，机组盘车及轴线调整需根据设计间隙、盘车摆度及主轴位置进行，轴承的调整应使其双侧间隙符合设计值，使联轴器达到同轴的要求。

泵体上半部分复位，测量叶片与外壳间隙。符合要求后，将水泵轴承固定，并安装后锥管。全部调整合格后，连接底座，并与一期插筋连接加固，加固后开始前后底座的二期混凝土浇筑。

（6）齿轮减速箱安装

齿轮减速箱安装方法：套装联轴器——吊装减速箱——同心度调整——基础固定。

套装联轴器之前，应认真阅研设计图样，弄清配合种类，慎重起见，可用外径千分尺分别测量联轴器内孔和输出轴的直径，如过盈量较大，可考虑将联轴器适当加温，套入轴颈，可用铜棒轻轻敲入，切忌猛烈锤击。

减速箱安装以水泵为基准找正。将减速箱吊装到基础上预先放置好的垫铁上，将地脚螺栓穿入减速箱机座的螺栓孔内，拧上螺帽并悬挂在机座上；按机墩上已测放出的纵横坐标线和主水泵轴的实际中心调整减速箱的位置。初步调整轴承孔中心位置，其同轴度偏差不应大于0.30mm。

减速箱安装时的轴向位置保证，采用在联轴器之间加与设计间隙等厚的测量块来保证轴向位置，同时在轴向位置架千分表观测；同心度保证，在减速箱侧的联轴器齿轮箱端安装测圆架，测量千分表指向另一半联轴器端，盘动减速箱，观察千分表，读数最大值和最小值相差不大于设计之规定，即为合格；否则，应进行调整。

减速箱安装后，经测量各项数据已经符合要求，可将机座固定在机墩上，将地脚螺栓扶正，向螺栓孔内回填二期混凝土，待混凝土凝固后，可进行下一步工作。

（7）泵组试运行

泵组全部安装完毕后，进行全面清理，拆除流道内的支撑，保证过流表面平整光滑，凸出部分的高度不得超过1.50mm；清洗齿轮减速箱，加注合格润滑油；按照设计及规范要求，对设备表面进行涂漆防护等；检查泵壳密封填料环，四周均匀压紧，但不能过紧，使压紧螺栓保留一定的压紧余量，在压紧螺栓的过程中，以人力盘动泵轴，转动应灵活，不得有偏重、卡涩、摩擦等现象。各单元质量检查合格后，准备进行联动调试，检验各设备的协调联动情况。联动调试合格后，满足试运行条件，方可进行泵站机电设备试运行。

（六）施工交通与施工总布置

1.布置原则

尽量减少施工用地，少占农地，使平面布置紧凑合理；合理组织运输，减少运输费用，保证运输方便通畅；施工区域划分和场地的确定应符合施工流程要求，尽量减少各工程之间的干扰；充分利用各种永久性建筑物、构筑物和原有设施为施工服务，降低临时设施的费用；各种生产、生活设施应便于工人使用；满足安全防火和劳动保护要求。

施工现场明确划分施工区、办公区,各区设标志牌,明确各区负责人。建筑材料、构件、料具等临时堆放点均按照总平面布局统一布置,分类码放整齐,品种、规格等挂牌标志清楚,重要设备材料用专门的围栏和库房储存,易燃易爆类物品分类存放。材料的存放场地平整夯实,排水畅通。

2. 对外交通

工程区附近有阳明东路、城东路等市政道路通过,可作为工程施工的对外主干交通道路。施工场地内外交通主要通过城东路进行连接,施工期对其进行维护和保养,工程结束后根据道路损坏情况对其进行修复。

3. 场内交通

根据工程区场地情况,为方便施工机械设备进出施工现场,在上、下游各布置一条下基坑道路,并在导流明渠两岸修筑施工临时道路,连接上、下游下基坑道路。修筑场内施工临时道路1500m,作为施工期间的下基坑及连接施工生产、生活设施的交通道路,临时道路采用塘渣基础,泥结石路面,厚20cm,宽5m。另为沟通明渠两岸交通,设置两座跨明渠的临时贝雷桥,桥长55m,宽6m。道路出口设置洗车池,工程车辆必须在清洗干净后方可驶入城市道路。

4. 交通组织措施

施工期间保持与交管部门联系,协调运输车辆进入施工现场有关事宜,做好交通组织宣传工作。改道前要提前发布施工公告,提醒过往车辆注意改道绕行。

施工场地与行车道隔离围护,围护设施采用高度不低于2.5m、厚度不小于20cm的砖墙,并附有安全文明施工宣传标语,严禁无关人员进入施工现场。施工现场的标志要醒目,在施工路段前后一定距离处设置"前面施工 车辆绕道"或"前面施工 车辆慢行"等路标,夜间应配有警示灯。配合交管部门设置路口和临时道路的各项临时交通引导标志和禁令标志,并派专人维护,协助交管部门做好临时道路的交通管理,减少各种筑路机械和泥土车进出工地与社会车辆相互干扰,避免意外发生。

5. 生活及管理设施布置

生活、办公用房设置在施工临时用地内,生活区与办公区分开布置,采用具备抗风能力的活动板房结构。设置必要的绿化用地,项目部办公及生活区室内外地面实行硬化。

根据施工强度和施工进度安排,生活用房按施工平均人数建设规划,加上管理人员,按260人考虑,所需生活用房800m²。食堂、餐厅和宿舍布置在生活区内,盥洗台、浴室、厕所齐全（包含食堂100m²、浴室60m²、卫生间40m²）。

办公用房700m²（监理、业主300m²，总包单位150m²，施工单位400m²），包括会议室、活动室及各职能部室，警卫室15m²，并设置篮球场、羽毛球场和停车场。

6.生产设施布置

临时生产设施及土方周转场就近布置在工程区附近农田上，均需临时征地。考虑到工程地处沿海地带，常年潮湿多雨，施工临时用地周边开挖引水沟排水，施工临时生产设施和土方周转场计划占地面积分别为3600m²和43000m²。

考虑到工地位置位于余姚城区，周围有公园、交通道路和居民区等，为保护施工期环境，保证工程施工安全，与西侧玉皇山公园之间采用彩钢围墙围护，便于施工，并布置安全文明标语。施工场地与周边道路、居民区隔离围护，围护设施应采用不低于2.5m的围挡，并附有安全文明施工宣传标语，严禁无关人员进入施工现场。

土地周转场露天堆土、扬尘较大，周围设置3m高挡墙，场内堆土用彩条布覆盖，并设置排水沟排水。在土地周转场西北侧开挖一个深2m、面积2000m²的泥浆池，灌注桩施工泥浆集中堆放在泥浆池内。

施工辅助用房采用相对集中的方法布置，以就近方便、满足施工强度、节约成本为原则，根据施工进度要求依次修建。施工辅助用房汇总见表3-12。

表3-12 施工辅助用房汇总

用途	建筑面积（m²）	占地面积（m²）	结构形式
拌合场（含水泥库）	50	200	彩钢板房
综合仓库	200	300	彩钢板房
机械停放场及机修间	200	800	简易钢架结构
钢筋加工厂	250	500	简易钢架结构
木工加工厂	150	200	简易钢架结构
金属构件存放场	200	800	简易钢架结构
其他（含消防间等）	100	200	简易钢架结构
合计	1150	3000	

（七）施工总进度

1.进度安排

本工程施工工期为24个月，开工日期为2016年8月20日，2017年7月15日具备通水条件，2018年7月底完工验收。

临时工程按照政策安排工作进度，2016年9月7日开始进行导流明渠出口段土方开挖，10月1—15日进行导流明渠进口段开挖及混凝土护坡，10月15日开始拆除老泵站，围堰开始施工。

主体工程于2016年9月20日开工，2017年7月15日前完成水下工程验收，7月15日具备通水条件，2018年7月底完工验收。

2.工程关键线路

本工程的关键线路是：施工准备→明渠土方开挖及混凝土浇筑→泵站桩基工程→围堰填筑→基坑初期排水→泵站、节制闸土方开挖→节制闸桩基工程施工→泵站、节制闸主体结构施工→泵站金属结构安装调试、水泵机组安装调试、节制闸金属结构安装调试→水下验收→堰内充水、围堰拆除（泵闸具备通水条件）→泵房屋顶施工→交通桥及永久道路工程施工→绿化及其他工程施工→工程扫尾及完工清场→工程完工验收。

（八）施工资源配置

主要施工资源包括劳动力和施工机械，本工程劳动力配置情况见表3-13，施工机械设备配置见表3-14。

表3-13 劳动力配置情况

单位：人

工种	按工程施工阶段投入劳动力情况							
	2016.8-2016.10	2016.11-2017.1	2017.2-2017.4	2017.5-2017.7	2017.8-2017.10	2017.11-2018.1	2018.2-2018.4	2018.5-2018.7
打桩机工	15	30	30	10	0	0	0	0
装载机司机	4	4	4	1	2	2	1	0
汽车司机	33	33	30	30	20	28	25	10
挖机司机	16	16	8	8	6	6	3	4
压路机司机	2	2	2	2	1	1	2	2
砼泵操作工	2	2	24	24	16	8	8	0

续表

工种	按工程施工阶段投入劳动力情况							
	2016.8-2016.10	2016.11-2017.1	2017.2-2017.4	2017.5-2017.7	2017.8-2017.10	2017.11-2018.1	2018.2-2018.4	2018.5-2018.7
模板工	6	80	80	80	20	20	0	0
钢筋工	6	60	80	80	20	20	0	0
砌筑工	4	25	30	35	10	15	18	4
架子工	8	20	20	10	0	0	0	0
安装工	10	20	60	68	30	0	0	0
机修工	2	2	2	2	2	2	2	2
电工	10	10	10	10	10	10	10	8
普工	10	20	20	20	20	15	10	10
绿化工	0	0	0	0	0	0	30	20
总计	128	324	400	380	157	127	109	60

表 3-14 施工机械设备配置

单位：台（套）

序号	设备名称	型号规格	数量	备注
1	塔吊	QTZ250（TC7030B）	1	
2	挖掘机	PC200	2	
3	挖掘机	PC260	7	
4	装载机	ZL-50	2	
5	钢板桩打桩机	履带式液压振动锤	2	
6	打桩船	/	2	
7	回旋钻	GJ-15	12	
8	分裂机	LTD40-150型	1	
9	自卸车	10T	30	
10	压路机	20T	2	
11	汽车吊	25T	1	
		50T	2	
		100T	2	

续表

序号	设备名称	型号规格	数量	备注
12	平板车	/	2	
13	汽车泵	/	4	
14	地泵	/	4	
15	振动碾	8T	2	
16	双轮胶车	/	15	
17	蛙式打夯机	HW-210	4	
18	变压器	400kVA	2	
19	砂浆拌和机	HJ250	2	
20	空压机	2m^3	10	
21	木工机械	/	8	
22	电焊机	/	20	
23	钢筋切断机	75kW	6	
24	钢筋调直机	GW40-1	4	
25	钢筋弯曲机	GW40-1	6	
26	定型钢模板	m^2	3000	
27	钢管	t	250	
28	排水泵	/	15	
29	离心泵	/	6	
30	水准仪	S2	4	
31	测深仪	华测	1	
32	全站仪	GBT-2002	2	
33	发电机	120kVA	1	

第三章　工程关键技术研究及应用
——大孔径卧倒式平面钢闸门安装施工工法

候青江排涝泵闸工程采用了24m宽的卧倒式平面翻板钢闸门，该闸门属于大孔径闸门，安装难度大，对闸门、启闭机安装质量要求高。通过施工单位深入研究，解决了大孔径卧倒式平面钢闸门拼装吊装难度大、安装精度难以控制、变形的问题，保障了闸门运行安全。通过总结归纳，形成大孔径卧倒式平面钢闸门安装施工工法，有助于提高同类型闸门安装质量和工效。

1.工法特点

适用于施工工期紧、作业场地狭窄的大孔径卧倒式平面钢闸门的安装施工。

设计制作临时支撑柱用于闸门门叶与构件的拼装和安装支撑，节省大量搭设平台用材料，降低了施工成本，加快了施工进度。

闸门门叶平卧于支撑柱上完成拼装、安装作业，解决了场地狭窄带来的安装难题，避免因吊装引起的闸门变形情况的发生，减少施工设备的投入，加快了施工进度。

利用模拟轴原理安装闸门支铰座，保证了支铰座的同心度、同轴度、中心高程和里程，加快了支铰座的安装速度，提高了安装精度，确保闸门安全运行。

面板外侧焊缝采用不同方向分段分中逐步退焊法或交替焊法进行焊接，减少焊后变形。

门叶拼装与埋件安装同步进行，加快了施工进度，保证了工期。

2.工法原理与流程

（1）工法原理

在闸墩侧墙支铰中心处增设一块预埋锚板，作为安装支铰座时的焊接线架。利用模拟轴原理，即一根拉紧的钢丝线穿过几个具有中心小孔的薄圆柱体，形成了一根理想的轴，在安装闸门支铰座时用力拉中心线，并在支铰座孔中加上具有小孔的端盖，保证了支铰座的同心度、同轴度、中心高程和里程，加快支铰座的安装速度，提高安装精度，确保闸门的安全运行。

埋件焊接和螺栓并用的连接处，应按"先栓后焊"的原则进行安装。埋件安装的同时，用无缝钢管上、下端配钢板制作支撑柱，闸门门叶平卧于支撑柱上完成拼装、安装作业，解决了施工场地狭窄带来的安装难题，避免因吊装引起的闸门变形情况的发生，减少施工设备的投入。

面板外侧焊缝在闸门竖直时，采用不同方向分段分中逐步退焊法或交替焊法焊接，避免从边缘向中间施焊，减少焊后变形。液压启闭机安装完成后，将门叶结构与启闭机相连，调整、加固侧水封座后进行闸门试验运行。

最后对钢闸门表面进行除锈、除尘处理后喷涂稀土铝合金涂层，再进行环氧磷酸锌底漆、环氧云铁中间漆、丙烯酸脂肪族聚氨脂面漆涂装防腐处理。由于在铝中添加了稀土元素，细化了合金的晶粒，提高了材料的强度、加工性能及耐腐蚀性能，保证了闸门的外观质量，延长了闸门的使用年限。

（2）工法流程

施工工法流程如图3-10所示。

3. 工法操作要点

在闸墩侧墙支铰中心处增设一块预埋锚板，作为安装支铰座时的焊接线架。

（1）一期埋件

安装前对安装的基准点和控制点进行校测，并检查埋件的安装轴线、基础高程、基础混凝土强度和基础周围回填夯实是否符合施工图纸的规定。钢板支承面、地脚螺栓的允许偏差要符合规定。

埋件的吊装、运输使用现场起重机（小型埋件人工搬运）。安装时，对容易变形的构件进行必要的加固。埋件的连接接头应按施工图纸的规定检查后方能连接。在焊接和螺栓并用的连接处，应按"先栓后焊"的原则进行安装。

（2）二期埋件安装

二期埋件包括门槽主轨、副轨、反轨、侧轨、底槛、门楣（或胸墙）、启闭机机械和电气设备基础埋件等。埋件安装均采用现场起重设备吊装。

安装人员到达工地现场后，首先检查埋件数量、品种和部件变形情况，如有变形，进行矫正处理合格后方能进行安装。安装人员对一期混凝土预留门槽和侧轨进行检查，检查是否对二期埋件安装有影响、一期混凝土与二期混凝土接触面是否经过凿毛处理，并按图纸尺寸对一期插筋进行检查调整。

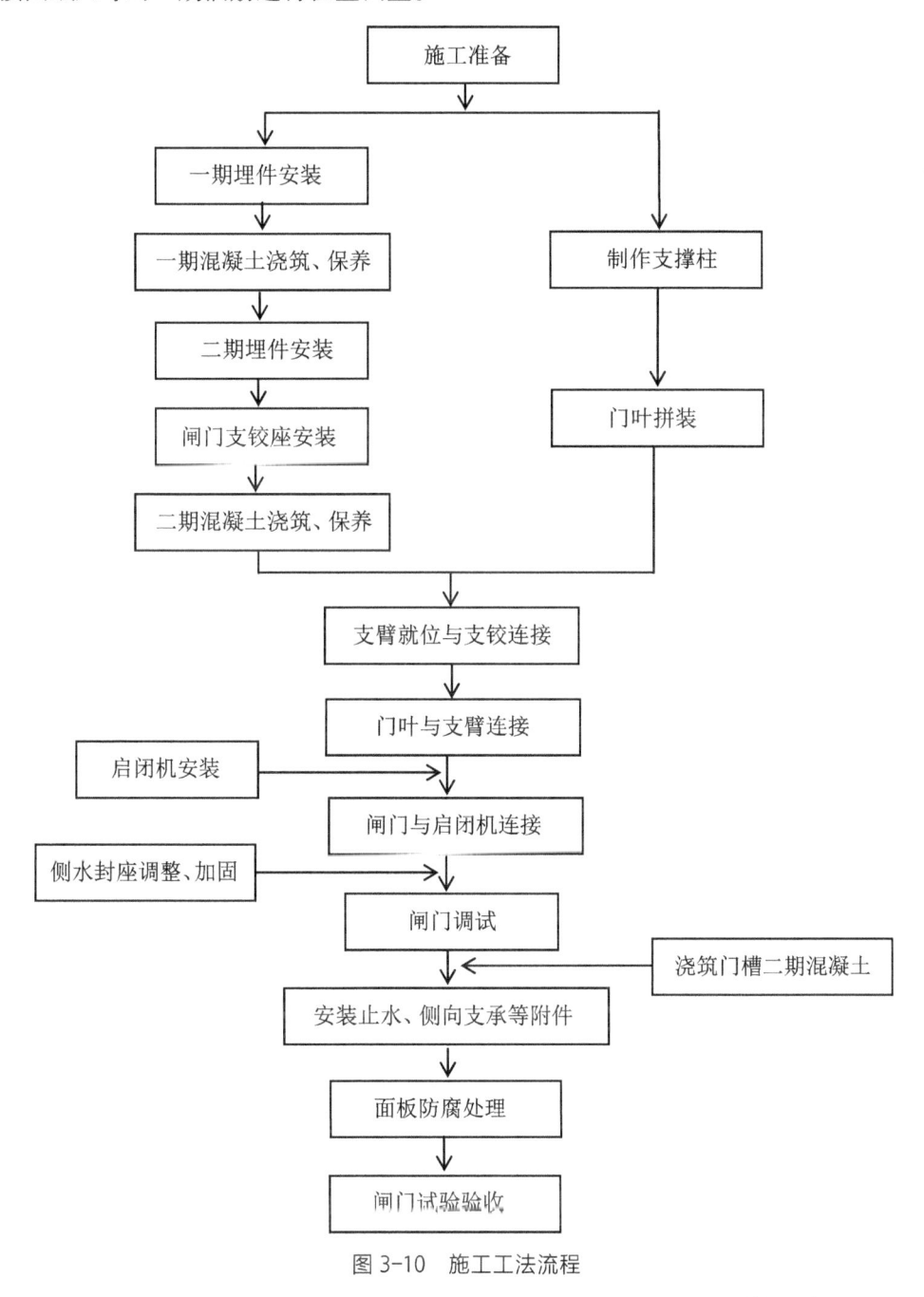

图 3-10 施工工法流程

主轨、侧轨安装时用16t吊机吊入埋件后，在闸墩顶部侧轨附近挂一个3t的手拉葫芦，用手拉葫芦调整。吊装次序自下而上，先调整好最下节主轨并加以固定，再吊上一节，依次逐节安装到顶。主轨调整用千斤顶或在预埋插筋上焊调整螺丝，拧动调整螺丝、螺帽使其工作段主轨对孔口中心差不大于±2mm。主轨的扭曲度不大于±2mm。垂直度和扭曲度的误差用经纬仪检查，或者用吊锤球的办法进行，该误差值不大于±3mm。

门楣的安装在门槽轨道安装后进行。先在左右两轨道的侧面各焊接一块托板，托板顶面的高度即为门楣底缘的高度，门楣吊至托板上后，利用导链、千斤顶等工具将门楣就位，调整使轨道止水座面与门楣的止水座面平齐，门楣止水中心的高度达到设计要求后与插筋和轨道焊接固定。

启闭机械和电气设备基础埋件安装前放出埋件的纵、横向中心线，并复测校核正确，埋件安装就位并经测量检查无误后立即进行固定。采用电焊固定时，注意防止烧伤埋件的工作面；采用临时支架固定时，支架的强度和刚度必须满足要求。防止在浇筑混凝土过程中发生位移。整个施工期间要注意保护好全部预埋件，防止其发生损坏和变形。

门槽埋件焊接指底槛、轨道与插筋的加固焊接，以及轨道与底槛、轨道与轨道之间的结构焊接。埋件与插筋间的加固筋应焊接在连接板或补强板上。轨道与门楣间的不锈钢止水座面必须使用不锈钢焊条焊接，焊后应用砂轮机磨平。

埋件焊接过程中应采取如小电流、多层多道焊接等方式，防止焊接变形。埋件上的所有不锈钢材料的焊接接头全部使用相应的不锈钢焊条进行焊接。埋件安装完成，在混凝土浇筑前，对埋件进行一次全面检查，对加固薄弱的部位进行必要的补充加固，所有焊接、支撑部位均要可靠固定，使其具有足够的强度，以防止在混凝土浇注过程中发生变形、位移等现象。安装好的门槽，除主轨道轨面、水封座的不锈钢表面外，其余外露表面均按施工图纸或制造厂技术说明书的规定进行防腐处理。混凝土浇筑完毕后，用磨光机将埋件工作面上的所有连接焊缝进行仔细打磨，其表面粗糙度应与焊接构件一致。埋件安装完毕后，对所有的工作表面进行清理，门槽范围内影响闸门安全运行的外露物必须清除干净，并对埋件的最终安装精度进行复测。

（3）闸门支铰座安装

支铰座吊装就位前，先对预埋螺栓进行调整校正。在支铰座吊升至基础螺栓前，人工摆正并对准螺栓慢慢推入，使螺栓与支铰座螺栓孔间留有较均匀的间隙，快速旋上螺母，检查无误后摘钩。

在支铰座装上端盖，在端盖中心钻一个直径2mm的小孔，端盖外径与支铰座的孔径为间隙配合，端盖利用支铰座止轴板的螺栓孔进行固定。

在闸墩侧墙上焊接安装用线架，将挂有重物的钢丝架在其上，钢丝穿过支铰座的一个端盖的小孔，钢丝两端点对准支铰中心，钢丝选用Φ0.50mm，配重锤选用重量19.29kg。

支铰座安装调整时，一般是在支铰座的四个角上装上背母和螺母，其他螺母和背母松开，待调整好后再上紧，反复调整和测量，直到各项符合要求为止。闸门铰座安装位置如图3-11所示。

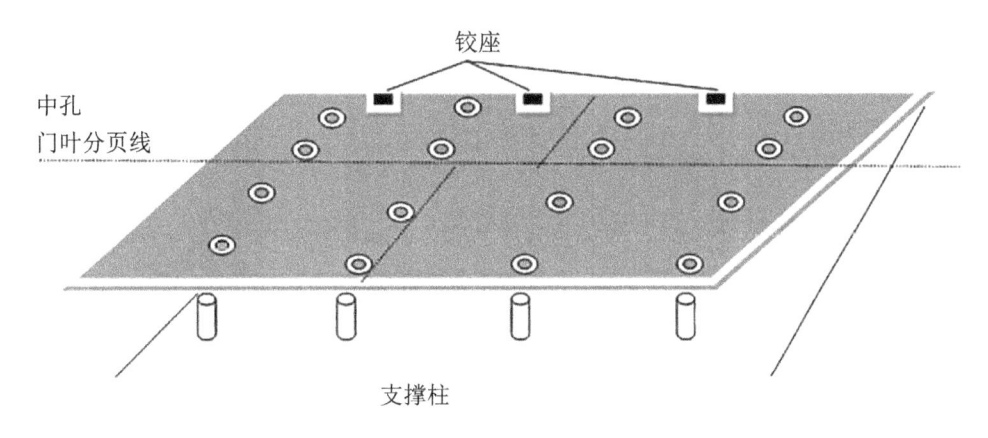

图3-11 闸门铰座安装位置示意

（4）底槛及侧水封安装

底槛吊装前，将预埋插筋焊成支架，支架形式依底槛结构而定，其架面高程一般要低于底槛构件底面10～50mm。待底槛就位后，尚有调整的余量，利用门槽两侧放好的样点，拉一根水平钢丝线，找止底槛的高程，每隔0.50m测量一点，要求高程误差控制在±5mm之内。底槛中心的调整利用已设置的闸孔纵横中心线来控制。

闸门水封装置安装时，先将橡皮按需要的长度粘接好，再与水封压板一起配钻螺栓孔。橡胶水封的螺栓孔，采用专用钻头使用旋转法加工，严禁采用冲压法和热烫法加工，其孔径比螺栓直径小1mm。

（5）闸门门叶安装

闸门门叶分为上、下及左、右四节，将门叶平卧放置于支撑柱上，在现场根据厂内分节定位拼装成整体。

闸门焊接焊两边梁开窗口断开处内部构件的立焊缝和翼板的仰角焊缝与对接立焊缝（上部位置先焊，可增加闸门整体刚性）。

焊接断开处的所有Φ299mm×14mm圆管，相贯线全位置焊接，从中间向两侧分焊，对称焊接，上部管先焊，再焊下部管，每节管口分4次焊接完成，各管节焊缝要错开跳焊。焊接顺序如图3-12所示。

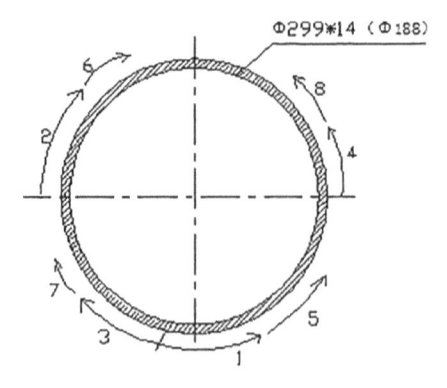

图3-12 焊接顺序示意

焊接断开的加劲肋板及矩形方管的立焊缝，从中间向两侧焊接，全长共分4段，每条焊缝分2段，错开跳焊。焊接面板与加劲肋翼缘板平角焊缝和加劲板、矩形管、方管的平角焊缝分8个区段，以每区段为单元，采用中分逆向分段焊，错开跳焊。

两边梁（箱体）应先将边梁内断开的矩形管和方管焊好，再焊所开窗口的焊缝，其次序为先焊腹板对接立焊缝，再焊翼板平焊对接和腹板翼板的仰角焊缝，最后焊腹板与面板平角焊缝。

面板外侧焊缝在闸门竖直后焊接焊缝为横焊对接焊缝，焊缝总长26m，平均分为6段，采用每段中分退焊法，错开跳焊。

闸门主支承部件的安装调整工作应在门叶结构拼装焊接完毕，经过测量校正合格后方能进行。所有主支承面应当调整到同一平面上，其误差不得大于施工图纸的规定。

（6）启闭机安装

液压启闭机吊装用25吨汽车吊，吊机位置根据现场条件调整。油缸竖立时，注意防止油缸吊头部分碰伤。油缸就位后，调整、检查中心位置是否正确，油缸垂直度及中心位置符合设备技术文件的规定后，拧紧油缸基础螺栓。

油箱就位后，其水平度必须符合设备技术文件的规定，各油道口内应清洁，油箱在加入清洗油前，应仔细检查，油箱内部不允许有任何杂物，若有杂物，应用汽油仔细清洗干净。循环冲洗后，排空油箱中的清洗油并用汽油洗刷干净油箱。

配管前，油缸总成、液压站及液控系统设备已正确就位，所有的管夹基础埋件完好。按施工图纸要求进行配管和弯管安装，管路布置应尽量减少阻力，布局应清晰合理，排列整齐。管路预安装合适后，拆下管路，正式焊接好管接头或法兰。焊接完毕后，将焊接表面熔渣及两侧飞溅物、氧化皮等清理干净并打上焊工代号，然后，按规范中的有关要求对管路进行处理。

液压启闭机安装完毕后，进行管路的耐压试验、油泵动作调试、启闭机空负荷全行程运行试验、启闭机慢速负荷试验和无水条件下闸门动作试验。

首先检查电气系统接线是否正确，确认控制机构动作灵敏、正确后才能进行试验。对采用PLC控制的电气控制设备应先对程序软件进行模拟信号调试，正常无误后再进行联机试验。

进行管路系统耐压试验，试验压力分别按各工况额定工作压力的50%、75%、100%和125%进行。最高试验压力值：$P_{额} \leqslant 16MPa$时，$P_{试}=1.5P_{额}$；$P_{额}>16MPa$时，$P_{试}=1.25P_{额}$。在各试验压力下连续运转15分钟后保压10分钟，检查压力表的指针变化和管路系统漏油、渗油情况，整定好各溢流阀的溢流压力。

在活塞杆吊头不与闸门连接的情况下，做全行程空载往复动作三次，用以排除油缸和管路中的空气，检验泵组、阀组及电气操作系统的正确性，检测油缸启动压力和系统阻力、活塞杆运动有无爬行现象。

在活塞杆吊头与闸门连接而闸门不承受水压力的情况下，进行启门和闭门工况的全行程往复动作试验，整定和调整闸门开度传感器、限位开关、位移传感器、接近开关和电、液元件的设定值，要求显示正确，各元件运行灵敏。同时，检测电动机的电流、电压和油压的数据及全行程启、闭的运行时间。该试验重复三次，每次均应做好记录。试验应符合图纸和相关规范的要求。

在闸门承受水压力的情况下，进行液压启闭机额定负荷下的启闭运行试验，检测电动机的电流、电压和液压系统内的油压及全行程启、闭运行时间，要求启闭过程无超常振动，启停无剧烈冲击。

电气控制设备应先进行模拟动作，试验正确后再做联机试验。

（7）闸门试验

闸门安装完毕后，对闸门进行试验和检查。

进行无水情况下的全行程启闭试验。试验过程检查滑道的运行有无卡阻现象，双吊点闸门的同步是否达到设计要求。在闸门全关位置，水封橡皮无损伤，漏光检查合格，止水严密。在本项试验的全过程中，必须对水封橡皮与水封座板的接触面采用清水冲淋润滑，以防损坏水封橡皮。

静水情况下的全行程启闭试验在无水试验合格后进行。试验、检查内容与无水试验相同（水封装置漏光检查除外）。

进行动水启闭试验。对于工作闸门，应按施工图纸要求进行动水条件下的启闭试验，试验水头应尽可能与设计水头一致。

（8）面板防腐

面板表面采用喷砂将油污、焊渣、铁锈、氧化物等污物清理干净，除锈后，用干燥的压缩空气吹净，或用吸尘器清除。喷涂前如发现钢板表面被污染或返锈，应重新处理到原除锈等级。表面除锈处理合格后，应尽快进行稀土铝合金热喷涂，稀土铝合金层分三次喷涂，厚度为120μm。喷涂稀土铝合金完成后应进行检查，厚度可用测厚仪检查，表面应喷涂均匀，无杂物、起皮、鼓包、孔洞、凹凸不平、粗颗粒、掉块及裂纹等现象，如有少量夹杂物，可用刀具剔刮，如缺陷面积较大，应铲除重喷。

油漆涂装前应将涂层表面灰尘清理干净，涂装宜在涂层尚有一定温度时进行，如涂层已冷却，可将涂层适当加温。喷涂稀土铝合金层检查合格后，进行涂料涂装，共四道。第一道封闭漆为环氧磷酸锌，漆膜厚度40μm；第二道中间漆为环氧云铁，漆膜厚度100μm；面漆为脂肪族丙烯酸聚氨酯涂料二道，漆膜厚度100μm。

4. 质量控制

（1）埋件安装质量控制

钢板支承面高程允许偏差±3.00mm，水平度允许偏差L/1000；地脚螺栓中心偏移允许偏差5.00mm，螺栓露出长度允许偏差+20.00mm，螺纹长度允许偏差+29.00mm；预留孔中心偏移允许偏差10.00mm。

控制点要设得可靠牢固，底槛的平面样点为门槽纵向中心线，高程样点放在门槽两侧墙上，设在距底槛顶面300mm处。

埋件安装前，要对预埋插筋进行校正，漏埋多的要加以过渡处理，外伸过长的要割去，以便于埋件加固。

为确保主、反轨安装质量，采用先点焊后加固焊接的方法。埋件就位调整后，要与一期混凝土中的预留锚栓或锚板焊牢。严禁将加固材料直接焊接在主轨、反轨的工作面上或底槛表面上。

吊装门槽埋件时采取必要的保护措施，防止变形。主、反轨就位时，以放好的埋件安装位置线进行定位，其垂直度和平行度用经纬仪和线垂进行相互校核，确保精度。主、反轨各构件与一期混凝土中预留锚筋进行搭接固定。

支铰座的安装技术要求是：座孔中心对孔口中心的偏差为±1.50mm；里程偏差为±2mm，高程偏差为±2mm，座孔倾斜度＜0.1%，两铰座的同轴度误差＜2mm。支铰座安装好之后与支臂进行连接。

（2）闸门安装质量控制

支臂上的吊轴孔与门叶上的铰轴孔应平行，其几何尺寸偏差应符合设计要求。

闸门主支承部件的安装调整工作应在门叶结构拼装焊接完毕，经过测量校正合格后方能进行。所有主支承面应当调整到同一平面上，其误差不得大于施工图纸的规定。

闸门水封装置安装允许偏差和水封橡皮的质量符合设计规定。安装时，先将橡皮按需要的长度粘接好，再与水封压板一起配钻螺栓孔。橡胶水封的螺栓孔，采用专用钻头使用旋转法加工，严禁采用冲压法和热烫法加工，控制其孔径比螺栓直径小1mm。

控制底轴和门叶连接螺栓的紧度为螺栓拧断力矩的30%左右，并应使所有螺栓拧紧力矩保持基本均匀。

（3）焊接质量控制

焊条全部选用强度相当、冲击韧性较高的E5015（J507）焊条。

采用直流电焊机，为减少气孔，必须采用反接法。

对接焊缝坡口一般为"V"形坡口，横焊坡口为单面50°～55°坡口，在制造厂内预制，但在现场拼对后必须进行检查。

J507（E5015）为低氢型焊条，烘干温度应为350～380℃，保温时间应为2小时，烘干后应缓冷，放置于100～120℃的保温箱中待用。使用时应置于保温筒中，烘干后的低氢型焊条在大气中放置时间超过4小时应重新烘干；焊条重复烘干次数不宜超过2次，受潮的焊条不应使用。

现场拼对焊缝以对接、横焊和平角焊缝为主。碱性焊条电流不宜过大，焊条直径3.20mm，一般在80～120A；焊条直径4.00mm，一般在140～180A。

现场拼对焊缝全部由合格焊工施焊。当空气湿度大于95%时，焊前在焊缝两侧用火焰预热。

（4）液压启闭机安装质量控制

油缸总成安装前，对油缸仔细检查，查验油缸总成的出厂合格证及装箱清单，与实际相符后再行安装。

确认油缸内部是否清洁，如设备厂家要求分解清扫检查，必须在厂家现场技术人员的指导下进行。

检查缸体、活塞杆、吊头等重要部件上的螺纹,要求表面光滑,不得有裂纹、凹陷和断扣。各相对运动部件间不得相互干涉。机架不允许有撞痕、变形、板面凸凹不平及裂纹,并仔细地检查、清扫干净。

高压软管的安装应符合施工图纸的要求,其长度、弯曲半径、接头方向和位置均应正确。

液压系统用油牌号应符合施工图纸要求。油液在注入系统前必须先过滤,清洁度达到设计或规范要求,其成分经化验符合相关标准。

液压站油箱在安装前必须检查其清洁度,并符合制造厂技术说明书的要求,所有的压力表、压力控制器、压力变送器等均须校验准确。

液压启闭机电气控制及检测设备的安装应符合施工图纸和制造厂技术说明书的规定。电缆安装应排列整齐。全部电气设备应可靠接地。

（5）防腐涂层质量控制

面板表面处理采用喷砂除锈,所用磨料应清洁干燥,喷射用压缩空气应经过滤除去油水。

面板经喷射处理后,金属的表面应进行非常彻底的喷射除锈,钢材表面应无可见的油脂、污垢、氧化皮、铁锈和油漆涂层等附着物。

当空气相对湿度超过85%、环境气温低于5℃、钢板表面温度预计将低于大气露点以上3℃时,不得进行除锈。

喷稀土铝合金完成后应进行检查,厚度可用测厚仪检查,表面应喷涂均匀,无杂物、起皮、鼓包、孔洞、凹凸不平、粗颗粒、掉块及裂纹等现象,如有少量夹杂物,可用刀具剔刮,如缺陷面积较大,应铲除重喷。

涂装时如出现漏涂、流挂、皱皮等缺陷应及时处理,并用测厚仪检查厚度,涂装后一层前应对前一层涂装外观进行检查。

涂装后应进行外观检查,应表面光滑,颜色一致,无皱皮、起泡、流挂、缩孔、缩边、浮色、咬底漏涂等缺陷。

5.效益分析

门叶与其他埋件的安装同步进行,并利用模拟轴原理安装闸门支铰座,加快了施工进度,保证了钢闸门安装精度,确保运行安全。

钢闸门喷涂稀土铝合金涂层,并进行环氧磷酸锌底漆、环氧云铁中间漆、丙烯酸脂肪族聚氨脂面漆涂装防腐处理,保证了闸门的外观质量,延长了结构的使用年限。

闸门门叶在支撑柱上完成拼装、安装作业，节约了大量平台搭设用材料，减少了因吊装引起的变形，解决了施工场地狭窄带来的安装难题，加快了施工进度。

施工中采用支撑柱支撑闸门，减少闸门吊装设备的投入，降低了施工成本，减少了大型设备对周边环境的影响，经济和社会效益显著。

6.应用案例

（1）余姚城北圩区候青江排涝泵闸工程

余姚城北圩区候青江排涝泵闸工程位于余姚市候青江玉皇山公园以东，南距凤山桥约310m，东邻文秀路。该工程泵站规模为80m³/s，节制闸规模为60m。工程等别为Ⅱ等，主要建筑物包括闸室、泵房及姚江侧消力池、出水池，为2级水工建筑物；次要建筑物包括进水池、内河侧消力池、堤防及翼墙等，为3级水工建筑物；内、外河围堰等临时建筑物级别为4级；总工期24个月。节制闸闸室总宽75m，闸门总净宽60m（18m+24m+18m），共3孔，闸门为卧倒式平面钢闸门，使用液压启闭机操作。工程在卧倒式平面钢闸门的安装过程中采用《大孔径卧倒式平面钢闸门安装施工工法》，闸门门叶与埋件的安装同步进行，闸门门叶平卧于支撑柱上完成整体拼装、安装作业，解决了施工场地狭窄带来的安装难题，加快了施工进度。闸门支铰座利用模拟轴原理进行安装，提高了闸门安装精度，确保闸门的安全运行。在钢闸门表面进行涂装防腐处理，提高了材料的强度、加工性能及耐蚀性能，延长了结构的使用年限，保证闸门安装质量，经济效益和社会效益显著。

（2）江尖水利枢纽工程

江尖水利枢纽工程是无锡市城市防洪运东大包围骨干工程之一，位于江尖大桥与黄埠墩之间的古运河上，是一项集城市防洪、排涝、调水等多项功能于一体的综合性水利枢纽工程。工程主要由一座60m³/s的泵站及总净宽75m的三孔节制闸组成，其中，泵站为3台20m³/s的竖井式贯流泵机组，总装机容量2400kW，节制闸为每孔净宽25m的平面卧倒门。工程在卧倒式平面钢闸门的安装过程中采用《大孔径卧倒式平面钢闸门安装施工工法》，闸门门叶与埋件的安装同步进行，闸门门叶平卧于支撑柱上完成整体拼装、安装作业，解决了施工场地狭窄带来的安装难题，加快了施工进度。闸门支铰座利用模拟轴原理进行安装，提高了闸门安装精度，确保闸门的安全运行。在钢闸门表面进行涂装防腐处理，提高了材料的强度、加工性能及耐蚀性能，延长了结构的使用年限，保证闸门安装质量，经济效益和社会效益显著。

支铰座的安装技术要求是：座孔中心对孔口中心的偏差为±1.50mm；里程偏差为±2mm，高程偏差为±2mm，座孔倾斜度＜0.1%，两铰座的同轴度误差＜2mm。支铰座安装好之后与支臂进行连接。

（2）闸门安装质量控制

支臂上的吊轴孔与门叶上的铰轴孔应平行，其几何尺寸偏差应符合设计要求。

闸门主支承部件的安装调整工作应在门叶结构拼装焊接完毕，经过测量校正合格后方能进行。所有主支承面应当调整到同一平面上，其误差不得大于施工图纸的规定。

闸门水封装置安装允许偏差和水封橡皮的质量符合设计规定。安装时，先将橡皮按需要的长度粘接好，再与水封压板一起配钻螺栓孔。橡胶水封的螺栓孔，采用专用钻头使用旋转法加工，严禁采用冲压法和热烫法加工，控制其孔径比螺栓直径小1mm。

控制底轴和门叶连接螺栓的紧度为螺栓拧断力矩的30%左右，并应使所有螺栓拧紧力矩保持基本均匀。

（3）焊接质量控制

焊条全部选用强度相当、冲击韧性较高的E5015（J507）焊条。

采用直流电焊机，为减少气孔，必须采用反接法。

对接焊缝坡口一般为"V"形坡口，横焊坡口为单面50°~55°坡口，在制造厂内预制，但在现场拼对后必须进行检查。

J507（E5015）为低氢型焊条，烘干温度应为350~380℃，保温时间应为2小时，烘干后应缓冷，放置于100~120℃的保温箱中待用。使用时应置于保温筒中，烘干后的低氢型焊条在大气中放置时间超过4小时应重新烘干；焊条重复烘干次数不宜超过2次，受潮的焊条不应使用。

现场拼对焊缝以对接、横焊和平角焊缝为主。碱性焊条电流不宜过大，焊条直径3.20mm，一般在80~120A；焊条直径4.00mm，一般在140~180A。

现场拼对焊缝全部由合格焊工施焊。当空气湿度大于95%时，焊前在焊缝两侧用火焰预热。

（4）液压启闭机安装质量控制

油缸总成安装前，对油缸仔细检查，查验油缸总成的出厂合格证及装箱清单，与实际相符后再行安装。

确认油缸内部是否清洁，如设备厂家要求分解清扫检查，必须在厂家现场技术人员的指导下进行。

检查缸体、活塞杆、吊头等重要部件上的螺纹，要求表面光滑，不得有裂纹、凹陷和断扣。各相对运动部件间不得相互干涉。机架不允许有撞痕、变形、板面凹凸不平及裂纹，并仔细地检查、清扫干净。

高压软管的安装应符合施工图纸的要求，其长度、弯曲半径、接头方向和位置均应正确。

液压系统用油牌号应符合施工图纸要求。油液在注入系统前必须先过滤，清洁度达到设计或规范要求，其成分经化验符合相关标准。

液压站油箱在安装前必须检查其清洁度，并符合制造厂技术说明书的要求，所有的压力表、压力控制器、压力变送器等均须校验准确。

液压启闭机电气控制及检测设备的安装应符合施工图纸和制造厂技术说明书的规定。电缆安装应排列整齐。全部电气设备应可靠接地。

（5）**防腐涂层质量控制**

面板表面处理采用喷砂除锈，所用磨料应清洁干燥，喷射用压缩空气应经过滤除去油水。

面板经喷射处理后，金属的表面应进行非常彻底的喷射除锈，钢材表面应无可见的油脂、污垢、氧化皮、铁锈和油漆涂层等附着物。

当空气相对湿度超过85%、环境气温低于5℃、钢板表面温度预计将低于大气露点以上3℃时，不得进行除锈。

喷稀土铝合金完成后应进行检查，厚度可用测厚仪检查，表面应喷涂均匀，无杂物、起皮、鼓包、孔洞、凹凸不平、粗颗粒、掉块及裂纹等现象，如有少量夹杂物，可用刀具剔刮，如缺陷面积较大，应铲除重喷。

涂装时如出现漏涂、流挂、皱皮等缺陷应及时处理，并用测厚仪检查厚度，涂装后一层前应对前一层涂装外观进行检查。

涂装后应进行外观检查，应表面光滑，颜色一致，无皱皮、起泡、流挂、缩孔、缩边、浮色、咬底漏涂等缺陷。

5. 效益分析

门叶与其他埋件的安装同步进行，并利用模拟轴原理安装闸门支铰座，加快了施工进度，保证了钢闸门安装精度，确保运行安全。

钢闸门喷涂稀土铝合金涂层，并进行环氧磷酸锌底漆、环氧云铁中间漆、丙烯酸脂肪族聚氨脂面漆涂装防腐处理，保证了闸门的外观质量，延长了结构的使用年限。

闸门门叶在支撑柱上完成拼装、安装作业，节约了大量平台搭设用材料，减少了因吊装引起的变形，解决了施工场地狭窄带来的安装难题，加快了施工进度。

施工中采用支撑柱支撑闸门，减少闸门吊装设备的投入，降低了施工成本，减少了大型设备对周边环境的影响，经济和社会效益显著。

6.应用案例

（1）余姚城北圩区候青江排涝泵闸工程

余姚城北圩区候青江排涝泵闸工程位于余姚市候青江玉皇山公园以东，南距凤山桥约310m，东邻文秀路。该工程泵站规模为80m³/s，节制闸规模为60m。工程等别为Ⅱ等，主要建筑物包括闸室、泵房及姚江侧消力池、出水池，为2级水工建筑物；次要建筑物包括进水池、内河侧消力池、堤防及翼墙等，为3级水工建筑物；内、外河围堰等临时建筑物级别为4级；总工期24个月。节制闸闸室总宽75m，闸门总净宽60m（18m＋24m＋18m），共3孔，闸门为卧倒式平面钢闸门，使用液压启闭机操作。工程在卧倒式平面钢闸门的安装过程中采用《大孔径卧倒式平面钢闸门安装施工工法》，闸门门叶与埋件的安装同步进行，闸门门叶平卧于支撑柱上完成整体拼装、安装作业，解决了施工场地狭窄带来的安装难题，加快了施工进度。闸门支铰座利用模拟轴原理进行安装，提高了闸门安装精度，确保闸门的安全运行。在钢闸门表面进行涂装防腐处理，提高了材料的强度、加工性能及耐蚀性能，延长了结构的使用年限，保证闸门安装质量，经济效益和社会效益显著。

（2）江尖水利枢纽工程

江尖水利枢纽工程是无锡市城市防洪运东大包围骨干工程之一，位于江尖大桥与黄埠墩之间的古运河上，是一项集城市防洪、排涝、调水等多项功能于一体的综合性水利枢纽工程。工程主要由一座60m³/s的泵站及总净宽75m的三孔节制闸组成，其中，泵站为3台20m³/s的竖井式贯流泵机组，总装机容量2400kW，节制闸为每孔净宽25m的平面卧倒门。工程在卧倒式平面钢闸门的安装过程中采用《大孔径卧倒式平面钢闸门安装施工工法》，闸门门叶与埋件的安装同步进行，闸门门叶平卧于支撑柱上完成整体拼装、安装作业，解决了施工场地狭窄带来的安装难题，加快了施工进度。闸门支铰座利用模拟轴原理进行安装，提高了闸门安装精度，确保闸门的安全运行。在钢闸门表面进行涂装防腐处理，提高了材料的强度、加工性能及耐蚀性能，延长了结构的使用年限，保证闸门安装质量，经济效益和社会效益显著。